高等学校计算机专业系列教材

Java基础与应用

（第2版）

王养廷　李永飞　郭慧　编著

U0285258

清华大学出版社
北京

内 容 简 介

本书从程序设计的角度,介绍如何设计有 Java 特色的应用程序。全书共分三篇,第一篇是 Java 基础,包含第 1~6 章,介绍 Java 的开发环境、程序开发过程、基本的语法及语句,重点介绍应用 Java 语言开发简单 Java 程序的过程,强调程序的设计过程和调试过程;第二篇是 Java 面向对象程序设计,包含第 7~20 章,介绍应用 Java 语言的类、对象、接口来设计面向对象的 Java 程序,通过大量示例让学生在学习程序的过程中逐步理解什么是面向对象程序设计,如何设计有 Java 特色的面向对象程序,最后给出有 Java 语言特色的简单框架程序;第三篇是 Java 应用开发,包含第 21~26 章,给出一个完整的应用示例,采用层层推进、模块组合的方式,从简单程序开始,逐步增加内容,最后完成一个有一定规模且实用的学生成绩查询软件。

本书作为省级线上线下混合式一流本科课程的配套教材,提供微课视频、课程测试题目、作业题目等丰富的配套课程资源,为组织在线教学或者线上线下混合式教学提供便利。

本书内容讲述浅显易懂,按照问题来组织内容,每章解决一类问题,围绕问题来设计程序,讲解所用到的相关知识,让读者通过示例来学习 Java 程序设计,逐步培养 Java 程序设计思路。本书既可以作为高等学校学生学习 Java 程序设计的教材,也可以作为自学 Java 语言读者的参考书。

本书封面贴有清华大学出版社防伪标签,无标签者不得销售。

版权所有,侵权必究。 举报:010-62782989,beiqinquan@tup.tsinghua.edu.cn。

图书在版编目(CIP)数据

Java 基础与应用/王养廷,李永飞,郭慧编著. —2 版. —北京:清华大学出版社,2021.10
高等学校计算机专业系列教材
ISBN 978-7-302-58797-2

Ⅰ. ①J… Ⅱ. ①王… ②李… ③郭… Ⅲ. ①JAVA 语言－程序设计－高等学校－教材 Ⅳ. ①TP312.8

中国版本图书馆 CIP 数据核字(2021)第 157510 号

责任编辑:龙启铭
封面设计:何凤霞
责任校对:徐俊伟
责任印制:曹婉颖

出版发行:清华大学出版社
      网　　址:http://www.tup.com.cn,http://www.wqbook.com
      地　　址:北京清华大学学研大厦 A 座　　　　邮　　编:100084
      社 总 机:010-62770175　　　　　　　　　邮　　购:010-83470235
      投稿与读者服务:010-62776969,c-service@tup.tsinghua.edu.cn
      质量反馈:010-62772015,zhiliang@tup.tsinghua.edu.cn
      课件下载:http://www.tup.com.cn,010-83470236
印 装 者:三河市铭诚印务有限公司
经　　销:全国新华书店
开　　本:185mm×260mm　　　印　　张:25　　　字　　数:593 千字
版　　次:2017 年 2 月第 1 版　2021 年 10 月第 2 版　　印　　次:2021 年 10 月第 1 次印刷
定　　价:69.00 元

产品编号:091541-01

第2版前言

本书从程序设计的角度介绍如何应用 Java 语言编写程序,全书共计 26章。每一章都是按照提出问题、解决问题的方式进行组织,重点讲述程序设计的过程,围绕实例讲解常用的语法和知识点,着重介绍如何应用 Java 语言来设计程序。

学生在学习 Java 语言过程中,经常会遇到下面三个问题:第一个问题是怎样能够自己编写 Java 程序,并得到运行结果;第二个问题是如何编写有 Java 语言特色的程序;第三个问题是如何编写有一定规模的 Java 程序。第一个问题是初学程序设计语言都会遇到的问题,很多学生学了语言的语法知识,但不会编写程序,不知道如何修改程序中的错误,得到希望的运行结果。本书第一篇重点介绍程序设计过程,程序编译和运行过程,程序常见错误的辨识和修改。让学生通过不断地编写程序、编译程序和运行程序,学会程序的设计与调试,能够独立完成程序,得到正确的结果,进而提升学习语言的兴趣和自信心。第二个问题更常见,多数学校都是先开设 C 语言课程,再开设 Java 课程。学习 Java 时很容易产生一个错觉,觉得语法和 C 语言很像,感觉好像差不多。实际上两者差距很大,C 语言按照处理流程来组织程序,程序组成单元是函数;Java 按照对象角度组织程序,程序组成单元是类;C 语言的核心是函数和指针,Java 语言的重点是封装、继承和多态。第三个问题也很重要,简单演示程序与大程序之间在组织、设计和实现上都有很大区别。本书第三篇给出一个综合实例,方便学生模仿练习及进行拓展,感受如何组织有一定规模的程序。另外书中增加了程序设计规范方面的内容,希望学生设计出的程序不仅能够运行,还要符合编码规范。

程序设计语言课程重点是讲授程序设计。本书精选 Java 语言的 20 个知识模块,每个模块组织成一章。每章都围绕典型案例来学习相关知识,分成示例程序、相关知识、训练程序、拓展知识、实做程序五节,让学生通过看示例程序了解分析问题思路,结合所学示例来学习相关语法知识,学会相关知识后学生可以进行模仿训练,教师对训练结果进行讲评和拓展,学生通过实做练习检查学习效果。学生通过大量的程序设计模仿练习,达成对程序的理解、应用和创新。本书提供配套的电子教案、微课视频、完整示例程序、参考实做程序、测试练习等课程资源,方便教师按照自己的需要组织教学活动。读者可以从清华大学出版社网站 www.tup.com.cn 下载,或者到智慧树、学习通平台学习。另外本书作者提供了一个 QQ 交流群 275116341,欢迎使用教材的教师加入，一起探讨教材及相关问题。

本书第 2 版增加了 Java 语言的一些新特性，训练程序部分添加了新的实例，丰富了实做程序，提高了部分实做程序的代码难度和代码量，方便学生进行深入学习。

本书的全部程序都是在 JDK 1.8 环境下编译通过的，每一章的示例程序、训练程序、相关知识和拓展知识中的程序段都有对应的实例，本书讲解的大量实例是逐步改进的，每一次改进的程序分别放在不同的章节目录下。

本书第 1～10 章由郭慧编写，第 11～20 章由王养廷编写，第 21～26 章由李永飞编写，全书由王养廷负责统稿。对本书的不足和错误之处，恳请读者批评和指正。

作　者

2021 年 5 月

目录

第一篇

Java 基础

作为最流行的程序设计语言之一，Java 语言受到越来越多学习程序设计语言学生的关注，想要学好 Java 程序设计语言，就要从最基础的语法、语句和最基本的程序学起。

本篇从一个最简单的 Java 程序开始，学习 Java 程序的编辑、编译和运行过程；学习 Java 语言的基本语法：标识符、类型、变量和表达式；学习 Java 语言的基本语句、分支结构和循环结构；学习 Java 语言的数组和字符串；学习如何设计 Java 方法，进行方法提取。

与其他计算机语言一样，Java 程序设计语言也是一个工具，学习 Java 不仅需要学习基本知识，更重要的是程序练习，通过不断地编写程序，最终掌握这门计算机语言。本书第一篇重点学习如何设计 Java 程序，并让这些程序运行起来，得到正确的结果。当程序在编译和运行中出现错误时，学会如何找到错误、分析产生问题原因、修改程序中的问题。发现错误和修改错误就是调试程序，调试程序是一个程序员的基本功。通过不断地编写程序、调试程序的练习，逐步学会自己独立完成一个简单程序的设计和运行，解决一些小问题。提高学习 Java 语言的信心和兴趣，逐步走进 Java 程序设计的世界。

第 1 章

第一个 Java 程序

学习目标
- 了解 Java 程序的基本结构,掌握简单 Java 程序的编写方法;
- 掌握 Java 程序的编辑、编译和运行步骤;
- 掌握 Java 开发工具包的安装和配置方法;
- 了解 Java 的程序编写规范,了解 Java 程序的运行机制。

1.1 示 例 程 序

Java 程序设计语言是目前最流行的程序设计语言之一,也是面向对象程度较高的程序设计语言,此处不再讨论 Java 程序设计语言的相关背景和特点,而是从一个 Java 程序入手来告诉大家 Java 程序的基本结构,如何使用 Java 语言来编写程序。下面开始学习第一个 Java 程序。

1.1.1 HelloWorld 程序

大多数的 Java 程序设计语言教材都是从显示"HelloWorld"这个程序开始的,本书也从这个最简单的 Java 程序开始,编写程序显示一个字符串"HelloWorld!",如程序 1.1 所示。

【**程序 1.1**】 程序 HelloWorld.java。

```
public class HelloWorld {
    public static void main(String[] args){
        System.out.println("Hello World!");
    }
}
```

程序 1.1 的编译和运行结果如图 1.1 所示。在当前目录下输入命令:

```
javac HelloWorld.java
```

编译程序 HelloWorld.java,如果编译正确,则没有任何提示。编译完成后,可以在当前目录下看到多了一个文件 HelloWorld.class,这个文件是 Java 程序的编译结果,见到这个文件表示编译成功。下一个是运行命令:

java HelloWorld

```
D:\program\unit1\1-1\1-1>javac HelloWorld.java

D:\program\unit1\1-1\1-1>java HelloWorld
Hello World!
```

图 1.1　程序 1.1 运行结果

运行编译好的 Java 程序 HelloWorld.class 文件。图 1.1 是运行结果，显示一个字符串"Hello World!"。

1.1.2　HelloWorld 程序分析

程序 1.1 是一个最简单的程序，显示一个字符串"Hello World!"。Java 程序是按照类进行组织的，一般情况下一个类对应一个源程序文件。定义类的关键字是 class，类的结构如下：

```
public class HelloWorld{
    ...
}
```

关键字 public 用来定义类的访问权限，关于访问权限将在第 8 章中详细讲解，目前将所有类都声明为 public 就可以了。关键字 class 是类的标识，表示要定义一个类。HelloWorld 是类名，类名是用户自己定义的。大括号{}中的内容是类体，是类中定义的具体内容。程序 1.1 中定义了一个 main()方法，方法格式如下：

```
public static void main(String[] args){
    ...
}
```

main()方法是程序的主方法，也就是执行程序的入口，用户编写的程序都是从这个方法开始执行。目前 main()方法的定义格式按照程序 1.1 样式来写就可以，后面将进一步介绍这个方法。程序 1.1 的 main()方法中有一条语句，用于输出字符串 Hello World!。

```
System.out.println("Hello World!");
```

这条语句的作用是输出一个字符串，字符串的内容就是写在括号中的"Hello World!"。读者现在只要能够按照程序 1.1 所示的样子来编写程序就可以了，相关内容将后面逐步进行介绍和讲解。

1.2　相 关 知 识

看到程序 1.1 的运行结果,大家一定想知道怎样编写 Java 程序,得到运行结果。想编写 Java 程序需要在计算机上安装和配置 Java 开发工具包,然后编辑程序、编译程序、运行程序,最后就可以看到结果了。

1.2.1　下载安装工具包

Java 开发工具包可以从 Oracle(SUN)公司网站下载,也可以从其他网站下载。开发包有不同的版本,目前最新的版本是 Java SE 11.0。1996 年,Java 的第一个版本 JDK 1.0 发布,2004 年,J2SE 1.5 发布并更名为 Java SE 5。人们常说的 Java 1.6 版本其实是 Java SE 6。2014 年发布的 Java SE 8.0(1.8.0)是目前使用最为广泛的版本之一,可以方便找到各种资料。本书以 Java SE 8.0 版本为主进行介绍,书中讲解的例子在 8.0 及以上版本上都可以运行。对于初学者来说只要有一个 8.0 或者以上的版本就可以了,高版本中一些新的内容初学者用不到,建议大家使用 8.0 版本。

Java 开发工具包有两个部分 JDK 和 JRE。JDK(Java Development Kit,Java 开发包)为开发者提供 Java 开发环境,JRE(Java Runtime Environment,Java 运行环境)是运行 Java 程序所需要的环境,如果只是为了运行 Java 程序仅需安装 JRE。JDK 中包括了 JRE 中的运行环境,所以对于开发者只安装 JDK 就可以了。

本书使用 Java SE 8.0 安装包 jdk-8u152-windows-x64.exe,该程序可以从 Oracle 公司网站下载。运行安装包后开始安装,按照安装程序的提示一步一步进行安装就可以了。安装程序默认的安装目录是 C:\Program Files,建议自己新建一个安装目录,例如"D:\Java",把程序安装到自己指定的目录下,如图 1.2 所示。另外,建议安装到图 1.2 步骤时,将"源代码"左侧的箭头选中,这样安装程序会把 JDK 基础库的源码安装到安装目录下,方便以后开发程序参考。

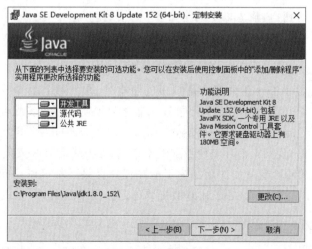

图 1.2　安装 JDK

安装完成后可以在 Java 目录下看到两个子目录：jdk1.8.0_152 和 jre1.8.0_152，分别存放了安装的 JDK 和 JRE，安装好的 JDK 目录结构如图 1.3 所示。

名称	修改日期	类型	大小
bin	2020/12/7 星期…	文件夹	
db	2020/12/7 星期…	文件夹	
include	2020/12/7 星期…	文件夹	
jre	2020/12/7 星期…	文件夹	
lib	2020/12/7 星期…	文件夹	
COPYRIGHT	2017/9/14 星期…	文件	4 KB
javafx-src	2020/12/7 星期…	WinRAR ZIP 压缩…	5,081 KB
LICENSE	2020/12/7 星期…	文件	1 KB
README	2020/12/7 星期…	QQBrowser HT…	1 KB
release	2020/12/7 星期…	文件	1 KB
src	2017/9/14 星期…	WinRAR ZIP 压缩…	20,763 KB
THIRDPARTYLICENSEREADME	2020/12/7 星期…	文本文档	142 KB
THIRDPARTYLICENSEREADME-JAVAFX	2020/12/7 星期…	文本文档	63 KB

此电脑 > 本地磁盘 (C:) > Program Files > Java > jdk1.8.0_152 >

图 1.3 JDK 安装目录结构

1.2.2　配置

安装完成后，需要对相关的环境变量进行配置。对于不同的操作系统版本配置环境变量的过程有所不同，下面以 Windows 10 为例进行配置，其他系统的配置过程类似，也可以自己到网上查找相关的资料。

（1）右击"此电脑"，出现弹出菜单，点选"高级系统设置"项，弹出"系统属性"对话框，选择"高级"选项卡，单击"环境变量"按钮，弹出"环境变量"窗口，如图 1.4 所示。

（2）设置环境变量，新建环境变量 JAVA_HOME，添加值为 JDK 所在目录，如"C:\Program Files\Java\jdk1.8.0_152"，保存设置。编辑变量 Path，在前面输入字符串"%JAVA_HOME%\bin;"，结果如图 1.4 所示。保存设置结果，完成环境变量配置。

（3）测试开发环境。完成环境变量配置后，需要测试开发环境的安装和配置是否正确，打开 cmd 命令行窗口，输入以下两个命令：

```
javac  -version
java  -version
```

如果能够正确显示 Java 编译器和虚拟机的版本号，并且两个版本号一样，表示安装配置成功，执行结果如图 1.5 所示。如果不能显示版本号说明安装或者配置有问题，判断方法是转到 JDK 的安装目录 C:\Program Files\Java\jdk1.8.0_152\bin 下，再次运行这两个命令。如果可以显示版本号，说明上面环境变量配置不正确；否则就是 JDK 安装不正确。

特别说明，设置环境变量的作用是为了能在任意目录下都可以访问 JDK 的 bin 目录下的程序，执行编译程序 javac.exe 和虚拟机 java.exe 程序。

1.2.3　编辑程序

有了 Java 开发工具包就可以开发 Java 程序了，但在开发程序之前还需要先做一些

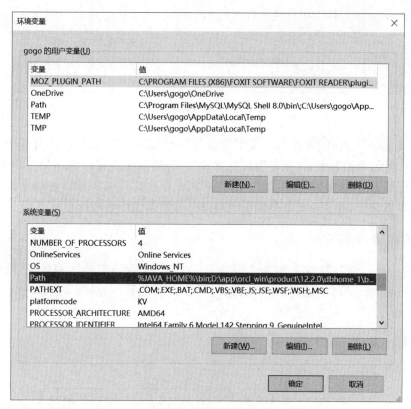

图 1.4　环境变量窗口

```
C:\Users\Administrator>javac -version
javac 1.8.0_152

C:\Users\Administrator>java -version
java version "1.8.0_152"
Java(TM) SE Runtime Environment (build 1.8.0_152-b16)
Java HotSpot(TM) 64-Bit Server VM (build 25.152-b16, mixed mode)
```

图 1.5　配置测试结果

准备工作。为了方便管理,建议建立一个目录来存放自己编写的 Java 程序,例如,本书的样例程序都存放在目录"D:\program"中。如果分的再细一点,可以为每一章再建立一个子目录,例如第 1 章的程序存放在子目录"D:\program\unit1 中"。

　　为了输入和编辑 Java 源程序,还需要一个编辑工具。常见的编辑工具很多,主要有 UltraEdit、NotePad++、EditPlus 等等。如果没有专用的编辑器,也可以使用 Windows 的记事本。

　　准备工作完成后,就可以开始编写源程序了。打开编辑器,输入 Java 程序代码,输入完成后,保存源程序文件。需要说明的是,保存的文件名必须与类名一样,并且扩展名是 ".java"。例如,程序 1.1 对应的文件名为"HelloWorld.java"。程序保存完成后,进入程序所在的目录,如"D:\program\unit1\1-1\1-1",可以看到该目录下有刚刚保存的 Java 源程序 HelloWorld.java。目录结构和文件如图 1.6 所示。

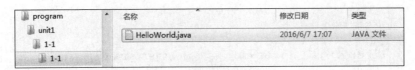

图 1.6　Java 源程序文件

　　有的读者也许会问，为什么不使用集成开发环境，例如 Eclipse，来开发 Java 程序？集成开发环境的确很方便，也可以提高开发效率，但却隐藏了很多具体的实现细节，不利于初学者理解 Java 程序的开发过程。因此作者强烈推荐 Java 初学者使用简单的编辑工具来编写程序，等到有了一定的基础后再选择合适的集成环境进行开发。

1.2.4　编译运行程序

　　保存好 Java 源程序，就可以编译源程序了。编译命令把源程序编译成目标程序，进入 Windows 的 cmd 命令行窗口中，转到源程序所在的目录，执行编译命令 javac，输入命令：

```
javac HelloWorld.java
```

编译过程如图 1.7 所示。

```
D:\program\unit1\1-1\1-1>javac HelloWorld.java

D:\program\unit1\1-1\1-1>_
```

图 1.7　编译源程序

　　编译如果有错误，会给出错误提示。如果没有错误，再次查看 D:\program\unit1\1-1 \1-1 目录下的文件，如图 1.8 所示。除了原来的 Java 源程序文件 HelloWorld.java 外，又多了一个目标文件 HelloWorld.class。目标文件在 Java 中称为字节码文件或者 class 文件。

图 1.8　编译结果 HelloWorld.class 文件

　　编译完成后，就可以使用 java 命令运行 Java 的字节码（class）文件，输入命令：

```
java HelloWorld
```

运行结果如图 1.9 所示。

　　至此已经完成了第一个 Java 程序——HelloWorld.java 的编辑、编译和运行，结果显示字符串"HelloWorld!"。

```
D:\program\unit1\1-1\1-1>javac HelloWorld.java

D:\program\unit1\1-1\1-1>java HelloWorld
Hello World!

D:\program\unit1\1-1\1-1>
```

图 1.9　程序运行结果

1.3　训　练　程　序

下面参照程序 1.1 自己尝试编写一个 Java 程序,显示字符串"我爱学 Java",通过这个程序学会如何自己编写一个 Java 程序。

1.3.1　程序分析

编写程序之前,需要想一想应该如何来编写这个程序,也就是进行程序设计,简单说就是整理一下思路,或者说打个草稿。先来看看要编写的这个程序与程序 1.1 的相似之处,都是显示一个字符串,只是显示的内容不同。可以这样编写程序:

（1）程序的框架与 1.1 程序相同。

（2）程序的类名可以自己定义,例如 HappyJava,这样对应的源程序文件名就是HappyJava.java。

（3）程序显示的字符串修改为"我爱学 Java"。

修改好程序后,保存、编译、运行程序,查看程序的运行结果。

1.3.2　参考程序

为了方便读者学习,给出了参考程序 1.2。需要说明的是,程序是基于个人对问题的理解,这是解决问题的思路,每个人编写的程序可能不会完全相同,只要能够完成要求的功能就可以了。因此给出的程序称为参考程序,供读者编写程序时候参考,读者所编写的程序不必与书中程序完全一样。

【程序 1.2】　程序 HappyJava.java。

```java
public class HappyJava{
    public static void main(String[] args){
        System.out.println("我爱学 Java ");
    }
}
```

1.3.3　程序调试

前面讲的程序比较简单,每次编译都能够正确通过,运行也能得到正确的结果。但实际的程序开发中完全不是这个样子，编写的程序编译时可能出现错误，运行时也不一定能够得到希望的结果，在这种情况下就需要进行程序调试，找出程序的问题所在。

所谓的程序调试就是检查自己的想法与计算机的执行过程在哪里出现了不一致，找到这个地方，分析计算机是如何执行这段程序的，进而修改自己的程序，最终让程序能够按照自己的想法执行。例如，如果把程序 1.2 中的语句：

```
System.out.println("我爱学 Java ");
```

修改为：

```
System.out.println("我爱学 Java );
```

保存后重新编译就会报错，错误信息如图 1.10 所示。

```
D:\program\unit1\1-3\3-1>javac HappyJava.java
HappyJava.java:3: 未结束的字符串字面值
        System.out.println("我爱学Java);
                           ^
HappyJava.java:3: 需要 ';'
        System.out.println("我爱学Java);
                                      ^
HappyJava.java:5: 进行语法解析时已到达文件结尾
}
 ^
3 错误
```

图 1.10　程序编译错误信息

出现错误后，首先要分析原因。编译器给出的错误都是语法错误，也就是说程序语句不符合 Java 的语法格式。对于语法错误，需要认真检查和比对，找到出错的位置，然后修改源程序，保存后再次进行编译，直到通过为止。从图 1.10 中的错误提示可以看出，程序 HappyJava.java 的第 3 行出现一个错误，提示是"未结束的字符串字面值"。这个提示的意思是在第 3 行有一个字符串没有结束，就是字符串后面少了一个引号，进一步在下面的提示指示了字符串开始和结束的位置。知道错误后，就可以找到错误位置并进行修改，修改后再次编译，直到编译正确为止。编译正确的程序，运行时可能还会出现错误，例如将语句：

```
public static void main(String[] args){
```

修改为：

```
public static void main1(String[] args){
```

这时候编译正确，但运行的时候会报错，错误信息如图 1.11 所示。

```
D:\program\unit1\1-3\3-1>javac HappyJava.java

D:\program\unit1\1-3\3-1>java HappyJava
Exception in thread "main" java.lang.NoSuchMethodError: main
```

图 1.11　程序运行错误

同样需要分析错误原因,根据给出的错误提示是找不到 main()方法,可以分析出产生错误的位置是方法名,进行修改后再次编译运行,直到运行结果正确为止。

刚开始编写 Java 程序时,很多读者一看到编译器报错或者运行结果出错就不知所措了,这时候需要静下心来仔细研究错误提示,按照提示信息一步一步找到错误,并进行修改。如果看不懂错误提示,可以到网上搜索一下错误的含义以及修改方法。刚开始编写程序时遇到的错误一般都是比较简单的错误,很容易在网上找到答案。通过不断修改错误,可以有效提高自己的程序设计能力,提高自己学习 Java 语言的兴趣和自信心!

1.3.4 进阶训练

通过对比程序 1.1 和程序 1.2 的代码可以看出,这两个程序的区别仅仅在于输出的内容不同,我们只需要把 System.out.println()语句括号中的内容填写为需要输出的字符串即可。

【**程序 1.3**】 显示圆面积,输出字符串"圆面积=314.00"。

程序设计思路分析:

(1) 确定程序的类名,如 CircleArea;

(2) 仿照前两个程序编写代码,注意代码中类名的修改和输出语句的修改;

(3) 程序写好后,保存为 CircleArea.java 文件;

(4) 编译和运行程序,运行过程和结果如图 1.12 所示。

```
D:\program\unit1\1-3\3-2>javac CircleArea.java

D:\program\unit1\1-3\3-2>java CircleArea
圆面积=314.00
```

图 1.12　程序 1.3 运行结果

1.4　拓 展 知 识

1.4.1 开发工具

Eclipse 是目前主流的 Java 开发工具之一,它是一种可扩展的开放源代码集成开发环境。2001 年 11 月,IBM 公司捐出价值 4000 万美元的源代码组建了 Eclipse 联盟,并由该联盟负责该工具的后续开发。业界厂商合作创建了 Eclipse 平台,允许在同一 IDE 中集成来自不同供应商的工具,并实现了 Java 开发工具之间的互操作性,从而显著改变了项目工作流程,使开发者可以专注在实际的嵌入式目标上。Eclipse 的最大特点是它能接受由 Java 开发者自己编写的开放源代码插件,为工具开发商提供了更好的灵活性,使他们能更好地控制自己的软件技术。

IDEA 全称 IntelliJ IDEA,也是一款是 java 编程语言开发的集成环境,是 JetBrains 公司的产品,被业界公认为最好的 java 开发工具之一。它是一款"聪明的"智能化开发工具,在智能代码辅助、重构、JavaEE 支持、JUnit、CVS 整合、代码分析和 GUI 设计等方面都具有非常强大的功能。IDEA 分为旗舰版和社区版，旗舰版可以免费试用 30 天，社区版免费使用，但是功能上对比旗舰版有所缩减，但对于初学的开发者，社区版的功能已经完全可以满足需要。

除了以上的两个主流的 Java 开发工具之外，市面上还有一些其他的 Java 开发工具，读者如果感兴趣可以到网上自己查找相关资料，这里不再赘述。

1.4.2　Java API 文档

与所有程序设计语言一样，为了方便开发者开发程序，Java 设计者提供了开发 Java 程序的 Java API 文档。文档中列出了 Java 语言用到的基础类库中各个类的说明，包括类的属性和方法的说明。学习 Java 程序设计语言首先要学会如何自己应用 Java API 文档来查找所需的类、方法的说明。说明文档样式如图 1.13 所示。不同版本的 Java 对应有不同的 Java API 文档，读者可以到网上下载相应的文档以方便随时查阅。

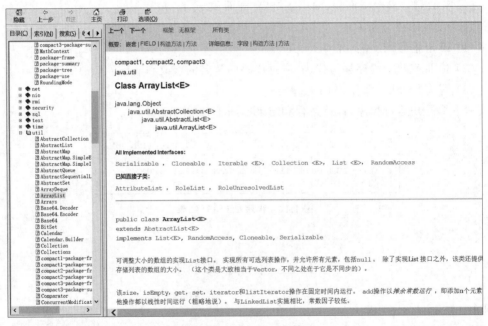

图 1.13　Java API 文档

1.4.3　编码规范

好的程序不仅能够实现需要的功能，还应该符合编码规范。不同的公司有不同的编码规范，但这些规范大同小异。SUN 公司提供了 Java 的编码规范，可以作为大家开发 Java 程序的指导。这个规范比较简单，可以作为大家编写程序的参考规范。如果不想详细学习这个文档，只要能够按照本书所给的编码格式来编写程序，也基本上可以做到符合规范要求。

有的读者可能会问：程序能够完成功能不就可以了吗？为什么要按照编码规范来编写程序？学习程序设计的目的是为了将来从事软件开发工作，软件企业要求员工不仅能够编写完成指定功能的程序,还要求员工编写的程序符合编码规范要求。符合规范的程序可以避免一些潜在的错误,提高程序的可读性,方便其他人阅读程序。既然是通行软件公司的需要,那么学习 Java 语言时同时也要学会编码规范。

最后说明一点,上面程序中显示的字符串中包含汉字。有的读者运行时可能显示为乱码,这个是汉字编码的问题。想深入研究的读者可以自己上网查找资料解决。也可以略过这个问题,只显示英文字符串就可以了,等你有了一定程序设计功底再去解决这个问题。

1.5　实 做 程 序

1. 分析下列程序或操作出现错误的原因,并改正错误。

(1) 程序 Hello.java:

```java
public class HelloWorld {
    public static void main(String[] args){
        System.out.println("Hello World!");
    }
}
```

错误提示:

```
D:\program\unit1\1-5\5-1>javac Hello.java
Hello.java:1: 类 HelloWorld 是公共的, 应在名为 HelloWorld.java 的文件中声明
public class HelloWorld {
       ^
1 错误
```

(2) 程序 HelloWorld.java:

```java
public class HelloWorld {
    public static void main(String[] args){
        system.out.println("Hello World!");
    }
}
```

错误提示:

```
D:\program\unit1\1-5\5-1>javac Helloworld.java
Helloworld.java:3: 软件包 system 不存在
            system.out.println("Hello World! ");
                  ^
1 错误
```

2. 请分析下面执行命令中的错误,并改正错误。

(1) 使用 javac 命令对 HelloWorld.java 进行编译后,使用 HelloWorld 命令执行程序。

```
D:\program\unit1\1-5\5-2>javac HelloWorld.java

D:\program\unit1\1-5\5-2>HelloWorld
```

（2）使用 javac 命令对 HelloWorld.java 进行编译后，使用 java HelloWorld.class 命令执行程序。

```
D:\program\unit1\1-5\5-2>javac HelloWorld.java
D:\program\unit1\1-5\5-2>java HelloWorld.class_
```

（3）使用 javac 命令对 HelloWorld.java 进行编译后，使用 java Helloworld.java 命令执行程序。

```
D:\program\unit1\1-5\5-2>javac HelloWorld.java
D:\program\unit1\1-5\5-2>java HelloWorld.java
```

3. 参照示例程序 1.1 和训练程序 1.2 完成一个相似的 Java 程序，显示一个字符串"想学好 Java，就要天天写程序！"。

4. 编写一个 Java 程序，显示下图所示的图形。完成程序的编辑、编译和运行全过程，并检查运行结果是否与所给图形相符。

```
   *
  ***
 *****
*******
```

要点提示：

（1）图形由多行组成；

（2）每一行的符号由'*'号和空格组成，作为字符串显示。

5. 编写 Java 程序，显示自己的姓名、年龄。例如："姓名：张三，年龄：18"。

6. 编写 Java 程序，显示自己的姓名和测试成绩。例如："姓名：张三，成绩：95"。

7. 编写 Java 程序，显示今日最高温度。例如："今天最高温度：28C"。

8. 编写 Java 程序，显示系统当前时间，类的名字为 HelloDate。要点提示：

（1）需要在程序开始处导入 Date 类：import java.util.Date；

（2）获取当前时间：Date dt = new Date()；

（3）将时间转换为字符串：String dtStr = dt.toString()；

（4）输出转换后的字符串 dtStr。

第 2 章

显示学生成绩

学习目标
- 掌握标识符和关键字的使用；
- 掌握变量的定义以及如何在程序中使用变量；
- 掌握表达式和运算符优先级，以及程序中表达式的应用；
- 了解如何为程序添加注释；
- 学会引用 Scanner 类输入数据。

2.1　示　例　程　序

2.1.1　显示学生信息

第 1 章完成了一个最基本的 Java 程序，下面来做个有一点实际意义的程序，显示学生的基本信息。假设学生的信息如下：

姓名：张三
年龄：30
成绩：87.67

在程序 1.1 的基础上来完成这个程序，可以使用三条显示语句，分别显示学生的姓名、年龄和成绩，实现代码如程序 2.1 所示。

【程序 2.1】　程序 StudentInfo.java。

```java
public class StudentInfo{
    public static void main(String[] args){
        System.out.println("姓名:张三");
        System.out.println("年龄:23");
        System.out.println("成绩:87.67");
    }
}
```

程序 2.1 的编译和运行结果如图 2.1 所示。

这个程序比较简单，把程序 1.1 显示"HelloWorld!"的语句复制并修改为三条显示语句，分别显示学生的姓名、年龄和成绩。

```
D:\program\unit2\2-1\1-1>javac StudentInfo.java

D:\program\unit2\2-1\1-1>java StudentInfo
姓名：张三
年龄：23
成绩：87.67
```

图 2.1　程序 2.1 运行结果

2.1.2　引入变量

程序 2.1 中将学生的信息直接作为字符串显示出来了，但实际程序开发中一般不这样处理。比如，学生的年龄可能在许多地方都会用到，而且年龄的值会随着时间的推移而增加，因此使用变量来保存年龄值更加合适。可以定义三个变量来分别保存学生的姓名、年龄和成绩，改进后的实现代码如程序 2.2 所示。

【程序 2.2】　程序 StudentInfo.java。

```java
public class StudentInfo{
    public static void main(String[] args){
        String name = "张三";
        int age = 23;
        double grade = 87.67;
        System.out.println("姓名:" + name);
        System.out.println("年龄:" + age);
        System.out.println("成绩:" + grade);
    }
}
```

程序 2.2 的编译和运行结果如图 2.2 所示。

```
D:\program\unit2\2-1\1-2>javac StudentInfo.java

D:\program\unit2\2-1\1-2>java StudentInfo
姓名：张三
年龄：23
成绩：87.67
```

图 2.2　程序 2.2 运行结果

程序 2.2 定义了三个变量：字符串 String 类型变量 name 用来保存学生的姓名，整型 int 变量 age 用来保存学生的年龄，双精度 double 类型变量 grade 用来存放学生的成绩。类型相关说明在下一节进行介绍。显示学生的信息时，显示语句中的"＋"表示字符串连接，把要输出的变量值先转换成字符串，再与其他字符串进行连接。

2.1.3　增加注释

程序 2.2 能够完成要求的功能，显示一个学生的信息。但是软件公司开发的软件不仅有能够完成功能的程序代码，还应该有详细的程序注释对程序代码进行解释和说明。

程序 2.2 增加注释后如程序 2.3 所示。

【程序 2.3】 为程序 StudentInfo.java 增加注释。

```
/**
 * 类描述：显示学生信息
 * 作者：王养廷
 * 日期：XX 年 XX 月 XX 日
 */
public class StudentInfo{
    /**
     * main 方法是 Java 主方法
     * 功能：显示一个学生信息
     * 参数：暂时没有用到
     * 返回值：无
     */
    public static void main(String [] args){
        //name 学生姓名
        String name = "张三";
        //age 学生年龄
        int age = 23;
        //grade 学生成绩
        double grade = 87.67;
        System.out.println("姓名:" + name);
        System.out.println("年龄:" + age);
        System.out.println("成绩:" + grade);
    }
}
```

Java 语言有三类注释，分别是行注释、块注释和 Javadoc 注释。一般常用行注释和 Javadoc 注释。

行注释格式为：//注释内容
块注释格式为：/* 注释内容 */
Javadoc 注释格式为：/** 注释内容 */

通常程序中需要增加注释的地方有：类定义之前、变量定义之前和方法定义之前。类之前的注释一般是 Javadoc 注释，如程序 2.3 中 StudentInfo 类前的注释，用来说明类的用途、功能、类的实现者和修改时间。变量之前的注释一般使用行注释，用来说明变量的用途和注意事项，如程序 2.3 中变量 name 定义之前的注释。方法之前一般也有注释，用来说明方法的功能、参数要求和返回值。

注释语句不会被编译执行，但注释是程序中不可或缺的一部分，添加注释的目的是为了提高程序的可读性，便于其他程序员阅读和修改程序。为自己的代码加上恰当、简洁的注释是一个优秀程序员的良好习惯。

2.2　相 关 知 识

2.2.1　标识符和关键字

Java 中的标识符由 Unicode 字符、下画线、美元符号 $ 和数字组成，但不能以数字开头。特别要注意的是，Java 中的标识符是严格区分字母大小写的，HelloWorld 和 helloworld 是两个不同的标识符。

有些单词在 Java 中具有特定的意义，这些单词称为关键字。编写程序时不能将关键字作为普通标识符来使用。Java 8 中共有 50 个关键字，如表 2-1 所示。这些关键字全部使用小写字母，例如前面程序中用到的 class 和 public。标识符 true、false 和 null 不是 Java 关键字，但定义了特殊的用途，程序员可以将其视为关键字。

表 2-1　Java 关键字

abstract	continue	for	new	switch
assert***	default	goto*	package	synchronized
boolean	do	if	private	this
break	double	implements	protected	throw
byte	else	import	public	throws
case	enum****	instanceof	return	transient
catch	extends	int	short	try
char	final	interface	static	void
class	finally	long	strictfp**	volatile
const*	float	native	super	while

注：* 表示不再使用，** 为 Java 1.2 添加，*** 为 Java 1.4 添加，**** 为 Java 1.5 添加。

2.2.2　数据类型和变量

1. 数据类型

Java 中有八种基本数据类型，可以定义数字、字符和逻辑值。每种类型名字、含义、取值范围和存储长度如表 2-2 所示。

表 2-2　Java 数据类型

数据类型	含　　义	取 值 范 围	存 储 长 度
int	表示整型	$-2^{31} \sim 2^{31}-1$	4 字节
byte	表示字节型整数	$-2^{7} \sim 2^{7}-1$	1 字节
short	表示短整型	$-2^{15} \sim 2^{15}-1$	2 字节
long	表示长整型	$-2^{63} \sim 2^{63}-1$	8 字节

续表

数 据 类 型	含　　义	取 值 范 围	存 储 长 度
float	表示浮点数	$10^{-38} \sim 10^{38}, -10^{38} \sim -10^{-38}$	4 字节
double	表示双精度浮点数	$10^{-308} \sim 10^{308}, -10^{308} \sim -10^{-308}$	8 字节
char	表示字符	$0 \sim 65535$	2 字节
boolean	表示逻辑值	true, false	1 位

除了基本类型，Java 还有引用类型，包括接口引用类型、类引用类型和数组引用类型，这些类型的具体定义在后面进行介绍。

Java 中，char 类型可以用来表示一个 Unicode 字符。如果需要表示由多个字符组成的字符串则要使用 String 类。例如程序 2.2 中定义字符串 String 类型变量 name，值为"张三"。

2. 变量

Java 程序可以定义变量，变量名是一个标识符。变量用来保存程序中的各种数据，定义的格式为：

类型 变量名 [= 变量初值];

例如程序 2.2 中定义变量年龄：

int age = 23;

在变量定义时可以赋初值，也可以不赋初值。一般情况下，变量定义时不赋初值，而是在使用前赋初值。Java 程序设计语言是强类型程序设计语言，因此变量定义与使用需要遵循常见的三部曲：

第一步：变量定义；
第二步：变量赋初值；
第三步：变量使用。

典型的变量使用过程如下面程序段所示。

```
int age;                          //变量定义
age=23;                           //变量初始化
age=age+1;                        //变量使用
```

引用类型变量的定义、初始化和使用与基本类型变量有所不同，具体内容将在第 8 章中介绍。Java 是强类型语言，Java 程序编译时要对程序中所有变量的类型进行检查，如果出现类型不兼容的情况就会报错。例如下面的程序段：

```
int i;
long l;
l = 100;
i = l;
```

把这个程序段放到一个程序中,编译时会报错,如图 2.3 所示。

从报错的提示信息可以看出,程序出错的原因是把一个长整型的变量 l 赋给了整型变量 i,这个赋值可能会导致长整型变量 l 的部分数据丢失,从而出现数据错误的情况。因此,编译器报出了一个错误。如果程序设计者确认这个赋值操作不会出错,可以强制把 l 转换成整型,再进行赋值,修改后的程序如下:

```
Test.java:6: 可能损失精度
找到:   long
需要:   int
                i = l;
                    ^
1 错误
```

图 2.3 类型编译报错

```
int i;
long l;
l = 100;
i = (int)l;
```

再次编译程序,就不会再报错了。(int)l 表示把变量 l 转换成 int 类型,这种转换称为强制类型转换,(int)表示程序设计者希望把一个数据转换成 int 类型。如果希望转换成其他类型的数据,在( )内写上对应的类型名称就可以了。在实际程序设计中,经常会使用到强制类型转换。

2.2.3 运算符和表达式

1. 运算符

（1）算术运算符

算术运算符用于数学运算,各运算符的用法和示例如表 2-3 所示,假定示例中 a 为 int 类型且值为 3。

表 2-3 算术运算符

运算符	含义	示例	结果	说　　明
—	负号	−2	−2	
++	自加	++a	4	在使用 a 之前,先使 a 的值加 1
		a++	4	在使用 a 之后,再使 a 的值加 1
——	自减	——a	2	在使用 a 之前,先使 a 的值减 1
		a——	2	在使用 a 之后,再使 a 的值减 1
*	乘法	a*2	6	
/	除法	12/a	4	两个整数相除结果为整数
%	取余数	10%a	1	
+	加法	a+5	8	
—	减法	a−5	−2	

（2）关系运算符

关系运算符主要用于比较两个值的大小关系，结果为逻辑值 true 或 false。关系运算符如表 2-4 所示。

表 2-4　关系运算符

运　算　符	含　义	示　例	结　果
＞	大于	2＞3	false
＞＝	大于等于	3＞＝3	true
＜	小于	5＜3	false
＜＝	小于等于	2＜＝3	true
＝＝	等于	2＝＝3	false
!＝	不等于	2!＝3	true

（3）逻辑运算符

逻辑运算符用于 boolean 类型值进行计算，计算的结果也是 boolean 类型。逻辑运算符的用法如表 2-5 所示。

表 2-5　逻辑运算符

运算符	含　义	示　例	结　果
!	非	!a	当 a 为 true，结果为 false 当 a 为 false，结果为 true
＆＆	与	a＆＆b	当 a 和 b 均为 true，结果为 true 其他情况结果为 false
||	或	a||b	当 a 和 b 均为 false，结果为 false 其他情况结果为 true

2. 表达式

Java 表达式是将运算符和操作数连接起来组成的符合 Java 规则的式子。计算表达式的值需要注意运算符的优先级和结合性。各个运算符的优先级和结合性如表 2-6 所示。表达式中还可以通过使用小括号来改变运算的顺序。

表 2-6　运算符的优先级和结合性

运　算　符	优　先　级	结　合　性
－,＋＋,－－,!,~	1	从右到左
*,/,%	2	从左到右
＋,－	3	从左到右
＜＜,＞＞	4	从左到右
＞,＞＝,＜,＜＝,instance of	5	从左到右

续表

运 算 符	优 先 级	结 合 性
== , !=	6	从左到右
&	7	从左到右
^	8	从左到右
|	9	从左到右
& &	10	从左到右
| |	11	从左到右
?:	12	从右到左
= , += , -= , * = , /= , %=	13	从右到左

下面给出一个例子说明如何定义变量，根据运算符优先级来计算表达式的值，如程序 2.4 所示。

【程序 2.4】 程序 Calculate.java。

```java
public class Calculate{
    public static void main(String [] args){
        String result = "Result is:";
        int x = 10;
        long y = 123;
        float m = (float)12.23;
        double n = 23.23;
        boolean b,s;
        b = (x+y) > (m+n);
        s = m + 11 == n;
        System.out.println(result + s);
    }
}
```

程序 2.4 中，b = (x+y) > (m+n)是一条赋值语句，先计算表达式(x+y) > (m+n)，再将结果赋值给变量 b，由于 x+y 的值为 133，m+n 的值为 35.46，因此(x+y) > (m+n)结果为 true。语句 s = m + 11 == n 也是赋值语句，由于精度原因表达式(m + 11) == n 结果为 false，程序的运行结果如图 2.4 所示。

```
D:\program\chapter2>javac Calculate.java

D:\program\chapter2>java Calculate
Result is:false
```

图 2.4　程序 2.4 运行结果

说明一下，为了阅读程序方便可以考虑把语句 s = m + 11 == n 修改为 s =（m

＋ 11 ＝＝ n)。这样就不需要考虑运算符优先级,直接可以得到结果。因此建议大家在编写程序时,如果遇到复杂的表达式,尽量拆分成多个简单的表达式。对于不常用的运算符相邻时,可以使用小括号显式给出优先级,这样做方便阅读程序。

2.2.4　输入语句

程序 2.3 直接把学生的姓名、年龄和成绩设为固定值,但在实际程序中这个数据可能是从键盘输入或者是从其他程序传过来的。下面修改程序,从键盘读入姓名、年龄和成绩,如程序 2.5 所示。

【程序 2.5】　修改程序 StudentInfo.java,学生成绩从键盘输入。

```
/**
 * 程序功能:输入一个学生信息并显示
 * 作者:xxx
 * 日期:xx 年 xx 月 xx 日
 */
import java.util.Scanner;
public class StudentInfo{
    /**
     * main 方法是 Java 主方法
     * 功能:输入一个学生信息并显示
     * 参数:没有用到
     * 返回值:无
     */
    public static void main(String [] args){
        //name 学生姓名
        String name = "张三";
        //age 学生年龄
        int age = 23;
        //grade 学生成绩
        double grade;
         //定义一个 Scanner 类的对象
        Scanner sc = new Scanner(System.in);
        //输入学生姓名
        name = sc.next();
        //输入学生年龄
        age = sc.nextInt();
        //输入学生成绩
        grade = sc.nextDouble();
        //显示学生信息
        System.out.println("姓名:" + name);
        System.out.println("年龄:" + age);
        System.out.println("成绩:" + grade);
    }
}
```

编译、运行程序 2.5，输入姓名、年龄和成绩，每输入一个数据按回车结束，得到运行结果如图 2.5 所示。

```
D:\program\unit2\2-2\2-2>javac StudentInfo.java
D:\program\unit2\2-2\2-2>java StudentInfo
张三
18
65
姓名：张三
年龄：18
成绩：65.0
```

图 2.5   程序 2.5 运行结果

在 Java 语言中，接收从键盘输入的数据使用 Scanner 类对象的方法。Scanner 类是 java.util 包中的类，因此需要首先使用语句 import java.util.Scanner 将该类引入到程序中，然后定义一个 Scanner 类的对象。

```
Scanner sc = new Scanner(System.in);
```

通过对象调用 Scanner 类对象的输入方法读入数据，读入的数据类型不同，调用的方法也不一样。程序 2.5 的 next()、nextInt()、nextDouble() 分别是读入字符串、整数和双精度数。编写程序时，要根据输入的数据类型不同调用不同的方法。

2.3   训 练 程 序

参照程序 2.2，尝试编写一个程序显示教师的基本信息，包括教师的姓名、性别、年龄和工资。

2.3.1   程序分析

参考程序 2.2，定义四个变量来表示教师的信息：

name：教师的姓名，字符串 String 类型；
sex：教师性别，字符串 String 类型；
age：教师年龄，整型 int 类型；
salary：教师工资，浮点型 double 类型。

接下来给变量赋值，最后显示教师的信息。

2.3.2   参考程序

根据以上分析，参照程序 2.2 的设计过程，编写一个显示教师信息的程序，如程序 2.6 所示。

【程序 2.6】   程序 TeacherInfo.java。

```
/*
 * 类描述:显示教师信息
 * 作者:XXX
```

```
 * 日期:XX 年 XX 月 XX 日
 * /
public class TeacherInfo{
    /**
     * main 方法是 Java 主方法
     * 功能:显示一个教师信息
     * 参数:无
     * 返回值:无
     * /
    public static void main(String[] args){
        //name 教师姓名
        String name = "王老师";
        //sex 教师性别
        String sex="男";
        //age 教师年龄
        int age = 43;
        //salary 教师工资
        double salary = 3800;
        System.out.println("姓名:" + name);
        System.out.println("性别:" + sex);
        System.out.println("年龄:" + age);
        System.out.println("工资:" + salary);
    }
}
```

程序 2.6 的运行结果如图 2.6 所示。

```
D:\program\unit2\2-3\3-1>javac TeacherInfo.java

D:\program\unit2\2-3\3-1>java TeacherInfo
姓名：王老师
性别：男
年龄：43
工资：3800.0
```

图 2.6　程序 2.6 运行结果

程序 2.6 定义了四个变量 name、sex、age 和 salary,分别表示教师的姓名、性别、年龄和工资,对变量依次进行了赋值,最后输出了各个变量的值。

【程序 2.7】　可以仿照程序 2.5,从键盘输入教师的姓名、性别、年龄和工资,将输入数据赋值给对应的变量,最后输出教师信息,程序 2.7 的运行结果如图 2.7 所示。

程序设计思路分析:

(1) 导入 Scanner 类,import java.util. Scanner;

(2) 定义变量 name、sex、age 和 salary,分别表示教师的姓名、性别、年龄和工资;

(3) 定义 Scanner 类的对象 sc;

(4) 输入每个变量值之前给出提示;

（5）调用 sc 对象的不同输入方法实现从键盘输入变量 name、sex、age 和 salary 的值；

（6）调用 System.out.println 方法将教师信息输出。

```
D:\program\unit2\2-3\3-2>javac TeacherInfo.java

D:\program\unit2\2-3\3-2>java TeacherInfo
请输入教师姓名：
王老师
请输入教师性别：
男
请输入教师年龄：
43
请输入教师工资：
3800
姓名：王老师
性别：男
年龄：43
工资：3800.0
```

图 2.7　程序 2.7 运行结果

读者可以按照上面给出的思路自己编写程序，编译运行程序，得到图 2.7 所示的结果。

2.3.3　进阶训练

在上面的程序中，学生信息和教师信息都是直接将键盘输入的数据赋给变量，没有经过处理。实际程序设计时，许多数据不是直接输入，而是经过数学运算计算出来的。

【程序 2.8】　计算圆面积进阶 1。在程序 1.3 基础上，从键盘输入圆的半径值，根据半径计算出圆的面积并输出。

程序设计思路分析：

（1）定义 double 类型的变量 r 和 area，分别表示圆的半径和面积；

（2）从键盘输入半径 r 的值；

（3）利用圆面积公式（r×r×π）计算出面积的值，并赋值给变量 area；

（4）将 area 的值输出。

读者可以根据前面给出的设计思路，自己编写这个程序，并编译、运行程序，查看结果是否正确。

2.4　拓 展 知 识

2.4.1　Java 虚拟机

前面实现的程序都需要经过编译、运行才能得到结果。编译程序 javac.exe 将源程序.java 文件编译成.class 文件，执行程序 java.exe 装载编译后的.class 文件，解释执行。因此也将 java.exe 程序称为 Java 虚拟机（Java Virtual Machine，简称 JVM）。

Java 虚拟机通过在实际计算机上运行程序来模拟各种计算机功能的实现，Java 语言设计者 SUN 公司给出了 Java 虚拟机的建议体系结构，不同的公司可以根据这个规范来实现自己的 Java 虚拟机。SUN 建议的虚拟机体系结构如图 2.8 所示。

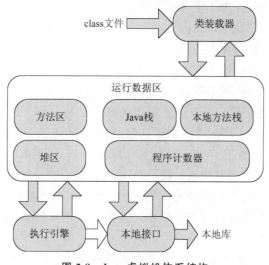

图 2.8　Java 虚拟机体系结构

类装载器负责将要执行的 class 文件装入内存；方法区保存 Java 的类信息；堆区保存 Java 的对象实例；栈区保存 Java 程序的运行栈，每个线程对应一个运行栈；本地方法栈用于调用本地方法；程序计数器是指令计数器；执行引擎负责解释、执行 class 中间码；本地接口负责将执行引擎需要执行的内容转换成本地代码执行。

在后面的课程学习中，还会涉及到 Java 虚拟机的知识，到时候再进一步讲解。如果想对 Java 有深入理解，就需要了解 Java 虚拟机的工作原理，有关 Java 虚拟机的更多内容可以参考《深入 Java 虚拟机》。

2.4.2　变量存储

程序中定义的每个 Java 变量，执行时都会对应内存的一个存储单元，例如，程序 2.2 中语句 int age = 23，执行时变量 age 对应着内存中的一个存储单元，如图 2.9 所示。

图 2.9 中的方框表示一个内存存储单元，这个单元对应一个变量 age，单元的数值是 23。一个单元具体需要多大的内存空间和变量的数据类型有关，例如，变量 age 定义为 int 类型，根据前面的类型说明，int 类型需要 4 字节的存储空间，因此这个单元的大小就是 4 字节。至于变量在内存中的具体存放位置在后面会进行说明。

age:　｜　　　23　　｜

图 2.9　变量的存储

2.4.3　变量类型转换

不同类型的变量参与运算或相互赋值时需要进行类型转换，前面已经介绍了类型转换的方法和过程。为什么类型转换过程中会出现问题？原因是不同类型的数值在内存中的存放格式和占用的存储空间都是不同的，下面以 int 类型和 long 类型的变量进行转换为例来讲解类型转换过程。

定义两个变量 i 和 l，分别是 int 类型和 long 类型，图 2.10 中给出了两个变量的示意图。

变量 i 是整型变量，占用 4 字节（32 位）。变量 l 是长整型变量，占用 8 字节（64 位），左边是高 32 位，右边是低 32 位。如果执行赋值语句 l＝i；这个语句会将变量 i 的数值赋给变量 l 右边 4 字节，变量 l 左边 4 字节使用符号填充。如果反过来，赋值语句 i＝（int）l；则把变量 l 的右边 4 字节赋给变量 i，左边的 4 字节丢弃了。从

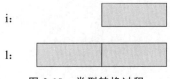

图 2.10　类型转换过程

这个过程中很容易看到，丢弃的部分如果有数值，则会出现错误。通过上面分析就可以理解为什么 Java 语法中要求把一个 long 型数值赋给一个 int 型数值时需要写上（int），进行强制类型转换。如果没有强制类型转换 Java 编译器认为这个语句可能会有问题，不能通过编译。如果编写程序的人确认没有问题，加上强制类型转换（int），编译器就不再报错了。浮点数和双精度数之间转换与整数和长整数之间转换相似，关于浮点数和双精度数的存储格式请参考相关资料。

最后做个简单的总结，本章学习了关键字：int、byte、short、long、float、double、char、boolean。这些关键字用来说明 Java 的 8 种基本数据类型，表 2-7 中用粗体表示。其余关键字将在后续章节讲解。

表 2-7　Java 关键字

abstract	continue	for	new	switch
assert***	default	goto*	package	synchronized
boolean	do	if	private	this
break	**double**	implements	protected	throw
byte	else	import	public	throws
case	enum****	instanceof	return	transient
catch	extends	**int**	**short**	try
char	final	interface	static	void
class	finally	**long**	strictfp**	volatile
const*	**float**	native	super	while

2.5　实做程序

1. 请根据错误提示找出下列程序中存在错误，并分析原因。

（1）程序 Test.java：

```
public class Test {
    public static void main(String[] args){
        float f;
        double d = 1.23;
```

```
        f = d;
    }
}
```

错误提示：

```
D:\program\unit2\2-5\5-1\1>javac Test.java
Test.java:5: 可能损失精度
找到：  double
需要：  float
                f = d;
                    ^
1 错误
```

（2）程序 Test.java：

```
public class Test {
    public static void main(String[] args){
        float f = 1.23;
    }
}
```

错误提示：

```
D:\program\unit2\2-5\5-1\2>javac Test.java
Test.java:3: 可能损失精度
找到：  double
需要：  float
                float f = 1.23;
                        ^
1 错误
```

（3）程序 Test.java：

```
public class Test {
    public static void main(String[] args){
        float f;
        float temp = (float)1.23;
        f = temp + 2.34;
    }
}
```

错误提示：

```
D:\program\unit2\2-5\5-1\3>javac Test.java
Test.java:5: 可能损失精度
找到：  double
需要：  float
                f = temp + 2.34;
                    ^
1 错误
```

2. 阅读程序，写出执行结果。

（1）程序 Test.java：

```
public class Test {
```

```
    public static void main(String[] args){
        char ch = 0x41;
        System.out.println(ch);
    }
}
```

（2）程序 Test.java：

```
public class Test {
    public static void main(String[] args){
        boolean flag = false;
        int x = 20;
        System.out.println(flag == x > 20);
    }
}
```

3. 修改实做程序 2.2(2)，将显示语句中的表达式拆分成多个简单表达式。要点提示：

（1）表达式 x ＞ 20 的结果可以保存到一个 boolean 类型变量中；

（2）比较(1)的结果与 flag 是否相等；

（3）显示比较结果。

4. 编写一个 Java 程序，显示一张桌子的信息，包括桌子的形状（长方形、方形、圆形、椭圆形）、腿数、高度、桌面面积。定义变量来保存桌子的信息，并显示各个信息的值。要点提示：

（1）显示桌子信息和显示学生信息的方法是一样的，只是显示的内容不同；

（2）注意各个变量的数据类型，桌子的形状可以用字符串 String 来存储。

5. 编写一个 Java 程序，实现两个数的交换，并输出交换后的结果。要点提示：

（1）假设有两个整型变量 a 和 b，设计一个临时变量 temp 辅助交换；

（2）交换过程如下：

```
temp = a;
a = b;
b = temp;
```

6. 摄氏温度和华氏温度是两个主要的国际温度计量标准。不同国家使用不同的温度计量方法，例如我国使用摄氏度，而美国使用华氏度。如果输入摄氏温度，如何转换为华氏温度呢？编写程序，将摄氏温度转换为华氏温度。要点提示：

（1）定义变量 c 和 f 分别表示摄氏度和华氏度；

（2）从键盘输入摄氏度 c 的值；

（3）利用转换公式 $f＝9×c/5＋32$ 计算出华氏度，赋值给 f；

（4）将 f 变量的值输出。

7. 在实做程序 2.6 中实现了由摄氏温度转换为华氏温度，请编写程序实现华氏温度转换为摄氏温度，输入华氏温度，将转换结果输出。要点提示：转换公式为 $c＝(f－32)×$

5/9,f 表示华氏度,c 表示摄氏度。

8. 编写程序,输入球体的半径,计算球的体积,输出结果。要点提示:体积计算公式 $V=4/3\times\pi\times r\times r\times r$,r 为半径。

9. 编写程序,输入正方形的边长,计算正方形的面积,输出结果。要点提示:面积计算公式 $S=side\times side$,side 为边长。

10. 购物结账时,会根据商品的单价和购买数量计算出总价。编写程序,从键盘输入瓶装水的单价和购买数量,计算并输出金额,计算结果保留两位小数。要点提示:保留指定位数的小数。

（1）引入 DecimalFormat 包：import java.text.DecimalFormat；

（2）设定小数位数格式：DecimalFormat df = new DecimalFormat("0.00")；

（3）将 result 值保留指定位数小数：result = df.format(total)。

11. 身体质量指数即 BMI 指数,是用于衡量人体胖瘦程度以及是否健康的一个标准。BMI 指数的计算公式为：BMI = 体重(kg) $\div$ 身高^2(m^2)。例如,一个人身高 1.75 米、体重 75 千克,他的 BMI 值为 24.49。编写程序计算自己的 BMI 指数,对照下表查看自己身体健康状况。要点提示:计算公式 BMI=体重$\div$身高^2 要写成合法的 Java 表达式,注意运算符优先级。

国内 BMI 值（kg/m^2）	分　类
<18.5	偏瘦
18.5~24	正常
24~28	偏胖
>=28	肥胖

12. 下面程序的功能是显示当前系统时间、24 天之后的时间和 25 天之后的时间。程序如下:

```java
import java.util.Date;
import java.text.SimpleDateFormat;
public class TestTime{
    public static void main(String []args){
        SimpleDateFormat sdf = new SimpleDateFormat("yyyy-MM-dd HH:mm:ss SSS");
        Date d = new Date(System.currentTimeMillis());
        System.out.println(sdf.format(d));
        Date d24 = new Date(System.currentTimeMillis()+ 1000 * 60 * 60 * 24 * 24);
        System.out.println(sdf.format(d24));
        Date d25 = new Date(System.currentTimeMillis()+ 1000 * 60 * 60 * 24 * 25);
        System.out.println(sdf.format(d25));
    }
}
```

程序运行结果如下图，24 天之后的时间显示正确，但 25 天之后的时间错误。请改正程序中的错误，正确显示 25 天后的时间。

```
D:\program\unit2\2-5\5-11>javac TestTime.java

D:\program\unit2\2-5\5-11>java TestTime
2020-12-18 14:47:52 217
2021-01-11 14:47:52 218
2020-11-23 21:45:04 923
```

13. 编写一个组词造句游戏。用户从键盘输入某个喜欢的颜色、喜欢的食物、喜欢的动物以及朋友的姓名，程序将输入的内容拼成一句话并输出。例如，下面句子括号中的内容由用户输入来替换：I had a dream that（姓名）ate a（颜色）（动物）and said that it tasted like（食物）!

第 3 章

学生成绩分级

学习目标

- 理解分支结构的作用；
- 学会应用分支语句设计程序；
- 掌握多分支程序设计的方法。

3.1　示 例 程 序

第 2 章完成了一个有点实际意义的程序,显示了一个学生的姓名、年龄和成绩。下面继续来丰富这个程序,根据学生成绩不同,显示出学生是否通过考试。判断的条件为:

通过:成绩>=60
未通过:成绩<60

想显示学生考试结果,就需要根据学生的成绩进行判断,看成绩是否大于等于 60 分,是则通过,否则不通过。在程序 2.3 的基础上修改代码,结果如程序 3.1 所示。

【程序 3.1】　程序 StudentInfo.java。

```java
/**
 * 程序功能:显示一个学生信息
 * 作者:XXX
 * 日期:XX 年 XX 月 XX 日
 */
import java.util. Scanner;
public class StudentInfo{
    /**
     * main 方法是 Java 主方法
     * 功能:显示一个学生信息
     * 参数:没有用到
     * 返回值:无
     */
    public static void main(String [] args){
        //name 学生姓名
        String name = "张三";
        //age 学生年龄
```

```
        int age = 23;
        //grade 学生成绩
        double grade;
        //是否通过考试
        String result = "通过";
        //输入学生成绩
        System.out.println("输入学生成绩:");
        Scanner sc = new Scanner(System.in);
        grade = sc.nextDouble();
        if(grade < 60 ){
            result = "不通过";
        }
        System.out.println("姓名:" + name);
        System.out.println("年龄:" + age);
        System.out.println("成绩:" + grade);
        System.out.println("考试结果:" + result);
    }
}
```

程序 3.1 的编译和运行结果如图 3.1 所示。

```
D:\program\unit3\3-1\1-1>javac StudentInfo.java
D:\program\unit3\3-1\1-1>java StudentInfo
输入学生成绩:
87.67
姓名: 张三
年龄: 23
成绩: 87.67
考试结果: 通过
```

图 3.1　程序 3.1 运行结果

输入学生成绩值为 87.67，保存到变量 grade 中，if 语句中的条件 grade ＜ 60 不成立，result 变量值不变，因此输出考试结果为"通过"。

3.2　相　关　知　识

3.2.1　基本语句

Java 语言的基本语句包括方法调用语句、表达式语句和复合语句。方法调用语句是调用某个类或者对象的方法。例如输入学生成绩时调用 Scanner 类对象 sc 的 nextDouble() 方法的语句：

```
grade = sc.nextDouble();
```

表达式语句，是在表达式的末尾加上分号";"，例如，上面例子中给一个字符串变量赋值语句：

```
result = "不通过";
```

　　Java 语言允许使用一对大括号"{"和"}"把一条或者多条语句扩起来,组成一个代码块,称为复合语句。逻辑上一个代码块相当于一条语句,如在下面程序段中,条件成立时执行的语句块：

```
if(grade < 60 ){
    result = "不通过";
    System.out.println("成绩" + grade);
}
```

　　上面介绍的三种语句是 Java 的基本语句,这些基本语句可以组成不同的程序段,也可以作为其他复合语句的基本组成部分。

3.2.2　条件分支语句

　　语句 if 是 Java 语言中的条件分支语句,作用是根据不同条件来执行不同的操作,if 语句格式如下：

```
if(条件表达式){
    若干条语句
}
[ else{
    若干条语句
} ]
```

　　其中,条件表达式是一个逻辑表达式,结果是一个逻辑值,如果这个值为 true,则执行条件后面紧跟着的若干条语句。方括号[]里的 else 部分是可选的,如果有 else 部分,则在条件表达式为 false 的时候执行 else 后面的若干条语句。如果没有 else 部分,条件表达式为 false 时执行 if 语句的下一条语句。例如下面程序段就是一个没有 else 部分的 if 语句。

```
if(grade < 60 ){
    result = "不通过";
}
```

　　上面这个程序段是程序 3.1 中的一段,可以修改这段程序,增加 else 部分,修改后的程序码如下：

```
String result = "";
...
if(grade < 60 ){
```

```
        result = "不通过";
    }
    else{
        result = "通过";
    }
```

修改后的程序，与原来的程序段功能完全一样，读者可以想想为什么是一样的，可以自己多找几个成绩来试试，看看两段程序的运行结果是否一致。

3.2.3 多分支语句

如果有多个条件需要判断，则需要使用多分支条件语句。多分支 if 语句格式如下：

```
if(条件表达式 1){
    若干条语句 1
}
else if(条件表达式 2){
    若干条语句 2
}
...
else if(条件表达式 n){
    若干条语句 n
}
[else{
    若干条语句
}]
```

与条件分支语句相同，所有的多分支语句中条件表达式都是一个逻辑表达式，结果为 true 或者 false。如果条件表达式 1 的结果为 true，执行后面的若干条语句 1，执行完结束；否则判断条件表达式 2，如果条件表达式 2 的结果为 true，则执行后面的若干条语句 2，执行完结束；否则继续判断后面的条件表达式。如果所有条件表达式全部为 false，则执行最后 else 部分的语句。

另外，还有一种多分支 switch 语句使用相对较少，除非应用中特别适合使用该语句，一般情况下尽量使用多分支 if 语句来实现。如果使用对象的状态常量作为条件，也可以考虑使用多态技术来实现，对象多态技术参见第 14 章。

3.3 训 练 程 序

参照程序 3.1 增加新功能。根据学生的成绩进行分级，级别包括优秀、良好、及格和不及格四个等级，等级与成绩对应关系如下：

优秀：成绩>= 90
良好：成绩>=75 且成绩< 90

及格:成绩>=60 且成绩< 75
不及格:成绩<60

要求从键盘读入学生成绩,显示学生成绩等级。

3.3.1　程序分析

由于学生成绩分成多个级别,因此适合使用多分支语句来实现。上面列出的判断方法就是不同的条件,等级就是执行结果。程序思路如下:

先判断学生成绩是否大于等于 90,如果是则等级为优秀
否则再判断成绩是否大于等于 75,如果是则等级为良好
否则再判断成绩是否大于等于 60,如果是则等级为及格
否则学生成绩等级为不及格

3.3.2　参考程序

根据上面的分析过程,参考程序 3.1 把这个分析过程转化成多分支语句,得到程序结果如程序 3.2 所示。

【**程序 3.2**】 多分支程序 StudentInfo.java。

```java
/**
 * 程序功能:显示一个学生信息
 * 作者:xxx
 * 日期:xx 年 xx 月 xx 日
 */
import java.util.Scanner;
public class StudentInfo{
    /**
     * main 方法是 Java 主方法
     * 功能:显示一个学生信息
     * 参数:没有用到
     * 返回值:无
     */
    public static void main(String [] args){
        //name 学生姓名
        String name = "张三";
        //age 学生年龄
        int age = 23;
        //grade 学生成绩
        double grade = 0;
        //成绩级别
        String result = "";
        System.out.println("请输入学生成绩:");
        Scanner sc = new Scanner(System.in);
        grade = sc.nextDouble();
```

```
        if(grade >= 90 ){
            result = "优秀";
        }
        else if(grade< 90 && grade >=75){
            result="良好";
        }
        else if(grade< 75 && grade>=60){
            result="及格";
        }
        else{
            result="不及格";
        }
        System.out.println("姓名:" + name);
        System.out.println("年龄:" + age);
        System.out.println("成绩:" + grade);
        System.out.println("成绩级别:" + result);
    }
}
```

程序 3.2 的运行结果如图 3.2 所示。

```
D:\program\unit3\3-3\3-1>javac StudentInfo.java

D:\program\unit3\3-3\3-1>java StudentInfo
请输入学生成绩:
67.5
姓名: 张三
年龄: 23
成绩: 67.5
成绩级别: 及格
```

图 3.2　程序 3.2 运行结果

输入学生成绩 67.5,根据多分支语句中的判断条件,条件"grade<75 && grade>=60"成立,执行该条件对应的语句,将 result 变量赋值为"及格",多分支语句结束。程序最后输出成绩级别为"及格"。有兴趣的读者可以继续改进这个程序,增加输入成绩在 0~100 范围内的判断。

3.3.3　进阶训练

在上面的程序中,学生信息和教师信息都是直接将键盘输入的数据赋给变量,没有经过处理。但程序设计时,许多变量的值输入后并不直接使用,而要经过有效性判断。如果是合法数据进行处理,不合法数据给出提示。

【程序 3.3】 计算圆面积进阶 2。在程序 2.8 的基础上,从键盘输入圆的半径值,如果圆的半径大于等于 0,则计算出圆的面积并输出;否则打印提示:"圆半径错误!"。

程序设计思路分析:

(1) 定义 double 类型的变量 r 和 area,分别表示圆的半径和面积;

（2）从键盘输入半径 r 的值；

（3）使用分支语句，判断 r＞＝0 是否为真；

（4）为真则使用圆面积公式(r×r×π)计算出面积的值，并赋值给变量 area；将 area 的值输出；

（5）否则输出字符串"圆半径错误！"。

读者可以根据前面给出的设计思路，自己编写这个程序，并编译、运行程序，查看结果是否正确。

3.4　拓　展　知　识

3.4.1　分支语句讨论

从上面的例子可以看出分支语句的格式比较简单，但是在实际应用中还是有很多需要注意的问题，恰当处理这些问题可以提高代码的可读性和质量。下面讲解三个常见问题的处理方法。

第一个问题，如果分支中只有一条语句是否可以看作一个语句块。分支语句根据条件不同执行不同的分支，每个分支可以是一条语句也可以是一个语句块，前面的例子中每个分支都看作一个语句块，使用大括号括了起来，例如下面代码段：

```
if(grade < 60 ){
    result = "不通过";
}
else{
    result = "通过";
}
```

在这个代码段中，每个分支只有一条语句，但是仍然用大括号括起来。从语法上讲，上面代码段的两个分支可以不用大括号，写成如下形式：

```
if(grade < 60 ) result = "不通过";
else result = "通过";
```

从程序设计规范角度来讲，建议把每个分支作为一个语句块处理，这样增加程序可读性，降低出错可能性。

第二个问题是多个 if 语句相互配合的问题。在实际的程序设计中，分支语句的每个分支可能也是 if 分支语句，例如下面程序段：

```
double grade = 70;
if(grade >= 60)
    if(grade >=90)
        System.out.println("优秀");
```

```
    else
        System.out.println("什么等级？");
```

分析上面的程序段,里面的 else 语句和哪个 if 相匹配呢? 刚开始看到这样的程序是很难一下子说清楚的。按照语法上讲,else 应该和离它最近的且没有配对的 if 相匹配。实际程序设计中尽量避免出现这样容易产生歧义的语句。处理方法很简单,一种方法是按照前面说的每个分支都作为语句块处理,加上大括号;还有一种方法就是使用多分支 if 语句实现。感兴趣的读者可以自己尝试使用这两种方法完成这个程序。

第三个常见的问题是,对于多分支 if 语句,应该按照什么次序来排列这些分支。常见的处理方法有两种：第一种方法就是程序 3.2 给出的方法,按照问题给出的先后顺序来排列。程序 3.2 中就是按照等级优秀、良好、及格和不及格的次序进行处理,这样做方便用户阅读和理解程序。对于问题中没有明显次序的多分支程序,建议可以按照出现的频率把经常使用的分支排在前面,这样可以提高程序处理效率。

3.4.2　数据合法性检查

在编写 Java 程序过程中,经常使用输入语句从键盘输入数据,例如程序 3.2 中就使用输入语句输入学生成绩。程序 3.2 能够正确运行并得到结果,但这个程序是否还存在问题?

如果输入的数据不是双精度数,而是一个字符串,结果会如何? 下面运行程序 3.2,输入数据 1a2,运行结果如图 3.3 所示。

```
D:\program\unit3\3-3\3-1>java StudentInfo
请输入学生成绩:
1a2
Exception in thread "main" java.util.InputMismatchException
        at java.util.Scanner.throwFor(Scanner.java:840)
        at java.util.Scanner.next(Scanner.java:1461)
        at java.util.Scanner.nextDouble(Scanner.java:2387)
        at StudentInfo.main(StudentInfo.java:25)
```

图 3.3　程序 3.2 运行结果

可以看到程序出现了错误,出错的原因是因为输入的数据不正确,系统提示抛出一个 InputMismatchException 类异常,有关异常知识在第 17 章中进行介绍。

如果编写的程序是交付给用户使用的实际软件,那么无法保证用户每次的输入数据都符合程序的需要。这时候程序就需要先对用户输入的数据进行合法性检查,只有通过检查,格式正确的数据程序才能进行下一步处理,否则提示用户输入数据格式不正确。改进后的程序如程序 3.4 所示。

【程序 3.4】　合法性检查程序 StudentInfo.java。

```
/**
 * 程序功能:显示一个学生信息
 * 作者:xxx
 * 日期:xx 年 xx 月 xx 日
 */
```

```
import java.util.Scanner;
import java.util.InputMismatchException;
public class StudentInfo{
    /**
     * main 方法是 Java 主方法
     * 功能:显示一个学生信息
     * 参数:没有用到
     * 返回值:无
     */
    public static void main(String [] args){
        //name 学生姓名
        String name = "张三";
        //age 学生年龄
        int age = 23;
        //grade 学生成绩
        double grade = 0;
        //是否通过考试
        String result = "通过";
        try{
            Scanner sc = new Scanner(System.in);
            grade = sc.nextDouble();
        }
        catch(InputMismatchException ime){
            System.out.println("输入数据格式不正确");
        }
        if(grade < 60 ){
            result = "不通过";
        }
        System.out.println("姓名:" + name);
        System.out.println("年龄:" + age);
        System.out.println("成绩:" + grade);
        System.out.println("考试结果:" + result);
    }
}
```

程序 3.4 的运行结果如图 3.4 所示。

```
D:\program\unit3\3-4\4-1>javac StudentInfo.java

D:\program\unit3\3-4\4-1>java StudentInfo
1a2
输入数据格式不正确
姓名：张三
年龄：23
成绩：0.0
考试结果：不通过
```

图 3.4　程序 3.4 运行结果

程序中增加了异常处理,用来处理输入数据格式不正确这种异常的情况。有关异常处理详见第 17 章。

最后做个简单的总结,本章学习了分支结构关键字：if、else,同时涉及到 switch、case,但没有详细说明,另外,goto 语句已经废弃不再进行讲解,表 3-1 中分别用粗体和斜体表示上述关键字。其余关键字将在后续章节讲解。

表 3-1   Java 关键字

abstract	do	implements	protected	this
assert****	**else**	import	public	throw
break	enum*****	instanceof	return	throws
case	extends	interface	static	transient
catch	final	native	strictfp**	try
class	finally	new	super	void
const*	for	package	*switch*	volatile
continue	*goto* *	private	synchronized	while
default	**if**			

3.5   实 做 程 序

1. 请根据错误提示找出下列程序中存在错误并分析原因。

（1）程序 Test.java,根据成绩判断考试是否通过,考试不通过则输出成绩,通过则不输出,运行结果如下。

```java
public class Test {
    public static void main(String[] args){
        double grade = 70;
        if(grade >= 60)
            System.out.println("考试通过");
        else
            System.out.println("考试成绩:" + grade);
            System.out.println("考试不通过");
    }
}
```

```
D:\program\unit3\3-5\5-1\1>javac Test.java

D:\program\unit3\3-5\5-1\1>java Test
考试通过
考试不通过
```

（2）程序 Test.java,程序编译报错。

```java
public class Test {
```

```
public static void main(String[] args){
    int flag;
    flag = 0;
    if(flag){
        System.out.println("标志不为 0");
    }
}
}
```

```
D:\program\unit3\3-5\5-1\2>javac Test.java
Test.java:5: 不兼容的类型
找到:    int
需要:    boolean
                if(flag){
                   ^
1 错误
```

2. 从键盘输入两个数,按照由大到小顺序输出。要点提示:

(1) 方法一:比较 a 和 b 的大小,如果 a>b 则先输出 a 再输出 b,否则先输出 b 再输出 a;

(2) 方法二:比较 a 和 b 的大小,如果 a<b 则将 a 和 b 的值交换,最后依次输出 a 和 b。

3. 从键盘输入三个数,输出最大数。要点提示:

(1) 定义一个变量 max 保存最大值;

(2) 假定第一个最大,把它放在 max 中;

(3) 比较第二个数是否比第一个数大,如果是就把它放在 max 中;

(4) 同样方法比较第三个数,最后 max 中的值即为最大值。

4. 设计程序显示桌子的信息,包括桌子的类型(长方形、正方形、圆形)、腿数、高度和面积,其中面积是通过根据桌子类型不同而输入不同的数据来计算得出:长方形:输入长和宽;正方形:输入边长;圆形:输入半径。要点提示:

(1) 桌子的形状可以使用一个整数变量来表示,例如用整数 1~3 分别代表长方形、方形、圆形;

(2) 先输入桌子的类型,再根据类型输入不同的数据,最后计算面积。

5. 下面程序编译和运行结果都是正确的,分析程序还有哪些不足,如何改进?

```
public class Test {
    public static void main(String[] args){
        double grade = 50;
        if(grade >= 60){
        }
        else{
            System.out.println("考试不通过");
        }
    }
}
```

要点提示：

(1) 分支语句中需要处理的分支按照重要性从前到后排列；

(2) 不提倡使用空分支。

6. 输入整数 n，判断 n 是否可以同时被 3 和 7 整除，输出判断的结果。要点提示，判断 n 是否整除 3，可以使用表达式：n ％ 3 ＝＝ 0。

7. 输入三个整数 a、b、c，将三个数按从小到大的顺序输出。要点提示：

(1) 方法一：直接比较 a、b、c 三个数，根据比较的结果输出；

(2) 方法二：先比较 a 和 b，如果 a＞b 则交换 a、b，再与 c 比较大小。

8. 已知 x 和 y 的关系是一个分段函数，编写程序，输入 x 的值，计算输出 y 的值。

$$y = \begin{cases} 10+2x, & x<0 \\ 1, & x=0 \\ 5+x, & x>0 \end{cases}$$

9. PM2.5 是指大气中直径小于或等于 2.5 微米的颗粒物，也称为可入肺颗粒物，它含有大量的有毒、有害物质且在大气中的停留时间长、输送距离远，因而对人体健康和大气环境质量的影响很大。我们用空气中 PM2.5 的浓度反映空气污染的程度。编写空气质量预报程序，输入 PM2.5 的值，显示空气质量的分级结果。空气质量的等级标准如下表。

PM2.5 浓度（μg/m³）	等　　级
0～35	优
35～75	良
75～115	轻度污染
115～150	中度污染
150～250	重度污染
250 以上	严重污染

10. 编写程序，输入自己的身高和体重，根据公式计算身体质量指数 BMI 值，并输出所对应的分类。BMI 的计算公式：BMI＝体重（kg）÷身高^2（m²）。

国内 BMI 值（kg/m²）	分　　类
＜18.5	偏瘦
18.5～24	正常
24～28	偏胖
＞＝28	肥胖

11. 购物时如果买的商品数量比较多，商家往往会打相应的折扣。购买瓶装水时，如果购买数量为 1～5 瓶，按原价结账；如果购买数量为 6～10 瓶，结账时打 9.5 折；如果购买 11～23 瓶，结账时打 9 折；如果购买 24 瓶及以上，结账时打 8.5 折。编写程序，输入购买数量和单价，计算并输出付款金额，计算结果保留小数点后两位。

12. 实做程序 2.6 和 2.7 实现了摄氏温度和华氏温度的相互转换。现在我们把这两个程序合并成一个完整的温度转换程序,如果输入摄氏温度则转换为华氏温度,如果输入华氏温度则转换为摄氏温度,输出转换结果。要点提示:

(1) 设置一个标志位用来判断进行哪种转换,例如值为 1 和 2,从键盘输入标志位的值;

(2) 使用分支结构,将标志位的取值作为条件表达式,根据标志位的值不同执行不同的分支;

(3) 两个分支中分别编写摄氏温度转换华氏温度、华氏温度转换摄氏温度的代码。

第 4 章

计算平均成绩

学习目标
- 理解循环程序的作用；
- 掌握 for 循环结构，应用 for 循环进行程序设计；
- 掌握 while 循环结构，应用 while 循环进行程序设计；
- 掌握应用分支结构和循环结构组合进行程序设计。

4.1 示 例 程 序

4.1.1 计算平均成绩

前面编写的程序都是对一个学生的成绩进行处理，如果想处理多个学生的成绩，那应该如何实现呢？解决这个问题就需要使用循环结构。下面来设计程序计算 5 个学生的平均成绩，具体代码如程序 4.1 所示。为了节省篇幅，以后的程序不再给出详细的注释和说明，建议读者自己编写程序时仍要按照第 3 章中程序的格式写上注释。

【**程序 4.1**】 程序 StudentInfo.java。

```java
import java.util.Scanner;
public class StudentInfo{
    public static void main(String [] args){
        double grade = 0;
        double averageGrade = 0;
        Scanner sc = new Scanner(System.in);
        for(int i=0; i<5; i++){
            grade = sc.nextDouble();
            averageGrade = averageGrade + grade;
        }
        averageGrade = averageGrade / 5;
        System.out.println("平均成绩:" + averageGrade);
    }
}
```

程序 4.1 的编译和运行结果如图 4.1 所示。

程序中使用 for 循环来完成 5 个学生成绩的输入，并把这 5 个成绩进行累加。语句：

```
D:\program\unit4\4-1\1-1>javac StudentInfo.java

D:\program\unit4\4-1\1-1>java StudentInfo
78
89.5
66.5
81
93
平均成绩：81.6
```

图 4.1 程序 4.1 运行结果

```
grade = sc.nextDouble()
```

用来读入一个学生成绩，并把读入的成绩放到变量 grade 中。语句：

```
averageGrade = averageGrade + grade
```

把输入的学生成绩累加到变量 averageGrade 中。程序经过 5 次循环，读入了 5 个成绩，并把这 5 个成绩累加放到变量 averageGrade 中。循环结束后，变量 averageGrade 中保存了 5 个成绩的累加和，然后执行语句：

```
averageGrade = averageGrade / 5
```

计算出平均成绩，最后显示平均成绩。

4.1.2 引入常量

每个班的学生数量可能不同，为了方便程序的修改，可以定义一个常量来保存班级的学生人数，改进后的程序如程序 4.2 所示。

【**程序 4.2**】 修改程序 StudentInfo.java，使用常量表示班级人数。

```java
import java.util.Scanner;
public class StudentInfo{
    public static void main(String [] args){
        //SIZE 表示一个班级的学生人数
        final int SIZE = 5;
        double grade = 0;
        double averageGrade = 0;
        Scanner sc = new Scanner(System.in);
        for(int i=0; i<SIZE; i++){
            grade = sc.nextDouble();
            averageGrade = averageGrade + grade;
        }
        averageGrade = averageGrade / SIZE;
        System.out.println("平均成绩:" + averageGrade);
    }
}
```

程序 4.2 的编译和运行结果如图 4.2 所示。

```
D:\program\unit4\4-1\1-2>javac StudentInfo.java

D:\program\unit4\4-1\1-2>java StudentInfo
78
89.5
66.5
81
93
平均成绩: 81.6
```

图 4.2　程序 4.2 运行结果

程序中新增加语句：

```
final int SIZE = 5;
```

用来定义命名常量。关键词 final 表示 SIZE 中的数值是最终数值，后面的语句不能再进行修改。关键字 int 表示类型是整型。SIZE 是标识符，表示常量名，该常量数值是 5。Java 程序中经常使用 final 来定义常量。一般常量标识符全部使用大写字母的单词表示。

使用常量 SIZE 来保存一个班级的学生数，可以方便程序的修改，例如，如果班级人数为 10 人，程序 4.2 只需要修改一处，而程序 4.1 则需要多处。同时，使用常量也增加了程序的可读性。在 SIZE 前面添加了注释，说明了 SIZE 的含义是表示班级人数，这样读程序的人就可以很方便读懂这段程序了。

4.1.3　未知人数

前面的程序中直接定义了一个班级的学生人数，但实际开发中这个人数可能在编程时是未知的，或者是可变的。在这种情况下，又如何来计算平均成绩呢？有两个方法来解决这个问题：

方法一：先输入学生人数，根据人数来输入学生成绩；

方法二：输入学生成绩，给出一个特殊数值作为结束标识，例如，输入 -1 表示结束。

两种方法实现过程不同，第一种方法与前面讲的程序类似，先定义一个变量 size 表示班级人数，输入这个变量的值，得到班级人数，再循环读入每个人的成绩，具体程序实现参见程序 4.3。

【程序 4.3】　程序 StudentInfo.java。

```java
import java.util.Scanner;
public class StudentInfo{
    public static void main(String [] args){
        int size = 0;
        double grade = 0;
        double averageGrade = 0;
        Scanner sc = new Scanner(System.in);
```

```
        System.out.println("输入学生人数:");
        size = sc.nextInt();
        System.out.println("输入学生成绩:");
        for(int i=0; i<size; i++){
            grade = sc.nextDouble();
            averageGrade = averageGrade + grade;
        }
        averageGrade = averageGrade / size;
        System.out.println("平均成绩:" + averageGrade);
    }
}
```

程序 4.3 的编译和运行结果如图 4.3 所示。

```
D:\program\unit4\4-1\1-3>javac StudentInfo.java

D:\program\unit4\4-1\1-3>java StudentInfo
输入学生人数:
5
输入学生成绩:
78
89.5
66.5
81
93
平均成绩: 81.6
```

图 4.3　程序 4.3 运行结果

　　第二种方法是输入学生成绩时给定一个特殊的结束标志,例如数值 −1,表示输入结束。为了能够记录班级人数,需要定义一个计数变量 size,每次输入一个成绩,计数变量 size 的值加 1,最后将成绩和与人数相除得到平均分。程序实现如程序 4.4 所示。

【程序 4.4】　程序 StudentInfo.java。

```
import java.util.Scanner;
public class StudentInfo{
    public static void main(String [] args){
        int size = 0;
        double grade = 0;
        double averageGrade = 0;
        Scanner sc = new Scanner(System.in);
        System.out.println("输入学生成绩:");
        grade = sc.nextDouble();
        while(grade != -1){
            averageGrade = averageGrade + grade;
            size ++;
            grade = sc.nextDouble();
        }
```

```
        averageGrade = averageGrade / size;
        System.out.println("平均成绩:" + averageGrade);
    }
}
```

程序 4.4 的编译和运行结果如图 4.4 所示。

```
D:\program\unit4\4-1\1-4>javac StudentInfo.java

D:\program\unit4\4-1\1-4>java StudentInfo
输入学生成绩:
78
89.5
66.5
81
93
-1
平均成绩: 81.6
```

图 4.4　程序 4.4 运行结果

　　程序 4.3 中由于先输入了人数 size 的值，因此在输入成绩时已经知道了学生人数，这样循环的执行次数就确定了。对于这种已知次数的循环可以使用 for 循环结构，通过设定循环变量的初始值和终值来控制循环的执行。

　　而程序 4.4 中执行循环时并不知道循环次数，是通过判断每次的输入值来决定是否继续执行循环，如果输入−1，则循环结束，否则继续执行循环。如果希望程序在满足一定条件下循环，而不满足条件就结束循环，则可以使用 while 循环结构。程序 4.4 中 while (grade != −1)表示 grade 不等于−1执行循环，否则退出循环。

　　程序 4.4 有一个需强调说明的地方，循环条件中判断 grade != −1，但对于 double 和 float 类型的数值，由于精度的原因直接判断相等可能会出现问题，实际开发中常通过比较两数之差是否在某个范围内来判断相等。例如上例可以判断：

```
abs(grade + 1) < 0.01
```

　　表示如果 grade 与−1差的绝对值小于 0.01，就认为 grade 与−1 相等，对于判断范围的数值（本例中的 0.01）具体是多少可以根据实际问题的需要来确定。

4.2　相 关 知 识

4.2.1　for 循环语句

　　程序设计中有时需要循环指定次数，这时可以使用 for 循环实现，for 循环语句的格式：

```
for (表达式 1;表达式 2;表达式 3){
    多条语句;
}
```

例如程序 4.1 中的 for 循环语句：

```
for(int i=0; i<5; i++){
    grade = sc.nextDouble();
    averageGrade = averageGrade + grade;
}
```

表达式 int i＝0 定义循环变量 i 是整型变量，初值为 0。表达式 i＜5 表示循环执行条件，当条件成立，即变量 i 小于 5 时，执行循环体中的语句；当条件不成立，即 i 不再小于 5 时退出循环。表达式 i＋＋修改循环变量，每执行一次循环，循环变量 i 加 1。

说明：一般 for 循环中都需要一个循环变量来指示循环次数，如上例的 i；需要给循环变量赋初值，表示循环变量的初始值，如上例的 i＝0；还需要在循环过程中修改变量的值，这样可以保证经过多次循环后循环条件不再成立，从而结束循环，例如上例的 i＋＋；最后还需要循环执行的条件，如上例的 i＜5，当满足条件时执行循环，不满足时循环结束。

4.2.2　循环累加

当我们需要程序多次重复执行某些操作时，通常使用循环语句实现。例如求数字 1 到 10 的和。最简单实现方法是定义整型变量 sum，将 sum 赋值为 1＋2＋…＋10，程序如下。

```
int sum;
sum=1+2+3+4+5+6+7+8+9+10;
System.out.println(sum);
```

这个程序有两个问题，一是写起来十分烦琐，如果需要累加的数非常多，很难在加法算式中一一列出；二是程序修改困难，如果累加的数发生了变化，需要重写加法表达式。因此，对于这种累加程序，我们一般不会直接列出加法算式。

注意观察累加，加法操作是重复执行的，可以使用循环来实现。通过多次重复执行两个数相加，最终达到 10 个数相加的目的。先计算 0＋1 得到和 1，再计算 1＋2 得到和 3，再计算 3＋3 得到和 6，这样不断将前面累加结果与新的数相加，最后得到所有数的累加和。如下面程序所示。

```
int sum=0;
sum=sum+1;
sum=sum+2;
...
sum=sum+10;
System.out.println(sum);
```

在上面的程序中，重复执行了两个数相加的语句。想把这条语句放在循环体中，还有一个问题需要解决，就是每次累加的加数都不一样，加数每次都增加 1。我们设一个变量

i,用 i 来代表这个数,每执行完一条相加语句就将 i 的值增加 1,直到 i 的值增加到 10 为止。这样只要重复执行 sum＝sum＋i 这条语句,就可以实现累加了,程序如下:

```java
int sum;
sum=0;
for(int i=1; i<=10; i++){
   sum=sum+i;
}
System.out.println(sum);
```

在上面的程序中,i 的值是从 1 开始的,累加到最后一个数 10,最后得到累加的结果。在进行累加时,要注意累加和 sum 的初值,进入循环体前将 sum 值初始化为 0,否则程序会出现错误;另外还需要关注循环控制变量的初值、增加量和结束条件,也就是 for 语句的三个表达式,这关系到循环次数和每次循环时循环控制变量的值。例如上例中,循环控制变量的初值、增加量和结束条件分别是：i＝1、i＋＋、i＜＝10,循环了 10 次,循环控制变量的值为 1 到 10。

4.2.3 while 循环语句

在程序设计中,另外一种循环就是循环次数无法确定,要根据条件来判断是否执行循环,满足一定条件就进行循环,否则就终止循环,这时候就可以使用 while 循环来实现。循环语句的格式:

```
while (表达式){
    多条语句;
}
```

例如程序 4.4 中使用的 while 循环语句:

```java
while(abs(grade + 1) > 0.01){
    averageGrade = averageGrade + grade;
    size ++;
    grade = sc.nextDouble();
}
```

表达式 abs(grade ＋ 1) ＞ 0.01,是循环控制条件,这个条件满足就执行循环,否则就结束循环。大括号里面的语句是循环体,循环一次执行一次。一般在 while 循环中最重要的就是循环条件,它决定了需要循环多少次。需要强调说明,循环条件中的变量值在循环体中需要不断改变,例如上例的 grade,循环体中需要重新读入 grade 数值,当希望结束循环时输入－1 即可,这样才能使循环条件最终不成立,结束循环。

简单对比 for 循环和 while 循环可以看出,最重要的都是循环结束条件,也就是 for 语句的表达式 2 和 while 语句的表达式。为了让循环条件能够正常执行,需要给出循环变量的初始值,也就是 for 语句的表达式 1,对于 while 语句循环变量赋初值要放在循环之前；还有循环变量的值在循环过程中需要改变，也就是 for 语句的表达式 3，语句 while 中每次循环需要修改条件中的循环变量值，例如上例中的 grade，以便循环可以结束。

4.3　训 练 程 序

参考前面的分支和循环程序，自己设计程序显示一个班的平均成绩，并统计不及格（分数小于 60 分）的学生人数。

4.3.1　程序分析

计算一个班级的平均成绩可以参考程序 4.4 来实现。为了统计不及格人数需要定义一个变量 count 作为计数器。参考程序 4.4，使用 while 循环处理每个学生的成绩。当读入一个学生成绩后，使用分支语句判断该成绩是否及格，如果不及格则 count 值加 1，否则 count 值不变，循环结束后把得到的不及格人数 count 值输出。

4.3.2　参考程序

【程序 4.5】　程序 StudentInfo.java，统计不及格人数。

```java
import java.util.Scanner;
public class StudentInfo{
    public static void main(String [] args){
        int size = 0;
        //变量 count 记录不及格人数
        int count=0;
        double grade = 0;
        double averageGrade = 0;
        Scanner sc = new Scanner(System.in);
        System.out.println("输入学生成绩:");
        grade = sc.nextDouble();
        while(abs(grade + 1) > 0.01){
            //如果成绩小于 60 分,count 计数
            if(grade < 60){
                count++;
            }
            averageGrade = averageGrade + grade;
            size ++;
            grade = sc.nextDouble();
        }
         averageGrade = averageGrade / size;
        System.out.println("平均成绩:" + averageGrade);
        System.out.println("不及格人数:" + count);
    }
}
```

程序 4.5 的运行结果如图 4.5 所示。

```
D:\program\unit4\4-3\3-1>javac StudentInfo.java

D:\program\unit4\4-3\3-1>java StudentInfo
输入学生成绩：
78
89.5
66.5
81
93
55.5
60
59
61
45
-1
平均成绩：68.85
不及格人数：3
```

图 4.5　程序 4.5 运行结果

程序 4.5 运行后,输入 10 个学生成绩,用 -1 作为结束标志。统计平均成绩为 68.85,不及格人数为 3。

4.3.3　进阶训练

【程序 4.6】　分别使用 for 语句和 while 语句实现循环,计算 100 以内的奇数累加和,输出结果。下面分别给出程序设计思路。

使用 for 循环实现程序设计思路分析：

(1) 设计一个累加和变量 sum,初值为 0;

(2) 定义 int 类型循环控制变量 i,初值为 1,终值为 100,每次循环控制变量的值加 2;

(3) 循环体中执行累加：sum = sum + i。

使用 while 循环实现程序设计思路分析：

(1) 设计一个累加和变量 sum,初值为 0;

(2) 定义 int 类型循环控制变量 i,初值为 1;

(3) 循环条件为：i <= 100;

(4) 循环体中执行累加：sum = sum + i;并修改 i 的值,i = i + 2。

【程序 4.7】　计算圆的面积进阶 3。程序 3.3 实现了圆面积的计算,但计算完一个圆的面积后,程序就结束了。编写程序实现多次计算,计算完一个圆的面积后,等待输入下一个圆的半径继续计算,直到输入 -1 程序结束。

程序设计思路分析：

(1) 仿照程序 4.4,使用 while 循环实现;

(2) 循环条件是输入的半径值不等于 -1;

(3) 在 while 循环体内部实现面积的计算、输出结果;

(4) 在循环中输入下一个半径的值。

读者按照给出的设计思路,分别完成程序 4.6 和程序 4.7 的编写,编译运行程序,查看程序运行结果是否符合题目要求。读者可以自己继续完善程序 4.7,处理输入半径为负数的情况。

4.4 拓 展 知 识

4.4.1 循环语句讨论

Java 语言中除了前面讲的两种循环外,还有 do while 循环、for each 循环和迭代器循环。后两种循环主要用于循环处理一组对象,将在本书后面章节中介绍。在三种基本循环结构中,for 循环处理确定次数的循环,while 循环根据循环条件来决定是否循环,do while 循环比较少用,这里不再详细讲解。

Java 语言中提供了退出循环的 break 语句,允许程序从循环中直接退出。例如下面程序段表示当 i 与 k 相等时使用 break 语句强制退出循环。

```java
for(int i=0; i<100; i++){
    if (i == k){
        break;
    }
}
```

建议读者编写程序时尽量少用或者不用 break 语句。使用这条语句破坏了程序段单入口单出口的结构,为以后的程序修改带来不便和隐患。一般软件公司的编码规范都不建议使用这样的退出方式。上面的程序段可以使用 while 循环来实现,实现代码如下:

```java
int i = 0;
while(i<100 && i!=k){
}
```

这样就可以避免强制退出,符合程序块的单出口原则,也便于以后的程序修改。类似的还有 continue 语句,也不建议使用。与第 3 章讨论的一样,循环语句中也存在循环体是一个语句块还是一条语句的问题。建议读者不管循环体是否为一条语句,都作为语句块来处理,使用大括号括起来。这样可以提高程序可读性,降低程序出错的可能。

4.4.2 循环边界检查

编写循环程序时,一个非常重要的问题是确定循环边界,明确循环次数或循环结束条件。分析下面程序执行循环的次数。

```java
for(int i=0; i<100; i++){
    ...
}
```

这个循环正常执行,执行循环体 100 次。期间循环变量 i 的值从 0 增长至 99。开始学习 Java 程序时,有的读者不清楚究竟循环了多少次,因此导致程序出错。循环过程中,需要不断修改循环条件中相关变量的值,这样才能使程序经过一定次数的循环后退出循环。看看下面程序段的问题。

```
while(grade != 0){
    averageGrade = averageGrade + grade;
    size ++;
}
```

这段程序是将程序 4.5 中的一部分做了修改,读者可以把它放到程序中运行,看看结果。实际上这段程序是死循环,由于在循环体中没有修改变量 grade 的值,这样循环会一直执行下去。

最后做个简单的总结,本章学习了循环结构关键字：for、while,以及定义常量关键字 final,同时涉及到的 do、break、continue 没有详细说明,还有一个 const 是预留关键字没有介绍,表 4-1 中分别用粗体和斜体表示。其余关键字将在后续章节讲解。

表 4-1 Java 关键字

abstract	*do*	instanceof	public	throw
assert***	enum****	interface	return	throws
break	extends	native	static	transient
catch	**final**	new	strictfp**	try
class	finally	package	super	void
*const**	**for**	private	synchronized	volatile
continue	implements	protected	this	**while**
default	import			

4.5 实 做 程 序

1. 请根据错误提示和程序执行结果找出下列程序中存在错误并分析原因。

（1）设计程序,计算 1~10 的和。

```java
public class Test {
    public static void main(String[] args){
        int sum = 0;
        for(int i=0; i<10; i++){
            sum = sum + i;
        }
        System.out.println("1~10 的和:"+sum);
    }
}
```

运行结果：

```
D:\program\unit4\4-5\5-1\1>javac Test.java

D:\program\unit4\4-5\5-1\1>java Test
1～10的和：45
```

（2）设计程序，计算 1～10 的和。

```java
public class Test {
    public static void main(String[] args){
        int sum = 0;
        int i =10;
        while(i<10){
            sum = sum + i;
        }
        System.out.println("1~10的和:"+sum);
    }
}
```

运行结果：

```
D:\program\unit4\4-5\5-1\2>javac Test.java

D:\program\unit4\4-5\5-1\2>java Test
1～10的和：0
```

（3）设计程序，计算 1～10 的和。

```java
public class Test {
    public static void main(String[] args){
        int sum = 0;
        int i =0;
        while(i<10){
            sum = sum + i;
        }
        System.out.println("1~10的和:"+sum);
    }
}
```

运行结果：

```
D:\program\unit4\4-5\5-1\3>javac Test.java

D:\program\unit4\4-5\5-1\3>java Test
```

（4）设计程序，计算 1～10 的和。

```java
public class Test {
    public static void main(String[] args){
        int sum = 0;
```

```
        int i = 0;
        while(i<10){
            sum = sum + i;
            i++;
        }
        System.out.println("1~10的和:"+sum);
    }
}
```

运行结果：

```
D:\program\unit4\4-5\5-1\4>javac Test.java

D:\program\unit4\4-5\5-1\4>java Test
1~10的和: 45
```

（5）程序如下。

```
public class Test {
    public static void main(String[] args){
        final int SIZE = 5;
        SIZE = 10;
    }
}
```

运行结果：

```
D:\program\unit4\4-5\5-1\5>javac Test.java
Test.java:4: 无法为最终变量 SIZE 指定值
            SIZE = 10;
            ^
1 错误
```

（6）判断相等程序如下。

```
public class Test {
    public static void main(String[] args){
        double grade = 70.2;
        if(grade - 70 == 0.2){
            System.out.println("相等");
        }
        else{
            System.out.println("不相等");
        }
    }
}
```

运行结果：

```
D:\program\unit4\4-5\5-1\6>javac Test.java

D:\program\unit4\4-5\5-1\6>java Test
不相等
```

2. 编写一个 Java 程序,分别使用 for 循环和 while 循环显示下面的图形。

*

***

*****

****

要点提示：

(1) 图形中的符号由'＊'号和空格组成,作为字符显示；

(2) 使用语句 System.out.print("＊")显示一个字符,使用语句 System.out.println()换行；

(3) 使用二重循环实现,外层循环控制行输出,内层循环控制每一行空格和"＊"号的输出。

3. 桌子分为三种不同的类型,包括长方形、方形、圆形。设计一个程序统计不同类型桌子的数量。要点提示：

(1) 使用数字代表桌子的类型,例如用整数 1、2、3 分别代表长方形、方形、圆形；

(2) 输入每张桌子的信息时,只输入桌子类型；

(3) 设计一个结束标志(0)表示桌子输入结束；

(4) 设计三个变量分别作为不同类型桌子的计数器,分别统计不同类型桌子的数量。

4. 设计一个猜数游戏,程序随机产生一个 1～100 的整数作为目标数字,用户输入一个整数,如果与目标数字相同,则用户猜中,游戏结束;否则程序提示用户其所输入的数字比目标数字是大还是小,如果 3 次均没有猜中,则游戏结束。要点提示：

(1) 产生 1～100 随机数语句：x=1+(int)(Math.random()＊100)；

(2) 生成随机数,再使用循环输入数据并进行判断,直到相等或者超过三次。

5. 输入全班学生的成绩,统计及格(成绩≥60)学生的平均分。要点提示：

(1) 全班学生人数未知,使用 while 循环,输入-1 表示所有成绩输入完毕；

(2) 在循环体中加入 if 分支语句,如果输入成绩大于 60,则进行累加和计数。

6. 输入若干个整数,输入 0 表示结束,编写程序统计输入的正数和负数的个数,输出统计结果。

7. 从键盘输入一行字符,统计字符串中字母字符个数、数字字符个数和其他字符的个数。要点提示：

(1) 使用 Scanner 的 nextLine()方法输入一串字符；

(2) String 类的 charAt(i)方法可用于获取字符串中的第 i 个字符,i 的值从 0 开始；String 类的 length()方法可以获取字符串的长度；

(3) 利用 ASCII 码值来判断字符的种类。

8. 显示 100 以内所有可以同时被 3 和 7 整除的整数。要点提示,在循环体中判断一个整数 n 是否能够被 3 和 7 整除,让 n 的值从 1～100 循环。

9. 输入一个整数 a,判断 a 是否为素数。要点提示：

(1) 素数：只能被 1 和自己本身整除的数；

（2）在循环体中做除法，如果能够整除，则循环提前结束；

（3）可以定义一个标志位 flag 来判断循环是提前结束还是正常结束，如果是正常结束则 a 是素数。

10．显示 100 以内的所有素数。要点提示：

（1）使用二重循环，外层循环将 a 的值从 2 增加到 100，内层循环判断 a 是否是素数；

（2）减少循环次数可以提高程序执行速度，除数的值可以从 2 增加到 Math.sqrt(a)，而不是增加到 a−1。

11．输入一个三位的正整数 x，程序将其反序显示。例如输入 384，程序显示 483。要点提示：

（1）方法一：不使用循环，利用整除和模运算，依次把个位、十位和百位数字取出，然后重新组合成三位数；

（2）方法二：使用循环完成，循环体中利用模取、整除等运算将 384 逐步转换为 4、48、483。

12．辗转相除法又名欧几里得算法，是希腊数学家欧几里得在他的著作《几何原本》提出的一种求两个数最大公约数的方法，基本原理是用较大数除以较小数，然后将除数和余数反复做除法运算，当余数为 0 时，取当前算式的除数为最大公约数。利用这个方法可以较快地求出两个自然数的最大公约数。输入两个整数 a、b，使用辗转相除法计算 a 和 b 的最大公约数，输出结果。

13．《庄子·天下篇》中写道："一尺之棰，日取其半，万世不竭。"意思是 1 尺长的棍棒，每日截取它的一半，永远截不完，形象地说明了事物具有无限可分性。请编写程序计算，经过几日，剩余的部分小于 0.1 尺呢？

14．实现一个基于 ASCII 码的加密解密程序。ASCII 表中共有 128 个字符，包括数字、字母及控制字符，其中最后一个字符是删除 DEL，本程序中只使用前 127 个字符。加密时，输入一个字符串作为明文，再输入一个整数作为密钥，程序输出密文字符串。解密时，输入密文和密钥，程序进行解密，输出明文。要点提示：

（1）加密规则如下：

```
if (originalChar + key > 126)          //originalChar 为一个明文字符,key 为密钥
    encryptedChar = ((originalChar +key)-127) + 32;  //encryptedChar 为加密后字符
else
    encryptedChar = (originalChar + key);
```

（2）解密规则如下：

```
if (encryptedChar - key < 32)
    decryptedChar = ((encryptedChar - key) + 127) - 32;
else
    decryptedChar = (encryptedChar - key);
```

（3）String.charAt(i)方法可用于获取字符串中第 i 个字符，i 从 0 开始；String.length()方法可返回字符串长度(字符个数)。

第 5 章

显示班级成绩单

学习目标

- 理解为什么使用数组；
- 掌握应用数组进行程序设计；
- 学习字符串类的常用方法。

5.1 示 例 程 序

5.1.1 班级平均成绩

第 4 章介绍了如何计算多个学生的平均成绩。如果想显示一个班学生的平均成绩和每个人的成绩，这时就需要将输入的多个学生成绩进行保存。可以把多个学生的成绩保存到一个数组中，然后进行计算并得到结果。程序代码如程序 5.1 所示。

【**程序 5.1**】 程序 StudentInfo.java。

```java
import java.util. Scanner;
public class StudentInfo{
    public static void main(String [] args){
        final int SIZE = 5;
        double grade[] = new double[SIZE];
        double averageGrade = 0;
        Scanner sc = new Scanner(System.in);
        for(int i=0; i<SIZE; i++){
            grade[i] = sc.nextDouble();
        }
        for(int i=0; i<SIZE; i++){
            averageGrade = averageGrade + grade[i];
        }
        averageGrade = averageGrade / SIZE;
        System.out.println("平均成绩:" + averageGrade);
        for(int i=0; i<SIZE; i++){
            System.out.println("学生成绩:" + grade[i]);
        }
    }
}
```

程序 5.1 的编译和运行结果如图 5.1 所示。程序 5.1 中定义了数组来保存学生的成绩，数组定义语句如下：

```
double grade[] = new double[SIZE];
```

定义 double 类型的数组 grade，数组的长度为 SIZE。需要注意的是数组不是基本类型，而是引用类型，因此需要开辟数据的存储空间。new double[SIZE]的作用就是开辟数组需要的存储空间，开辟空间的大小可以存放 SIZE 个 double 数值。每个数组元素占用一个 double 类型数据的存储空间。上面定义的数组下标范围是 0 到 SIZE－1，共计 SIZE 个元素，一般使用 for 循环来处理数组中的每一个元素。

```
D:\program\unit5\5-1\1-1>java StudentInfo
78
89.5
66.5
81
93
平均成绩：81.6
学生成绩：78.0
学生成绩：89.5
学生成绩：66.5
学生成绩：81.0
学生成绩：93.0
```

图 5.1　程序 5.1 运行结果

采用循环语句读入每个学生的成绩，语句 grade[i] = sc.nextDouble()的作用是把读入的双精度类型成绩数据存放到 grade 数组的第 i 个元素中，这样通过循环把所有的成绩都读入到数组 grade 中。后面的计算和显示过程与前面的相似，循环将数组 grade 中的元素累加求和，然后计算并输出平均成绩，最后也是通过循环显示数组 grade 中每个元素的值。由于学生成绩保存在数组 grade 中，因此最后可以再次把学生成绩显示出来。

5.1.2　显示最高成绩

程序 5.1 显示了一个班的学生成绩，如果还想知道一个班学生的最高成绩是多少，并把最高成绩显示出来，需要增加一段程序找到最高成绩。改进后的代码如程序 5.2 所示。

【程序 5.2】　修改程序 StudentInfo.java，显示最高成绩。

```
import java.util. Scanner;
public class StudentInfo{
    public static void main(String [] args){
        final int SIZE = 5;
        double grade[] = new double[SIZE];
        double averageGrade = 0;
        double maxGrade = 0;
        Scanner sc = new Scanner(System.in);
```

```
        for(int i=0; i<SIZE; i++){
            grade[i] = sc.nextDouble();
        }
        maxGrade = grade[0];
        for(int i=0; i<SIZE; i++){
            averageGrade = averageGrade + grade[i];
            if(maxGrade < grade[i]){
                maxGrade = grade[i];
            }
        }
        averageGrade = averageGrade / SIZE;
        System.out.println("平均成绩:" + averageGrade);
        System.out.println("最高成绩:" + maxGrade);
        for(int i=0; i<SIZE; i++){
            System.out.println("学生成绩:" + grade[i]);
        }
    }
}
```

程序 5.2 的编译和运行结果如图 5.2 所示。

图 5.2　程序 5.2 运行结果

　　找出数组中最大值的方法是，先假设第一个元素是最大的，把它放到变量 maxGrade 中，然后和数组中所有的元素逐一比较，如果发现比 maxGrade 大的元素，就把这个元素放到 maxGrade 中。通过循环，对比数组中所有的元素，最后 maxGrade 中存放的值就是数组中的最大值。

　　有的读者可能会想：是否可以将最大成绩 maxGrade 的初值设为 0，逐个与学生成绩进行比较，找到最大值。这个方法在本题中是可以的，但是不够安全，有的时候可能会出问题。假设所有的学生成绩都是负的，这时候得到的最大值就有问题了。比较安全的方法是把第一个成绩设置为最大值，然后进行比较。

5.2　相 关 知 识

5.2.1　一维数组

数组是用来存放一组相同类型数据的复合数据类型,常见的数组是一维数组,一维数组声明的格式定义如下:

数组元素类型 数组名[ ];

或者:

数组元素类型[ ] 数组名;

例如程序 5.2 中定义数组 double grade[],数组元素是 double 类型,数组名为 grade。数组定义后,还需要创建数组。创建数组就是为数组分配存储空间,使用关键字 new 来完成。例如程序 5.2 中的创建语句 grade[] = new double[SIZE],创建一个有 SIZE 个 double 类型元素的数组,数组的名字是 grade。

通过下标来访问数组元素,例如程序 5.2 中的语句 maxGrade = grade[i],读取 grade 的第 i 个元素,把它赋给变量 maxGrade。

5.2.2　多维数组

同样,也可以定义二维数组或者是多维数组,二维数组的定义格式如下:

数组元素类型 数组名[ ][ ];

二维数组的创建方法也是相同的,例如 double grade[][] = new double[5][6],表示定义了一个具有 5 行 6 列的二维数组。使用二维数组元素的方式也与一维数组相同,通过下标来进行访问,例如:

grade[3][4] = 23.4,表示将数组 grade 的第 3 行第 4 列元素赋值为 23.4。

Java 程序中使用数组的情况相对 C 程序要少,多数情况下会使用集合类 ArrayList 来代替数组,有关集合类的定义和使用参见第 21 章。

5.2.3　String 类

第 2 章介绍了一种基本类型 char,用于存储一个字符。如果程序中需要使用由多个字符组成的字符串,就需要用到 String 类。例如,语句 String name="张三";创建了一个 String 类的对象 name,值是字符串"张三"。创建字符串对象还可以使用 String 类的构造方法来实现,例如 String str2=new String("Hello")。关于构造方法将在第 8 章讲解。

字符串的常用操作包括字符串比较、求字符串长度、获取指定位置字符等,这些操作都是通过调用 String 类的相应方法来实现,部分常用的方法如表 5-1 所示。

表 5-1　String 类的方法

方　法　名	功　能　简　介
char charAt(int index)	返回字符串中第 index 个字符,索引 index 值从 0 开始计算
boolean equals(String stra)	判断当前字符串的内容是否与字符串 stra 内容相同,如相同返回 true,否则返回 false
int indexOf(String stra)	返回 stra 字符串在当前字符串中的索引位置,如果没有找到返回 −1
int length()	返回字符串的长度
String replace(char oldChar, char newChar)	将当前字符串中所有 oldChar 字符替换为 newChar
String substring(int beginIndex, int endIndex)	返回字符串的子串,子串从 beginIndex 开始,直到 endIndex − 1 结束
String toLowerCase()	将字符串中所有大写字母变成小写
String toUpperCase()	将字符串中所有小写字母变成大写
String trim()	去掉字符串两端的空格

　　字符串的方法还有很多,如果想要了解更多的方法,可以查看 String 类的 API 文档。表 5-1 中的方法是程序设计中最常用的方法。下面给出一个例子来演示字符串的使用,如程序 5.3 所示。

【程序 5.3】　字符串常用方法示例。

```java
public class StringTest {
    public static void main(String[] args) {
        String s0 = "Program";
        String s1 = "Java " + s0;              //字符串连接
        String s2 = "Java program";            //注意 p 小写
        String s3 = "Java Program";            //注意 P 大写
        String s4 = "Java 程序设计";
        //字符串比较
        System.out.println("----字符串比较----");
        System.out.println("s1 和 s2 的比较结果为 " + s1.equals(s2));
        System.out.println("s1 和 s3 的比较结果为 " + s1.equals(s3));
        //字符串长度
        System.out.println("----字符串长度----");
        System.out.println(s2.length());
        System.out.println(s4.length());
        //获取字符
        System.out.println("----获取字符----");
        System.out.println(s1.charAt(0));
        //字符替换
        System.out.println("----字符替换----");
```

```
        System.out.println(s2.replace('J','j'));
        //大小写转换
        System.out.println("----大小写转换----");
        System.out.println(s2.toUpperCase());
        System.out.println(s3.toLowerCase());
        //子串查找
        System.out.println("----子串查找----");
        System.out.println(s1.indexOf(s0));
        System.out.println(s1.indexOf("a"));
        System.out.println(s1.indexOf("abc"));
    }
}
```

程序 5.3 的运行结果如图 5.3 所示。

```
D:\program\unit5\5-2\2-1>java StringTest
----字符串比较----
s1和s2的比较结果为 false
s1和s3的比较结果为 true
----字符串长度----
12
8
----获取字符----
J
----字符替换----
java program
----大小写转换----
JAVA PROGRAM
java program
----子串查找----
5
1
-1
```

图 5.3　程序 5.3 运行结果

需要特别说明的是，比较两个字符串是否相等时，建议使用 equals()方法，而不是使用等号"＝＝"，关于二者的区别将在第 8 章中讲解。

5.3　训练程序

输入一个班学生的成绩，先显示所有及格成绩，再显示所有不及格成绩；最后显示及格人数和不及格人数。

5.3.1　程序分析

在程序 5.1 基础上来完成这个程序，同样还是使用数组来保存学生成绩，使用循环输入学生成绩。再设计一个循环判断每个学生的成绩是否及格，如果及格则输出，这样就可以显示所有及格的成绩。同理可以显示所有不及格的成绩。定义两个计数器分别用来记录及格学生人数和不及格学生人数。

5.3.2　参考程序

【程序 5.4】　程序 StudentInfo.java。

```java
import java.util. Scanner;
public class StudentInfo{
    public static void main(String [] args){
        final int SIZE = 5;
        double grade[] = new double[SIZE];
        int pass=0;                       //定义变量 pass 对及格成绩进行计数
        int fail=0;                       //定义变量 fail 对不及格成绩进行计数
        System.out.println("请输入" + SIZE+"个学生的成绩");
        Scanner sc = new Scanner(System.in);
        for(int i=0; i<SIZE; i++){
            grade[i] = sc.nextDouble();
        }
        //统计及格人数,并输出成绩
        System.out.println("及格的学生成绩:");
        for(int i=0;i<SIZE;i++){
            if (grade[i]>=60){
                pass++;
                System.out.println(grade[i]);
            }
        }
        //统计不及格人数,并输出成绩
        System.out.println("不及格的学生成绩:");
        for(int i=0;i<SIZE;i++){
            if (grade[i]<60){
                fail++;
                System.out.println(grade[i]);
            }
        }
        System.out.println("及格的学生有"+pass+"人");
        System.out.println("不及格的学生有"+fail+"人");
    }
}
```

程序 5.4 的编译和运行结果如图 5.4 所示。

需要对输入的学生成绩进行两遍处理,先使用循环处理所有的成绩,显示及格的学生成绩;再次循环处理所有成绩,显示不及格学生成绩。为了处理方便,使用数组将学生的成绩保存起来。程序中先输入 5 个学生成绩,显示学生成绩的同时统计及格学生人数,不及格学生人数,最后显示出来。

```
D:\program\unit5\5-3\3-1>javac StudentInfo.java

D:\program\unit5\5-3\3-1>java StudentInfo
请输入5个学生的成绩
78
66.5
59
81
93
及格的学生成绩：
78.0
66.5
81.0
93.0
不及格的学生成绩：
59.0
及格的学生有4人
不及格的学生有1人
```

图 5.4　程序 5.4 运行结果

5.3.3　进阶训练

【程序 5.5】　计算圆的面积进阶 4。程序 4.7 中我们实现了多次连续计算圆的面积，现在我们使用数组实现一次性的输入多个圆半径，半径保存在数组中，程序将所有圆的面积计算出来并输出。

程序设计思路分析：

（1）首先输入圆的个数 n；

（2）定义长度为 n 的数组 r 和 area，分别存储 n 个圆的半径和面积；

（3）利用循环，输入各个圆的半径并存入数组 r；

（4）利用循环，依次从 r 中取出半径值，并计算圆的面积，计算结果存放在数组 area 中；输出计算结果；

（5）本题也可以将两个循环合并为一个。

读者按照给出的设计思路，完成程序 5.5 的编写和编译，运行程序，查看结果是否符合题目要求。

5.4　拓 展 知 识

5.4.1　数组讨论

数组访问中经常会遇到的问题是数组下标越界。例如程序 5.1 中定义的数组 double grade[] = new double[SIZE]，这个数组的下标范围是 0 到 SIZE−1，共计 SIZE 个元素。常见的错误是访问了下标为 SIZE 的数组元素，这样程序运行时就会报错，例如程序段：

```
int SIZE = 5;
double grade[] = new double[SIZE];
double averageGrade = 0;
grade[SIZE] = 96;
```

这个程序段运行时会抛出异常,如图 5.5 所示。

```
D:\program\unit5\5-3\3-1>javac StudentInfo.java

D:\program\unit5\5-3\3-1>java StudentInfo
Exception in thread "main" java.lang.ArrayIndexOutOfBoundsException: 5
        at StudentInfo.main(StudentInfo.java:7)
```

图 5.5 数组下标越界异常

这个例子说明两个问题。第一个问题是使用数组时,应该注意代码中是否存在下标越界。上面例子比较简单,实际应用中,数组下标可能是复杂的表达式或方法的返回值,这时候需要小心处理。第二个问题是如果出现数组下标越界的情况应该有相应的异常处理机制,这样可以保证程序的正确性和有效性。有关异常处理机制参见第 17 章。

一般对数组进行处理时经常使用 for 循环,例如程序 5.1 中的程序段:

```
for(int i=0; i<SIZE; i++){
    averageGrade = averageGrade + grade[i];
}
```

这是常见的程序段,使用循环变量 i 来访问数组 grade 中的每个元素。需要注意一般在循环体中不要修改循环变量 i 的值。如果在循环中不小心对变量 i 的值进行了修改,程序运行可能会出问题。例如上面程序段修改为:

```
for(int i=0; i<SIZE; i++){
    averageGrade = averageGrade + grade[i];
    i++;
}
```

在这段程序中,循环变量 i 的值在循环体中被修改,因此得到的结果会出现错误。这也是使用循环处理数组经常遇到的问题。

5.4.2 数组的存储

程序中定义的每一个变量,到了程序运行期间都会对应一个内存单元,变量的值保存在内存单元中,关于变量定义的详细说明见第 2 章。数组本质上就是一组变量,每个数组元素都是一个变量。一个数组变量可以存放多个相同类型的数据。例如,程序 5.4 中定义的数组变量 grade,定义如下:

```
int SIZE = 5;
double grade[] = new double[SIZE];
```

和普通变量类似,这段代码运行时数组变量 grade 会在内存中对应一段存储区域,里面包括 SIZE(图中的 SIZE 为 5)个存储单元,示意图如图 5.6 所示。数组 grade 占用 5 个连续的存储空间,每个存储空间分别对应下标为 0~4 的数组元素。如果想给下标为 2 的

数组元素赋一个双精度的数值 67.8,则使用语句 grade[2]＝
67.8,通过下标实现对数组元素的访问。

图 5.6 只是一个示意图,用来说明一个数组在内存中的存储
方式。在实际的 Java 虚拟机中,变量 grade 是保存在运行栈的数
据区中,而图 5.6 中数组的存储空间则是在堆区。定义数组的
语句:

```
double grade[] = new double[SIZE]
```

表示的具体含义是,定义一个 double 类型数组,数组名字是
grade,变量 grade 保存在栈上。new double[SIZE]表示在堆中开
辟一个存储空间,大小是 SIZE 个 double 类型的存储空间。定义
语句中的"＝"的作用是让 grade 指向堆中开辟的空间。相关内容参考第 8 章中对象和实
例部分的讲解。最后做个简单的总结,本章学习了关键字 new,用于创建数组空间,表 5-2
中用粗体表示。其余关键字将在后续章节讲解。

下标　grade数组

0	
1	
2	67.8
3	
4	

图 5.6　数组内存示意图

表 5-2　Java 关键字

abstract	extends	native	return	throw
assert***	finally	**new**	static	throws
catch	implements	package	strictfp**	transient
class	import	private	super	try
default	instanceof	protected	synchronized	void
enum****	interface	public	this	volatile

5.5　实 做 程 序

1. 定义一个数组来保存教师工资,编写程序找出并显示最高工资。要点提示,参考
程序 5.2 的实现。

2. 定义一个数组来保存教师工资,编写程序找出并显示最高工资,指出是第几个工
资最高。要点提示:

(1) 参考程序 5.2 的实现;

(2) 增加一个变量 k 来记录数值中最高工资对应的下标。

3. 定义一个数组来保存教师工资,把最高工资换到数组中的第一个位置,输出交换
后的数组。要点提示:

(1) 找出最高工资和对应下标,例如 s[i];

(2) 与第一个交换,交换是 s[0]和 s[i],可以使用中间变量 temp 实现。

4. 在实做程序 3 基础上修改程序,将教师工资按从高到低顺序进行排序。要点
提示:

（1）假设有 n 个教师，定义数组保存教师工资；

（2）排序算法：找出数组中最大元素放在第一个，接下来对数组中除第一个以外的元素；重复上面过程，直到最后。这样完成一个工资从大到小的排序。最后显示排序结果；

（3）使用双循环实现：①外层循环从 0 到 n−1 循环，循环变量 i；②内层循环从 i 到 n 循环，找到最大工资所对应下标 k；③交换下标 i 和下标 k 对应的数组元素。

5. 在实做程序 4.4 基础上进行改进，允许用户猜多次，直到猜中为止。将每次用户输入的数字和对应的结果记录下来，最后显示正确结果和猜数过程。例如，如果答案是 15，用户输入 23,10,18,15。程序显示结果如下：

正确答案：15

猜数过程：23,10,18,15

6. 从键盘输入 n 个数，使用冒泡排序法将其从小到大排序，显示排序结果。要点提示：

（1）定义数组 a，输入 n 个数存入 a 中；

（2）冒泡排序过程：①从第一个数 a[0] 开始，逐一进行相邻数比较，如果后面的数小，就进行交换，直到所有数都比较完，第一轮比较结束，a[n−1] 存放的就是最大数；②将剩下的前 n−1 个数重复上面过程，第二轮比较结束后，a[n−2] 存放的是次大数；③以此类推，经过 n−1 轮，完成从小到大排序。

7. 显示 100 以内所有可以同时被 3 和 7 整除的整数。要点提示：

（1）使用筛法实现；

（2）使用数组存放数字，第一次循环将能被 3 整除的数找到，并进行标记，第二次循环将能被 7 整除的数找到，并再次标记，标记两次的数就是同时被 3 和 7 整除的数。

8. 使用筛法计算 1000 以内的素数。要点提示：筛法的基本思想在第 7 题中进行了解释。用数组 a 存放数 1~1000，划去下标 0 和 1 对应的值，从最小素数 2 开始，划去所有 2 的倍数对应的元素，接着找余下最小素数 3，划去所有 3 的倍数对应的元素，不断重复，直到没有可以划去的元素为止，剩下的元素就是素数。

9. 输入一个字符串，判断是否为回文。回文是左右对称的字符串，例如"abcdcba"就是回文。

10. 输入一个字符串，将其反序显示，例如输入"abc123"，程序显示为"321cba"。

11. 在实做程序 3.12 基础上进行优化，不再输入单独的转换标志来表示转换方式，而是输入带标记的温度值，如果输入温度值后面的标记为 F 或 f，则程序将其转换为摄氏度，如果输入温度值后面的标记为 C 或 c，程序转换为华氏度。例如，输入 30C，程序输出 86.0F。要点提示：

（1）使用 nextLine() 方法从键盘读入一行数据；

（2）使用 indexOf() 方法找到输入最后一个字符，判断输入的是摄氏度还是华氏度，根据判断结果使用不同的转换公式；

（3）使用 substring() 方法将输入的数字部分截取出来，使用 Double.parseDouble() 方法转换为数字类型，带入温度转换公式进行计算。

12. 设 A、B 是两个集合，由所有属于 A 且属于 B 的元素所构成的集合称为 A 和 B 的交集，编写程序利用数组求两个集合的交集。输入两组整数，每组不超过 20 个整数，输入 −1 表示输入结束，并且整数大于等于 0，求两组整数的交集，即在两组整数中都出现的整数。将交集中的各个数输出，以空格作为分隔，若交集为空则输出"交集为空"。

第 6 章

显示学生基本信息

学习目标

- 了解 Java 方法的设计过程;
- 掌握 Java 方法的提取过程;
- 理解 Java 方法的参数传递过程。

6.1 示 例 程 序

6.1.1 程序实现

在前面的程序中,所有的程序实现部分都写在方法 main()中,如第 3 章的程序 3.1, 显示一个学生基本信息,去掉注释的程序代码如程序 6.1 所示。

【**程序 6.1**】 程序 StudentInfo.java。

```java
public class StudentInfo{
    public static void main(String [] args){
        String name = "张三";
        int age = 23;
        double grade = 87.67;
        String result = "通过";
        if(grade < 60 ){
            result = "不通过";
        }
        System.out.println("姓名:" + name);
        System.out.println("年龄:" + age);
        System.out.println("成绩:" + grade);
        System.out.println("考试结果:" + result);
    }
}
```

这个程序可以正确完成希望的功能,但是也存在不足。例如,程序在 main()方法中完成了变量定义、赋值、不及格处理和结果显示等多个不同的功能。更好的程序应该是每个方法完成一个功能,这样就需要进行方法拆分处理,把功能相对独立的程序段都提取出来,设计成不同的方法。

6.1.2　处理部分提取

首先来看程序 6.1，程序中有一个判断学生是否通过考试的程序段，这个程序段的功能是根据学生的成绩是否低于 60 分来判断是否通过考试，可以提取出来作为一个单独的方法来实现，这样修改后的代码如程序 6.2 所示。

【程序 6.2】　修改后程序 StudentInfo.java。

```java
public class StudentInfo{
    public static void main(String [] args){
        String name = "张三";
        int age = 23;
        double grade = 87.67;
        String result = judge(grade);
        System.out.println("姓名:" + name);
        System.out.println("年龄:" + age);
        System.out.println("成绩:" + grade);
        System.out.println("考试结果:" + result);
    }
    public static String judge(double grade){
        String result = "通过";
        if(grade < 60 ){
            result = "不通过";
        }
        return result;
    }
}
```

程序 6.2 的编译和运行结果如图 6.1 所示。

```
D:\program\unit6\6-1\1-2>javac StudentInfo.java

D:\program\unit6\6-1\1-2>java StudentInfo
姓名: 张三
年龄: 23
成绩: 87.67
考试结果: 通过
```

图 6.1　程序 6.2 运行结果

在前面给出的程序中，每个类里面只有一个 main() 方法，在 main() 方法中完成全部功能。程序 6.2 把判断是否通过考试的程序段提取为一个单独的方法 judge()。方法包括两个部分：方法头和方法体。方法头定义了方法的样式，例如：

```
public static String judge(double grade)
```

方法名是 judge，返回类型是 String，括号里面的 double grade 是方法的参数，又称为形式参数或者形参，表示学生的成绩。

方法体是方法头后面大括号{}内的多条语句,完成功能是根据成绩 grade 判断是否通过,结果放到 result 变量中。方法体最后一条语句是返回语句 return result,把得到的结果 result 返回给调用程序。语句 return 返回数据的类型必须与方法的返回类型一致,否则编译时会报错,比如 result 与 judge()方法返回类型都是 String 类型。如果方法是 void 类型,也就是无类型,这时候可以没有 return 语句,或者直接写上 return,后面不需要带上返回值。在 main()方法中调用了 judge()方法,调用语句:

```
String result = judge(grade)
```

这个语句中的 grade 也是参数,称为实际参数或者实参。方法调用时会把实参的值传递给形参,即 main()方法中变量 grade 的值会作为实参被传递给 judge()方法中的形参 grade,然后执行方法中的代码。方法调用结束后,再把结果返回给调用者,也就是把 judge()方法中返回的 result 回传给调用语句 String result ＝ judge(grade)中的 result 变量。

6.1.3　读入部分提取

学生成绩可以像其他程序一样从键盘输入,这样输入部分也可以单独提取出来作为一个方法来实现,修改后代码如程序 6.3 所示。

【程序 6.3】　修改程序 StudentInfo.java。

```java
import java.util. Scanner;
public class StudentInfo{
    public static void main(String [] args){
        String name = "张三";
        int age = 23;
        double grade = input();
        String result = judge(grade);
        System.out.println("姓名:" + name);
        System.out.println("年龄:" + age);
        System.out.println("成绩:" + grade);
        System.out.println("考试结果:" + result);
    }
    public static String judge(double grade){
        String result = "通过";
        if(grade < 60 ){
            result = "不通过";
        }
        return result;
    }
    public static double input(){
        Scanner sc = new Scanner(System.in);
        return sc.nextDouble();
    }
}
```

程序 6.3 的编译和运行结果如图 6.2 所示。与程序 6.2 相似，程序 6.3 提取出了一个 public static double input()方法，这个方法没有参数，返回一个 double 类型的数据，也就是输入的学生成绩。

```
D:\program\unit6\6-1\1-3>javac StudentInfo.java

D:\program\unit6\6-1\1-3>java StudentInfo
67.5
姓名：张三
年龄：23
成绩：67.5
考试结果：通过
```

图 6.2　程序 6.3 运行结果

　　有的读者可能会问，一般一个方法达到多少行代码时就需要进行提取了？Java 程序提倡小方法，每个方法完成一个独立的功能。一般一个方法应该是几条或者是十几条语句，如果代码再多就应该考虑方法提取了，关于方法提取可以参考相关资料。

6.2　相 关 知 识

6.2.1　Java 方法

　　Java 语言中一个类可以有多个方法，例如程序 6.3 中类 StudentInfo 包括三个方法：main()、judge()和 input()。把功能独立的程序段提取成一个方法主要基于以下两个方面原因。

　　第一个原因是，独立的方法可以更方便地描述所完成的功能。如上例中的 input()方法完成一个独立的功能，从键盘读入一个双精度 double 类型数据。

```
public static double input(){…}
```

　　比较提取 input()方法前后的程序段可以明显看出，语句 double grade ＝ input()提高了程序的可读性，看到方法名字 input 很容易让人联想到这是一个输入方法。一个恰当的方法名可以很好地提高程序可读性。

　　第二个原因是，减少重复的代码段。对于程序中多次出现的相同或者是相似的代码段，应该把这些代码段设计成一个方法，以减少程序中的重复代码。例如下面程序段代码。

```
public class Test{
    public static void main(String [] args){
        double grade = 70;
        if(grade < 60){
            System.out.println("未通过考试");
            System.out.println("成绩为:" + grade);
        }
```

```
        else{
            System.out.println("通过考试");
            System.out.println("成绩为:" + grade);
        }
    }
}
```

代码中有两处显示考试结果和分数的程序段,可以考虑提取出一个 display()方法来减少重复代码,修改后代码如下。

```
public class Test{
    public static void main(String [] args){
        double grade = 70;
        if(grade < 60){
            display("未通过考试", grade);
        }
        else{
            display("通过考试", grade);
        }
    }
    public static void display(String result, double grade){
        System.out.println(result);
        System.out.println("成绩为:" + grade);
    }
}
```

减少重复代码的好处是提高程序可读性,让程序看起来更优雅,减少程序出错的机会,方便程序的修改。在上面这个例子中,display()方法的返回类型是 void,因此方法中没有返回语句。需要说明的是,上面提取方法的定义中都有 static 关键字,关于这个关键字的作用将在第 12 章详细说明。现在只要按照给出的样式来写就可以了。

6.2.2　参数传递

相似的程序段提取成方法后,可以通过方法的参数把原来两个程序段不同之处统一起来。例如上面例子中的 display()方法。

```
public static void display(String result, double grade){
    System.out.println(result);
    System.out.println("成绩为:" + grade);
}
```

display()方法有两个参数,分别是:

result:表示考试结果,字符串 String 类型。

grade:表示考试成绩,双精度 double 类型。

display()方法定义的参数 result 和 grade 称为方法的形式参数,简称形参。方法体中使用形参来显示考试的结果和成绩。前面程序段中有两次调用 display()方法,调用代码段如下:

```
if(grade < 60){
    display("未通过考试", grade);
}
else{
    display("通过考试", grade);
}
```

语句 display("未通过考试", grade),表示调用 display()方法,"未通过考试"字符串和 grade 变量称为方法的实际参数,简称实参,是调用方法时实际使用的变量或者是数据。调用 display()方法时,首先需要把数据"未通过考试"和 grade 分别传给方法的形参 result 和 grade,在逻辑上相当于做了如下赋值:

result = "未通过考试";

grade = grade;

方法最后一条是返回语句,例如程序 6.3 的 input()方法,使用语句 return sc.nextDouble()把输入的双精度数返回给调用语句 grade = input()中的 grade 变量。

```
public static double input(){
    Scanner sc = new Scanner(System.in);
    return sc.nextDouble ();
}
```

main()方法执行到语句 grade = input()时,会先暂停 main()方法执行,转到 input()方法执行,input()方法执行完成后再返回到 main()方法中的调用语句 grade = input(),将得到的结果赋给变量 grade。

6.3　训练程序

在第 5 章中,程序 5.1 的 main()方法中包括多个小的功能,可以进行方法提取,将独立的功能作为方法提取出来。

6.3.1　程序分析

首先程序 5.1 的输入部分可以提取出来作为单独的方法,具体实现与程序 6.3 的 input()方法提取过程相同。接下来可以继续提取程序 5.1 计算平均成绩的程序段,需要将数组作为参数进行传递。提取方法后代码如程序 6.4 所示。

6.3.2 参考程序

【**程序 6.4**】 修改程序 5.1,提取方法。

```java
import java.util. Scanner;
public class StudentInfo{
    public static void main(String [] args){
        int SIZE = 5;
        double grade[] = new double[SIZE];
        System.out.println("请输入" + SIZE+"个学生的成绩");
        for(int i=0; i<SIZE; i++){
            grade[i] = input();
        }
        //调用 average 方法,计算平均成绩并输出。
        System.out.println("平均成绩:" + average(grade,SIZE));
        for(int i=0; i<SIZE; i++){
            System.out.println("第"+ (i+1) +"学生成绩:" + grade[i]);
        }
    }
    public static double input(){
        Scanner sc = new Scanner(System.in);
        return sc.nextInt();
    }
    //计算平均成绩
    public static double average(double grade[],int size){
        double averageGrade=0;
        for(int i=0; i<size; i++){
            averageGrade = averageGrade + grade[i];
        }
        averageGrade = averageGrade / size;
        return averageGrade;
    }
}
```

读者可以自己来编译运行程序 6.4,并和程序 5.1 的运行结果进行比较。这两个程序完成的功能是一样的。仔细研究程序 6.4 可以发现,输入全部学生成绩和显示全部学生成绩两个部分的代码可以继续进行提取,设计成两个方法。读者可以自己来尝试完成。

6.3.3 进阶训练

【**程序 6.5**】 在 4.2.2 节中,使用 for 循环实现了整数 1 至 100 的累加求和。修改这个功能,实现 m 至 n 的累加求和。同时将输入部分和累加功能提取为方法。在 main()

方法中调用输入方法输入 m 和 n 的值,调用累加方法计算累加结果并输出。

程序设计思路分析:

(1) 参考程序 6.3 编写输入 input()方法,无参数,返回输入整数;

(2) 编写累加方法 sum(),带有两个整型参数 m 和 n,方法实现 m 到 n 之间数的累加,返回累加结果;

(3) 在 sum()方法中需要增加判断 m 和 n 大小的代码,当 m<=n 时正常累加,否则交换 m 和 n 的值后再累加;

(4) 在 main()方法中调用输入方法 input()输入 m 和 n 的值,并调用 sum()方法,将返回的结果输出。

读者自己按照给出的设计思路,完成程序 6.5 的编写,编译运行程序,查看程序运行结果是否符合题目要求。

6.4　拓　展　知　识

6.4.1　方法重构

大多数程序员入职的第一项工作常常是修改已有项目的错误,当具备一定的语言基础后就会发现每个项目的代码都有很多不尽人意的地方,甚至可以挑出一大堆的问题,很多程序员会抱怨原来的开发人员,并产生抵触情绪。其实这个时候也可以从好的方面去想,可以自己尝试改进已有的代码,这个过程称为代码重构。

代码重构的第一步是从方法重构开始的,也就是方法提取,尽量把原有程序中复杂的方法提取成多个简单的方法。

更进一步的是业务逻辑流程的重构和整个软件设计框架的重构,这就涉及到具体的项目业务和更深的专业知识了。通过前面的学习,读者可以知道如何进行方法的重构,后面的程序设计中,可以自己尝试重构方法。

6.4.2　方法存储

第 2 章介绍了 Java 虚拟机的体系结构,其中有一个部分就是方法区。编译后的 Java 方法就保存在这个区域。

Java 语言源程序经过编译得到对应的 class 文件,这个过程读者已经比较熟悉。当一个 class 文件装入内存后,会对应在方法区开辟一块空间来保存这个类,里面每一个方法对应一段 Java 虚拟机的执行程序。当运行一个 Java 程序时,Java 虚拟机从 main()方法开始执行,按照程序的执行次序调用不同的方法,完成全部的功能。有关 Java 语言 class 文件方法的存储可以参考相关资料。

6.4.3　main()方法说明

第 1 章介绍第一个 Java 程序时就说过,main()方法后面进行讲解。这里先对 main()方法进行简单说明,有些内容留待第 12 章再进行详细讲解。

main()方法的定义样式如下：public static void main(String[] args)。这个方法是 Java 程序的主方法，由 Java 虚拟机负责调用这个方法，从而执行自己编写的程序。因此这个方法名 main 不能修改，否则 Java 虚拟机就无法执行你的程序了，运行错误见图 1.11。标识符 main 虽然不是 Java 语言的关键字，但虚拟机有特殊用途。设计程序的时候把它视为关键字就可以了，免得出问题。接着看方法的形参 String[] args，是一个字符串数组。虚拟机在执行这个方法时可以带上参数，下面给出一个例子来演示 Java 虚拟机如何给程序传递参数，如程序 6.6 所示。

【程序 6.6】　Java 虚拟机给 main()方法传递参数 ParaDemo.java。

```java
public class ParaDemo{
    public static void main(String [] args){
        for(int i=0; i<args.length; i++){
            System.out.println(args[i]);
        }
    }
}
```

编译运行程序 6.6，运行结果如图 6.3 所示。

```
D:\program\unit6\6-4\1-1>javac ParaDemo.java

D:\program\unit6\6-4\1-1>java ParaDemo 张三 23 87
张三
23
87
```

图 6.3　程序 6.6 运行结果

虚拟机给 main()方法传递了三个实参："张三"、23、87。这三个参数的类型都是字符串类型，被放到形参 args 数组中。使用循环语句依次显示三个参数，如图 6.3 所示。说明一下 main()方法的形参也可以写成这样：String... args，结果是一样的。这个参数定义格式涉及到可变参数，有兴趣的读者自己查阅相关资料。在 main()方法的定义中，只有形参的名字 args 是可以修改的，但是一般不会修改，这样增加程序可读性。

下面解释一下 main()方法为什么没有返回值，返回类型为 void？学过 C 语言的读者都知道 C 的 main()方法默认定义为：int main()，返回类型是 int。这个返回值就是程序退出时的退出码（exit code），可以为其他程序所用。而在 Java 中，这个退出过程是由 Java 虚拟机控制的，用户无法拿到返回值，因此定义为 void。最后做个简单的总结，本章学习了关键字：return、void，表 6-1 中用粗体列出，剩下的关键字将在后面讲解。

表 6-1　Java 关键字

abstract	extends	native	static	throws
assert***	finally	package	strictfp**	transient
catch	implements	private	super	try

续表

class	import	protected	synchronized	**void**
default	instanceof	public	this	volatile
enum****	interface	**return**	throw	

　　下面对第一篇做个总结。这个部分共六章，分别介绍了 Java 的基本数据类型、变量、表达式；并给出了 Java 程序结构和简单程序的设计。第一章给出了一个简单 Java 程序的编写和运行过程；第二章介绍 Java 基本数据类型，并讲解编写顺序程序的步骤，包括输入、计算和输出；第三章讲解分支结构和多分支结构程序设计；第四章讲解循环结构程序设计，多重循环，循环与分支的组合；第五章讲解数组应用，字符串的使用；第六章讲解方法的设计。读者通过第一篇的学习，应该能够完成简单的 Java 程序。

6.5　实　做　程　序

　　1. 对实做程序 5.1 的实现代码进行方法提取，参考程序 6.4 来完成。要点提示：

　　（1）输入工资部分提取；

　　（2）显示最高工资部分提取。

　　2. 对实做程序 5.4 进行方法提取，参考程序 6.4 来完成。要点提示：

　　（1）输入成绩部分提取；

　　（2）显示及格成绩部分提取；

　　（3）显示不及格成绩部分提取。

　　3. 对实做程序 5.5 实现代码进行方法提取，参考程序 6.4 来完成。要点提示：

　　（1）生成随机数部分提取；

　　（2）输入猜数部分提取；

　　（3）显示结果部分提取。

　　4. 编写方法，实现将整数 m 到 n 之间同时被 3 和 7 整除的数字输出。在 main() 方法中调用该方法输入 m 和 n 的值。要点提示，判断整除的方法参考实做程序 5.7。

　　5. 编写方法，计算整数 m 到 n 之间同时被 3 和 7 整除的整数之和。在 main() 方法中输入 m 和 n 的值并调用该方法，输出计算结果。

　　6. 编写方法，输出整数 x 以内的所有素数。在 main() 方法中输入 x 的值并调用该方法。要点提示：

　　（1）判断素数的方法参考实做程序 5.8；

　　（2）使用 Math.sqrt(x) 计算 x 的平方根。

　　7. 编写方法计算阶乘，调用该方法计算 1～n 阶乘的和。

　　8. 编写方法计算 x 的正弦值，x 为弧度，要求计算精度在 0.001 内，结果保留三位小数。在 main() 方法中输入 x 的值并调用该方法，输出计算结果。例如，当 x 值为 1 时，计算结果为 0.842。正弦值的计算公式为：

$$\sin x = x - \frac{x^3}{3!} + \frac{x^5}{5!} - \frac{x^7}{7!} + \cdots + (-1)^{k-1} * \frac{x^{2k-1}}{(2k-1)!} + \cdots$$

要点提示：

（1）要将计算公式写成合法的 Java 表达式，使用 Math.pow(double x,double y)计算乘方；

（2）可以单独编写一个求阶乘的方法；

（3）由于循环次数未知，建议使用 while 循环。

9. 在实做程序 5.11 基础上，将两种温度转换的代码提取为两个单独的方法，在 main()方法中根据输入的温度值标志调用不同的方法进行转换。

10. 在实做程序 5.12 基础上，将输入数字单独提取为 input()方法，方法中对输入内容的合法性进行判断，如果输入的为正整数或−1 则接受输入，否则输出"输入数据不符合要求"，让用户重新输入。在 main()方法中调用 input()方法来接收输入数据，然后计算 A 和 B 的交集并输出。

11. 在实做程序 4.14 基础上，将加密和解密分为提取为单独的方法，在 main()方法中输入明文字符串和数字密钥，调用加密和解密方法，实现字符串的加密和解密。

第二篇

面向对象程序设计

第一篇主要解决的问题是让读者学会 Java 语言的基础知识和基本语法，能够编写和调试 Java 程序，培养学习 Java 程序的兴趣和信心。第二篇则是本书的重点，学习 Java 语言的面向对象程序设计方法和技术。

很多学校都是在 C 语言课程之后开设 Java 语言。Java 语言语法和 C 语言很像，所以开始学习 Java 的时候很容易产生错觉，会认为两个语言好像差不多。但实际上两者差距很大，C 语言是面向过程的语言，从处理流程角度来考虑问题，组织程序；而 Java 语言是面向对象语言，从对象角度来考虑问题和组织程序。C 语言的核心是函数和指针，而 Java 语言重点是封装、继承和多态。学习 Java 语言的基础是类的定义以及如何组织一个类，而具体的处理流程则构成了类内的方法。因此教材在实例设计上充分考虑到这一点，第一篇从显示学生基本信息，处理学生成绩开始，第二篇则接着对学生信息进行提取和抽象，形成类。这样很自然地引出了类的概念，实现了程序设计思路从程序流程平滑过渡到对象与类。

面向对象程序设计作为一种主流的软件开发技术，是通过面向对象程序设计语言来体现的。目前最流行的面向对象程序设计语言是 Java。与其他的面向对象程序设计语言一样，Java 语言设计出的程序是由类和对象组成的，每个类有属性和方法。

本篇还是通过一个个具体的实例来讲解 Java 语言类的定义和组成；对象实例化过程；类的封装和 Java 类的构成；类的组合关系和类的继承关系；继承的实现方法；类的静态属性和静态方法；对象多态的实现；抽象类和接口的定义与应用。本篇重点是学会如何设计面向对象程序，编写面向对象程序来解决问题。本篇最后给出一个体现面向对象特色的框架程序实例，让读者了解和学习如何设计有面向对象味道的程序。

第 7 章

简单 Student 类

学习目标

- 了解面向对象程序设计的概念；
- 理解类的概念、面向对象程序设计方法；
- 掌握类程序的设计方法。

7.1 示 例 程 序

7.1.1 显示学生信息

第一篇中，多次讲到了显示学生基本信息的程序。学生基本信息包括学生的姓名、年龄和成绩，显示学生基本信息程序如 7.1 所示。

【程序 7.1】 程序 Student.java，显示学生基本信息。

```
public class Student{
    public static void main(String [] args){
        String name = "张三";
        int age = 20;
        double grade = 80;
        System.out.println("姓名:" + name);
    }
}
```

在程序 7.1 中，学生基本信息定义和显示都放在了 main() 方法中。仔细分析一下，学生的姓名、年龄和成绩这些数据是描述每一个学生的特征数据，因此应该单独提出来放到学生类 Student 中。修改后的程序如程序 7.2 所示。

【程序 7.2】 提取属性后的程序 Student.java。

```
public class Student{
    String name = "张三";
    int age = 20;
    double grade = 80;
    public static void main(String [] args){
```

```
        Student s = new Student();
        System.out.println("姓名:" + s.name);
    }
}
```

程序 7.2 运行结果与程序 7.1 相同，读者可以自己编译、运行程序，查看结果。提取学生的特征数据后，这时 main()方法中增加了一条语句：

```
Student s = new Student();
```

这条语句的功能是创建 Student 类对象 s，详细的工作过程在第 8 章详述，在此读者只要知道这样写就可以了。下面继续分析程序 7.2，显示学生信息的语句同样也可以提取出来，单独放到一个方法中。按照这样的思路来改进程序，修改后的程序如程序 7.3 所示。

【**程序 7.3**】　提取方法后的程序 Student.java。

```java
public class Student{
    String name = "张三";
    int age = 20;
    double grade = 80;
    public void display(){
        System.out.println("姓名:" + name);
    }
    public static void main(String [] args){
        Student s = new Student();
        s.display();
    }
}
```

程序 7.3 的运行结果如图 7.1 所示。

```
D:\program\unit7\7-1\1-2>javac Student.java

D:\program\unit7\7-1\1-2>java Student
姓名：张三
```

图 7.1　程序 7.3 运行结果

在 Java 语言中，类的概念是描述一类事物，例如学生类 Student，用于描述学生这一类人。程序 7.3 给出了 Student 类的定义，这个类有三个属性：

name:学生姓名，String 类型

age:学生年龄，int 类型

grade:学生成绩，double 类型

类中定义多个变量来描述类的特征信息称为属性，例如上面的 name、age 和 grade。类 Student 还定义了一个 display()方法，这个方法显示学生的信息。程序中只显示了学

生的姓名,这个方法中还可以显示学生的年龄和成绩。

每个类的一个具体事物称为对象,例如学生"张三"、"李四"是一个个具体的学生,都是学生类 Student 的对象。程序 7.3 中的 main()方法,定义学生对象的语句:

```
Student s = new Student();
```

定义了 Student 类的对象 s,语句 s.display()调用 Student 类中定义的 display()方法显示学生的姓名。

变量 s 是 Student 类的对象,是指一个具体的学生"张三"。我们可以简单地把类理解为类型,把对象理解为变量。语句 s.display()则是执行这个对象 s 的 display()方法,显示一个具体学生对象 s 的信息。后面经常讲到调用对象的方法,实际上就是调用对象对应类的方法。在面向对象程序设计中,多数情况下都是通过对象来调用某一个方法的,例如上面的语句 s.display()就是调用对象 s 的 display()方法。

7.1.2　增加测试类

程序 7.3 中有一个 main()方法,这个 main()方法的作用是提供程序执行的入口,Java 语言中,程序是从 main()方法开始执行的。前面讲的程序都包括 main()方法,但实际应用中一个软件可能包含多个类,如果每个类都有 main()方法显然是没有必要的。因此可以把 main()方法单独提取出来,放到另外一个类中,这个类称为引导类或者测试类,修改后的程序如程序 7.4 所示。

【**程序 7.4**】　提取出 main()方法后的学生类程序 Student.java。

```
public class Student{
    String name = "张三";
    int age = 20;
    double grade = 80;
    void display(){
        System.out.println("姓名:" + name);
    }
}
```

测试类 Test 如程序 7.5 所示。测试类的名字可以自己定义。通过增加测试类可以让学生类 Student 的内容更单纯,只有学生的属性和方法。Java 程序设计中,经常需要设计一个类来测试另一个类,例如使用 Test 类来测试 Student 类程序,通常将完成 Test 类功能的类称为测试类。本书后面程序中测试类都使用 Test 类,不再单独说明。

【**程序 7.5**】　测试类程序 Test.java。

```
public class Test{
    public static void main(String [] args){
        Student s = new Student();
        s.display();
    }
}
```

编译程序 7.4 和程序 7.5,运行程序 7.5 得到运行结果与程序 7.3 相同,如图 7.2 所示。编译时可以只编译程序 Test.java,编译程序会自己找到需要编译的 Student.java 类进行编译,读者运行编译命令:

```
javac Test.java
```

编译 Test.java 程序和与这个程序相关的所有类程序,例如 Student.java 程序。读者可以自己查看生成的 class 文件,就可以看到两个 Java 程序文件都进行了编译。

```
D:\program\unit7\7-1\1-4>javac Test.java
D:\program\unit7\7-1\1-4>java Test
姓名：张三
```

图 7.2 程序 7.5 运行结果

Java 程序设计语言没有规定类的属性和方法的定义顺序。一般的 Java 程序设计规范都约定先编写属性,后编写方法。

7.2 相 关 知 识

7.2.1 Java 类定义

在 Java 程序设计语言中,类的定义格式包括类的声明和类体两个部分,具体格式为:

```
public class 类名{
    属性定义
    方法定义
}
```

类的声明部分包括关键字 class,指示要声明的内容是一个类。类名是一个标识符,指示类名。类名后面是一对大括号{}。大括号{}里面是类体,有属性定义和方法定义两个部分。例如程序 7.4 中 Student 类的定义,类名是 Student,定义三个属性 name、age 和 grade,定义一个 display()方法。

类的属性是一些特征数据,用于区分类中的每个对象,也可以说类中每个对象对应的特征数据的值一般是不同的。属性的定义与变量的定义过程相似,可以简单理解属性就是类中定义的变量。例如程序 7.4 中,类 Student 有三个属性：name、age 和 grade,程序段为:

```
public class Student{
    String name = "张三";
    int age = 20;
    double grade = 80;
    ...
}
```

类中不同的对象有不同的特征数据,例如对象 s,属性 name 取值为"张三",属性 age 取值为 20,属性 grade 取值为 80。对于同一个类的不同对象可能取值就不同了,例如可以再定义一个对象 s1,三个属性的取值可以是:"李四"、20、95。不同的对象属性的取值一般不会完全相同。

7.2.2　类的方法

类的方法是描述对象的行为,也就是对象可以完成的操作。方法的定义格式为:

```
返回类型 方法名{
    方法体
}
```

返回类型是方法执行完成后返回值的数据类型,如果没有返回值则使用 void 类型。方法名是一个标识符,表示一个方法的名字,使用这个名字来调用这个方法。方法体是一组语句,完成需要的功能。例如程序 7.4 中的学生类就有一个 display()方法,程序段为:

```
public class Student{
    ...
    void display(){
        System.out.println("姓名:" + name);
    }
}
```

display()方法的返回类型是 void,方法名字是 display,方法体有一条语句:

```
System.out.println("姓名:" + name) ;
```

这个方法实现的功能是显示学生的姓名。Java 语言的方法都定义在类中,是属于某一个类的方法,因此调用方法时需要指示调用的是哪个类或者哪个对象的方法。例如程序 7.4 中的 s.display(),就是明确指示调用对象 s 的 display()方法。也有一些方法可以直接使用类名调用,格式是:

```
类名.方法名
```

例如第 4 章实做程序第 4 题中访问随机数方法 Math.random(),使用类名 Math 来访问它的静态方法 random(),静态方法将在第 12 章中详细介绍。如果同一个类中的方法相互调用,可以直接调用,不需要指定类名或者对象名,例如程序 6.3 中语句:

```
double grade = input()
```

直接调用了本类方法 input()。很多读者学习 Java 语言之前学习过 C 语言。C 语言的函数与 Java 语言的方法很类似。在 C 语言中,程序是按照函数进行组织的,所有的函数都是可以直接调用的。而在 Java 语言中程序是按照类进行组织的,每个方法都是在某一个类中定义的,因此访问方法时需要指定访问的是哪个对象或者类的方法。有过 C 语言编程经验的读者一定注意这一区别。

7.3 训练程序

参照前面的示例程序 7.4，设计教师类 Teacher，教师类包括的属性有：姓名、年龄、工资和职称，设计方法显示教师的基本信息。

7.3.1 程序分析

设计教师类 Teacher，Teacher 类定义的主要属性和方法如下，同样参考程序 7.5 设计测试类 Test。

类名：Teacher；

四个属性：姓名 name，类型 String；年龄 age，类型 int；工资 salary，类型 double；职称 professionalTitle，类型 String；

一个方法：display()，方法功能：显示教师的姓名和工资。

7.3.2 参考程序

【**程序 7.6**】 定义教师类 Teacher.java。

```java
public class Teacher{
    String name = "张老师";
    int age = 34;
    double salary = 1234;
    String professionalTitle = "教授";
    public void display(){
        System.out.println("姓名:" + name);
        System.out.println("工资:" + salary);
    }
}
```

【**程序 7.7**】 测试类程序 Test.java。

```java
public class Test{
    public static void main(String [] args){
        Teacher t = new Teacher();
        t.display();
    }
}
```

程序 7.7 的运行结果如图 7.3 所示。

程序 7.6 定义了教师类，包括属性和方法，程序 7.7 使用程序 7.6 定义的类 Teacher，定义了该类的对象 t，然后调用对象 t 的 display()方法显示教师的信息。

```
D:\program\unit7\7-3\3-1>javac Test.java

D:\program\unit7\7-3\3-1>java Test
姓名：张老师
工资：1234.0
```

图 7.3 程序 7.7 运行结果

7.3.3 进阶训练

【程序 7.8】 参考程序 7.6 读者可以自己设计坐标点类 MyPoint,定义点类的属性和方法,同样参考程序 7.7 设计测试类 Test。

程序设计思路分析：

(1) 类名：MyPoint；

(2) 两个属性：横坐标 x,类型 double；纵坐标 y,类型 double；属性定义同时给出默认值；

(3) 一个方法：display(),方法功能是显示坐标点,返回类型 void,参数无；显示结果样式如下：(10.0,20.0)。

请读者自己参考前面的教师类 Teacher 给出 MyPoint 类和测试类 Test 实现程序,查看结果是否正确。

【程序 7.9】 参考程序 7.8,读者自己定义圆类 MyCircle。结合数学中对圆的定义可以知道,圆类有圆心和半径,计算圆面积的方法和显示方法。编写测试类,计算和显示圆面积。

程序设计思路分析：

(1) 类名：MyCircle；

(2) 定义三个属性：圆心横坐标 x,类型 double；圆心纵坐标 y,类型 double；圆半径 r,类型 double；定义属性时给出默认值；

(3) 定义两个方法：方法 getArea(),计算圆面积,返回类型 double,参数无；方法 display(),显示圆面积,返回类型 void,参数无；显示结果样式如下：Circle Area=314.0。

请读者自己参考前面的教师类 Teacher 给出 MyCircle 类和测试类 Test 实现程序,查看结果是否正确。

7.4 拓 展 知 识

7.4.1 为什么引入类

要说清楚为什么引入类的概念,还需要从程序设计语言的发展过程说起。早期的程序设计语言,如 Fortran,组织单位是程序。一个程序完成用户需要的所有工作。随着软件越来越复杂,一个程序的代码行数可能达到几千行甚至上万行,这时候想编写正确的程序或者修改程序中的错误都非常困难,为了解决这个问题,提出了结构化程序设计思想。

C 语言是典型的结构化程序设计语言,它的组织单位是函数(类似于 Java 语言中的方法），每个函数的规模明显变小，程序组织能力也明显增强。随着开发的软件规模继续增大，软件复杂度继续提高，软件规模增加到几十万行代码，函数的个数可能达到几万个。此时如何有效组织这些函数就是一个很难处理的问题，因此提出了面向对象的程序设计思想。

面向对象程序设计的组织单位是类，按照软件所解决问题的领域概念来组织形成多个不同的类，每个类包括多个属性和方法。在面向对象程序设计中，程序设计的基本单位从函数变成了类，每个类可以包括多个属性和方法，有效提高了程序的组织能力，可以应对更大规模、更复杂的问题。

与结构化程序设计相比，面向对象程序设计在设计理念上也发生了很大的变化。结构化程序设计强调从处理流程角度来考虑问题。因此设计程序时，需要先画一个流程图，理清楚程序设计的思路，按照思路来设计程序。例如求两个数和，解决这个问题分三步：第一步输入两个数；第二步求和；第三步显示结果。按照这个步骤实现的示例程序段如下：

```
Scanner sc = new Scanner(System.in);
int a = sc.nextInt();
int b = sc.nextInt();
int c = a + b;
System.out.println("结果:" + c);
```

面向对象程序设计则是从领域问题的概念出发，找出要解决的问题都涉及到哪些概念，把这些概念组织成类，设计出类的属性和方法，通过类间互动来完成需要的工作。例如需要显示学生信息，这时需要分析问题，先找到学生类，找出学生类的属性和方法。最后使用 Java 程序设计语言组织类 Student，结果如程序 7.4 所示。原来结构化程序设计的处理过程演变成了类的方法。

类是面向对象程序设计的基本单位，也是 Java 程序的基本组成单位。引入类的目的是为了提高程序的组织能力，处理更复杂的问题。

7.4.2   变量作用域

到目前为止，接触到的 Java 程序设计语言中的变量有三类：

第一类、方法中的局部变量；

第二类、方法中的参数；

第三类、类的属性。

每一类变量都有不同的作用域。变量的作用域就是变量在程序中可以使用的范围，从变量定义开始，到变量不再可用为止。第一类变量是方法的局部变量，例如程序 7.1 中定义的变量 name，这个变量定义在 main() 方法中，只在 main() 方法中可以使用。严格地说，变量 name 的作用域是从 name 定义开始到 main() 方法结束，在这个范围内可以使用 name 这个变量。局部变量有一个特例就是语句块中定义的变量，例如程序 5.1 中的程序段。

```
for(int i=0; i<SIZE; i++){
    grade[i] = sc.nextDouble();
}
```

　　变量 i 只在这个程序块(指上面程序段)内有效,出了这个程序块变量 i 就不能再使用了。这类变量也称为代码块局部变量。代码块通常是指一个复合语句或者是控制语句,复合语句是指用{}括起来的一组语句,控制语句则是分支语句或循环语句。

　　第二类变量是参数,例如程序 6.3 中 judge()方法有一个形参 grade。形参在整个方法中有效,在整个方法中都可以使用。

```
public static String judge(double grade){
    String result = "通过";
    if(grade < 60 ){
        result = "不通过";
    }
    return result;
}
```

　　第三类变量就是类的属性,例如程序 7.2 中的 name 属性,类中属性的作用域至少在类内是有效的,也就是说类中定义的属性在这个类中可以直接访问。超出这个类是否能够访问就要看属性的访问控制权限了,关于访问控制权限将在第 8 章详细说明。

　　做一个简单的总结,类是对属性和行为相似的一组对象的抽象。对象是一个个具体的实体,由多个属性组成,可以通过调用方法进行管理;方法是可以访问对象属性的一系列语句。本章学习了关键字 class,表 7-1 中用粗体列出,其他关键字将在后面进行讲解。

表 7-1　Java 关键字

abstract	extends	native	static	throw
assert***	finally	package	strictfp**	throws
catch	implements	private	super	transient
class	import	protected	synchronized	try
default	instanceof	public	this	volatile
enum****	interface			

7.5　实做程序

1. 修改程序 7.4 的 display()方法,显示学生的姓名、年龄和成绩信息。要点提示:

(1) 在 display()方法中用三条显示语句分别显示姓名、年龄和成绩;

（2）显示语句的格式参考程序 7.4 中的语句。

2. 参考程序 7.4 设计一个工人类 Worker，属性有姓名、年龄、工资、级别，设计一个方法显示工人的基本信息。参考程序 7.5 设计测试类显示工人基本信息。要点提示：

（1）Worker 类属性：姓名、年龄、工资、级别；

（2）Worker 类方法：display()。

3. 参考程序 7.4 设计手机类 MobilePhone，属性包括品牌（brand）和号码（code）。参考程序 7.5 设计测试类显示手机基本信息。要点提示：

（1）MobilePhone 类属性：品牌，号码；

（2）MobilePhone 类的显示方法：display()。

4. 设计摄氏温度类 Celsius，一个属性：温度 temperature，类型 double，属性提供默认值；三个方法：显示摄氏温度 displayC()，获取华氏温度 getF()，显示华氏温度 displayF()。获取华氏温度方法将属性温度值转换为华氏温度值。设计测试类，计算华氏温度，显示摄氏温度值和华氏温度值。要点提示，摄氏温度转华氏温度计算公式：$f = c \times 5/9 + 32$；c 为摄氏温度值，f 为华氏温度值。

5. 定义骰子类 Dice，有一个属性：点数 points，类型 int，取值范围为 1~6，默认值是 1；一个方法掷骰子 play()，使用随机数产生一个 1~6 的整数，作为骰子的点数；另一个方法 display()，显示骰子的点数。设计测试类，定义骰子对象，掷骰子，显示点数。

6. 设计门类 Door，四个属性：宽 width，高 height，颜色 cColor，状态 status。宽和高是 double 类型，颜色和状态是 String 类型。状态值有两个，开 OPEN 和关 CLOSE。属性提供默认值。第一个方法显示门信息 display()，显示门的属性信息；第二个方法开门 open()，修改门状态 status 的值为 OPEN；第三个方法关门 close()，修改门状态 status 的值为 CLOSE。设计测试类，定义门对象，显示信息，调用开门方法显示信息，调用关门方法再次显示信息。

7. 设计教室类 ClassRoom，三个属性，编号 code，类型 String；座位数 num，类型 int；朝向 toward，类型 String；朝向 toward 有两个值，阴面 BACK 和阳面 SUNNY，属性提供默认值；一个方法，显示教室信息 display()。设计测试类，显示教室信息。

8. 设计线段类 LineSeg，四个属性：两个端点坐标值 x1、y1、x2、y2，类型 double。属性提供默认值。一个方法计算长度 getLength()，类型 double；另一个显示长度 displayLength()，类型 void。设计测试类，定义线段对象，显示线段长度。

9. 设计矩形类 MyRectangle，四个属性：左下角起点的坐标值 x、y，长 length 和宽 height，类型都是 double，属性提供默认值。一个方法计算面积 getArea()，类型 double；另一个方法显示面积 display()，类型 void。设计测试类，定义矩形对象，显示矩形面积。

10. 在实做程序 3.9 基础上，设计空气质量类 AirQuality，空气质量的等级标准如下表。AirQuality 类有两个属性 pm2.5 值 pm25，double 类型；空气质量 quality，String 类型。一个方法计算空气质量等级 getQuality()，类型 void；另一个方法显示空气质量等级 display()，类型 void。设计测试类，定义 AirQuality 对象，显示空气质量。

PM2.5 浓度（μg/m³）	等　　级
0～35	优
35～75	良
75～115	轻度污染
115～150	中度污染
150～250	重度污染
250 以上	严重污染

11. 求整数集合的交集。输入两组整数（每组不超过 20 个整数，每组整数中的元素不重复，整数大于等于 0 且小于等于 100），编程求两组整数的交集，即在两组整数中都出现的整数，并输出。若交集为空，则什么都不输出。设计类 NumberSet，属性有两个：一组整数 intSet，整数数组类型，最大长度 20；实际数据个数 size，类型 int。第一个方法输入数据 input()，输入一组整数，−1 结束，返回类型 void；第二个方法求交集 intersection（NumberSet ns），返回 NumberSet 类型，当前对象与 ns 的交集；第三个方法显示集合 display()，返回类型 void。设计测试类，定义两个 NumberSet 对象，实例化，输入数据，计算交集，显示交集。

第8章

Student 类对象

学习目标

- 理解访问控制权限,应用访问权限控制来设计程序;
- 掌握对象定义和实例化的过程;
- 了解 Java 虚拟机中对象的存储机制。

8.1 示 例 程 序

8.1.1 访问控制权限

在前面的例子中,每个类的定义都加了关键字 public,用来说明类的访问控制权限,表示这个类是公有的。实际上类的属性和方法都可以加上访问控制权限,增加访问控制权限的 Student 类如程序 8.1 所示。

【程序 8.1】 增加访问控制权限的学生类程序 Student.java。

```java
public class Student{
    private String name = "张三";
    private int age = 20;
    private double grade = 80;
    public void display(){
        System.out.println("姓名:" + name);
    }
}
```

在 Java 程序设计语言中,访问权限分成四类:公有 public、私有 private、保护 protected 和默认(不写权限)。

public:公有,表示类、属性和方法允许本类或其他类的对象访问;

private:私有,表示类、属性和方法只允许本类的对象访问;

protected 和默认访问权限后面再进行介绍。

访问控制权限的设计是一个比较复杂的问题,需要有丰富的 Java 程序设计经验。一般情况下,可以简单地把所有的属性都设置为 private 权限,所有的类和方法都设计为 public 权限,这样基本上能够满足大多数情况的需要。当面向对象程序设计能力达到一定水平后,读者就可以自己来确定究竟应该使用哪类权限比较合适。

测试类 Test 内容不变,如程序 7.5 所示,不再列出。程序运行结果也不变,如图 7.1 所示。读者可以自己尝试编译运行这个程序,验证程序运行结果。

8.1.2　添加构造方法

前面设计的学生类 Student 中直接指定了对象的属性值,例如属性 name 的值为"张三"。但实际的程序设计中类对象的属性值是需要根据实际对象的定义来确定。如何在创建对象过程中给对象的属性赋值呢? Java 语言提供了构造方法,可以使用构造方法来实现属性的初始化,添加构造方法的 Student 类如程序 8.2 所示。

【**程序 8.2**】　添加构造方法的学生类程序 Student.java。

```java
public class Student{
    private String name;
    private int age;
    private double grade;
    public Student(String name, int age, double grade){
        this.name = name;
        this.age = age;
        this.grade = grade;
    }
    public void display(){
        System.out.println("姓名:" + name);
    }
}
```

程序 8.2 中定义的构造方法如下:

```java
public Student(String name, int age, double grade){…}
```

该方法用于对象的实例化,简单的说就是给对象属性赋初值。构造方法中,为了区分参数 name 和对象属性 name,在对象属性前面加了 this 关键字来指示是当前对象属性。同样其他两个属性赋值过程也使用 this 来标识对象属性。测试类定义了两个 Student 对象,如程序 8.3 所示。

【**程序 8.3**】　测试类程序 Test.java。

```java
public class Test{
    public static void main(String [] args){
        Student zhangsan = new Student("张三", 23, 74);
        zhangsan.display();
        Student jack = new Student("Jack", 21, 65);
        jack.display();
    }
}
```

程序 8.3 的运行结果如图 8.1 所示。

```
D:\program\unit8\8-1\1-2>javac Test.java

D:\program\unit8\8-1\1-2>java Test
姓名：张三
姓名：Jack
```

图 8.1　程序 8.3 运行结果

测试类中定义了两个对象 zhangsan 和 jack，并创建了两个学生对象实例。对象 zhangsan 的姓名是"张三"，年龄 23，成绩 74。对象 jack 的姓名为"Jack"，年龄 21，成绩 65。分别调用每个对象的 display()方法，显示学生的信息如图 8.1 所示。

下面以对象 zhangsan 为例详细介绍对象实例化过程。这里面涉及到三个概念：学生类 Student、学生类对象 zhangsan、以及对象的实例。程序 8.3 中用来完成对象实例化语句如下：

```
Student zhangsan = new Student("张三", 23, 74)
```

对象定义和实例化结果示意图如图 8.2 所示，分成三步：

（1）在栈上定义对象 zhangsan。语句中的 Student zhangsan 部分定义了一个 Student 类对象 zhangsan，这个过程与定义普通变量 i 的定义语句 int i 没有区别，所定义的变量或对象都是保存在栈上，如图 8.2 左侧的栈内存示意图所示。

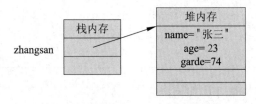

图 8.2　对象 zhangsan 存储示意图

（2）在堆上开辟实例空间，并进行初始化。语句中的 new Student("张三", 23, 74) 部分，在堆中开辟一个空间，调用类的构造方法：

```
public Student(String name, int age, double grade)
```

给对象的各个属性赋值。学生对象 zhangsan 的三个属性分别进行赋值，name："张三"，age：23，grade：74。注意所有的对象属性值初始化都是通过调用构造方法来实现的。

（3）把地址赋给 zhangsan。语句中的 zhangsan = new Student("张三", 23, 74)将堆内存中实例的起始地址赋给对象 zhangsan。也就是前面讲的对象 zhangsan 是一个引用类型的变量，它存储了一个指向堆内存实例的地址，对象具体属性值保存在堆内存中。

需要说明一点，很多书中不区分对象和实例的概念，本书中区分使用这两个概念，对象是指存放在栈内存中的对象变量，实例是指堆内存中保存的具体对象属性值，对象是一个引用类型变量，指向了堆内存中的对象实例。

另外还有一点需要说明，字符串类型 String 是一个很特殊的类，本书中把它当作基本类型来使用，例如图 8.2 中的字符串"张三"。关于字符串实现机理有兴趣的读者可以自己查看相关资料。

8.2　相 关 知 识

8.2.1　构造方法

构造方法是类中一种特殊的方法，它的名字与类名相同，没有返回类型。构造方法会在对象实例化时被自动调用，通常用于为对象属性赋初值。例如程序 8.2 中，Student 类的构造方法定义如下：

```
public Student(String name, int age, double grade){
    this.name = name;
    this.age = age;
    this.grade = grade;
}
```

构造方法 Student 名字与类名相同，没有返回值。方法有三个参数：

```
String name                              //学生的姓名
int age                                  //学生的年龄
double grade                             //学生的成绩
```

方法体有三条语句，完成的功能是把三个参数值赋给对象的三个属性。语句中的 this 表示本类对象，也就是实例化时所对应的对象。构造方法完成功能是给实例对象的属性赋初值，执行完成后得到并返回一个对象实例，例如程序 8.3 的语句：

```
Student jack = new Student("Jack", 21, 65);
```

通过调用构造方法给对象 jack 的实例对应的属性赋值：

```
name:"Jack";age:21;grade:65
```

对象 jack 实例化后的结果与对象 zhangsan 相似，参考示意图 8.3(a)。弄清楚对象和对象实例之间的关系，就很容易理解赋值语句 jack ＝ zhangsan。语句执行前后对比如图 8.3 所示。

赋值前对象 zhangsan 和对象 jack 分别指向自己的实例。赋值后，对象 zhangsan 和对象 jack 都指向了对象 zhangsan 的实例。原因是赋值语句将对象 zhangsan 的引用赋给了对象 jack，让两个对象具有相同的引用值，这个引用值指向了对象 zhangsan 的实例。

一般情况下构造方法会使用自己的参数给对象属性赋初值。如果构造方法没有参数，这时候属性可以使用默认值，例如程序 7.5 中就使用了无参的构造方法。特别说明，如果类没有定义构造方法，系统会自动给这个类添加一个无参的构造方法，以便完成类对象的实例化。例如程序 7.4 类 Student 没有构造方法，但程序 7.5 中却使用了语句

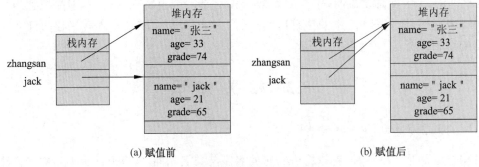

图 8.3　赋值前后存储变化示意图

Student s = new Student()，表示调用类的无参构造方法，这个方法就是 Java 语言编译程序自动添加的。有兴趣的读者可以查看编译后的 class 文件，可以看到系统添加的这个无参构造方法。

8.2.2　访问权限控制

Java 语言提供了 4 种访问控制权限，分别为 private、public 和 protected，还有一种不带任何修饰符，称为 default。访问权限 private 限制是最严的，称之为"私有的"，被其修饰的类、属性以及方法只能在该类内访问。权限 default 是不加任何访问修饰符，通常称为"默认的"，只允许在同一个包中的类进行访问。访问权限 public 是最宽的，称之为"公共的"，被其修饰的类、属性以及方法可以被其他类访问。访问权限 protected 是介于public 和 private 之间的一种访问权限，称为"受保护的"，被其修饰的属性以及方法只能被类本身及子类访问。表 8-1 展示四种访问权限之间的异同点，用对号√表示允许访问。访问控制权限设计是面向对象设计中比较困难的地方，一般可以从以下几点来考虑如何设计访问控制权限。

表 8-1　4 种访问控制权限比较

权限＼范围	同一个类	同一个包	不同包的子类	不同包的非子类
private	√			
default	√	√		
protected	√	√（子类）	√（子类）	
public	√	√	√	√

（1）在访问控制权限设计时尽量选择相对较严的权限，以后不合适的时候可以放宽，这样易于实现，反之则会出现问题。例如，想象一下 Java 基础类库某个类的一个方法从 public 变成了 private 会怎样？这可能导致使用这个方法的程序，从正确程序变成不能通过编译的程序；

（2）建议少用 default 类型的权限，这样的权限定义不够明晰，有些面向对象语言中也没有对应权限；

（3）建议少用 protected 权限，这个权限容易破坏类的封装，可能会产生一些意想不到的漏洞；

（4）一般属性可以使用 private 权限，方法多是采用 public 权限，如果确定这个方法只有本类使用，这时候可以使用 private 权限。

访问控制权限应用中有一些特例需要注意，下面介绍一个有点难度，但经常可以见到的程序段。

```
public class Student{
    private String name;
    private int age;
    private double grade;
    ...
    public boolean compareWith (Student s){
        return age > s.age;
    }
}
```

上面程序段定义的方法 compareWith（Student s）中的 s.age 访问了 Student 类对象 s 的私有属性 age。大家想想这段程序编译时是否会报错？读者自己可以试试，编译结果是正确的。原因是在 Student 类内可以访问它的私有属性 age，与对象无关。

8.2.3　类的组成部分

前面介绍类的定义时讲到，类体由类的属性和方法两部分组成，现在可以把方法进一步细分为构造方法和普通方法，定义格式为：

```
public class 类名{
    属性定义
    构造方法定义
    普通方法定义
}
```

由于构造方法的特殊性，它负责完成对象的初始化，因此单独列出。一般构造方法的访问控制权限建议设为 public。只有在特殊情况下才设计为 private 权限，例如程序 12.6。

建议读者以后编写类程序时依次列出类的属性、构造方法和普通方法，每个部分之间应该有空行隔开，书中程序受到篇幅的限制，删去了空行。

8.3　训　练　程　序

参考程序 8.2 中学生类 Student 定义教师类 Teacher，主要属性有姓名、性别、年龄和工资；一个带参数的构造方法，一个显示教师信息的方法。定义测试类 Test，创建多个 Teacher 类的对象，并显示教师信息。

8.3.1 程序分析

按照要求，首先定义教师类 Teacher，语句为：

```
public class Teacher
```

为 Teacher 类添加私有属性姓名、年龄、工资和职称，语句为：

```
private String name;
private int age;
private double salary;
private String professionalTitle;
```

为 Teacher 类添加构造方法，语句为：

```
public Teacher(String name, int age, double salary, String professionalTitle)
{…}
```

为 Teacher 类添加普通方法 display()，语句为：

```
public void display(){…}
```

Teacher 类定义完成后，定义测试类 Test，创建两个 Teacher 类的对象 zhang 和 wang，通过构造方法对这两个对象进行实例化，给出各自的属性值，并调用 Teacher 类中的 display() 方法显示这两个教师的信息。

8.3.2 参考程序

【程序 8.4】 定义教师类程序 Teacher.java。

```
public class Teacher{
    private String name;
    private int age;
    private double salary;
    private String professionalTitle;
    public Teacher(String name,int age,double salary,String
professionalTitle){
        this.name=name;
        this.age=age;
        this.salary=salary;
        this.professionalTitle=professionalTitle;
    }
    public void display(){
        System.out.println("姓名:" + name);
        System.out.println("工资:" + salary);
    }
}
```

【**程序 8.5**】　测试类程序 Test.java。

```java
public class Test{
    public static void main(String[] args)
    {
        Teacher zhang=new Teacher("张老师", 40, 4580, "副教授");
        Teacher wang=new Teacher("王老师", 33, 3600, "讲师");
        zhang.display();
        wang.display();
    }
}
```

程序 8.5 的运行结果如图 8.4 所示。

```
D:\program\unit8\8-3\3-1>javac Test.java

D:\program\unit8\8-3\3-1>java Test
姓名: 张老师
工资: 4580.0
姓名: 王老师
工资: 3600.0
```

图 8.4　程序 8.5 运行结果

　　下面总结一下类与对象的概念。第一、类是对具有相同属性的同一类事物的统称,是一个抽象概念,而对象是类的一个具体实现。第二、类是一个静态的概念,它是一段程序,而对象是动态的,是运行期间在内存中分配生成的。

8.3.3　进阶训练

　　【**程序 8.6**】　圆类进阶 1,参考程序 8.4 读者可以自己设计圆类 MyCircle,包括两个属性:圆心 center,类型 MyPoint;半径:r,类型 double;两个方法:计算圆面积,显示圆面积。设计构造方法实现初始化,编写测试类实现。

　　程序设计思路分析:

　　(1)类名:MyCircle;

　　(2)两个属性:圆心 center,类型 MyPoint,MyPoint 类定义参见程序 7.8;半径 r,类型 double;

　　(3)定义构造方法,给对象属性赋值;

　　(4)两个普通方法:计算圆面积 getArea(),返回类型 double;显示圆面积 display(),返回类型 void;显示样式如下:Circle Area=314.0;

　　(5)MyPoint 类的定义中增加构造方法;

　　(6)测试类 Test 代码参见程序 8.7。

　　【**程序 8.7**】　测试类程序 Test.java。

```java
import java.util.Scanner;
public class Test{
```

```
public static void main(String[] args)
{
    Scanner sc = new Scanner(System.in);
    double r = sc.nextDouble();
    MyPoint center = new MyPoint(100,100);
    MyCircle c = new MyCircle(center, r);
    c.display();
}
}
```

请读者自己参考前面的程序，给出 MyCircle 类和 MyPoint 类的实现程序，自己编译运行程序，查看结果是否正确。

8.4　拓 展 知 识

8.4.1　对象存储

第 2 章中介绍了 Java 虚拟机的体系结构如图 2.8 所示。其中有两个区域分别是方法区和堆区。第 6 章简单介绍了方法区，下面介绍 Java 的方法和实例是如何存储的。本章前面介绍了一个对象的实例化过程，如程序 8.3 的 Test 类中，执行语句：

```
Student zhangsan = new Student("张三", 23, 74);
```

测试类 Test 第一次用到类 Student，这时候查看 Student.class 是否已经装载，如果没有则需要将 Student.class 装入到内存的方法区中，装入后结果如图 8.5 所示。

Java 虚拟机的方法区是一块特殊区域，一般也位于堆区中，用来存放装入运行过程中用到的每一个类。语句中的 Student zhangsan 在运行栈上对应开辟一个存储单元，对象 zhangsan 存放的是对象 zhangsan 实例的引用，如图 8.6 所示。

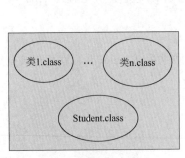

图 8.5　方法区示意图

图 8.6　运行栈示意图

在调用每个方法时，Java 虚拟机会在运行栈栈顶创建一个栈帧，称为当前栈帧，当方法执行结束后销毁当前栈帧。每个栈帧包括多个区域,其中有一个区域是局部数据区,方法中定义所有的局部变量都保存在局部数据区中。例如程序 8.3 中,对象 zhangsan 在局部数据区会对应有一个存储单元,单元内容是对象 zhangsan 的引用,就是对象 zhangsan 指向实例的地址,图 8.6 中用 xxxx 表示。

接下来执行 new Student("张三", 23, 74),在堆区创建一个实例空间存放对象 zhangsan 的实例,如图 8.7 所示。堆区可以存储多个对象实例,每个实例都有自己的一块区域。对象 zhangsan 的实例在堆区包括三个连续的存储单元,分别用来存放学生的姓名、年龄和成绩的数值:"张三"、23、74。对象 zhangsan 指向这三个连续存储单元的起始地址,如图 8.7 所示。

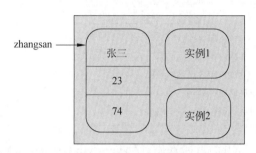

图 8.7　对象实例示意图

局部变量和形参都保存在运行栈的当前栈帧的局部数据区中,当一个方法结束时,对应的运行栈栈帧就撤销了。也就是说当一个方法结束时,对应的局部变量和参数都不存在了,对应的内存空间也都随着栈帧撤销而释放了。

Java 语言提供了一种机制叫垃圾收集器,用来回收不再使用的对象实例的存储空间,程序设计者不需要关注什么时候释放所申请的内存,由虚拟机自动完成这个工作。关于方法区的释放,不同的虚拟机实现上差异比较大,Java 虚拟机规范也没有明确说明。

8.4.2　对象相等

Java 语言中提供了两种方法判断对象是否相等,第一种方法是使用操作符"==",第二种方法是使用 equals() 方法。

操作符"=="如果用来比较基本类型,则是比较基本类型变量的值是否相等。它也可以用来比较两个引用类型变量是否相等,此时比较的是两个引用类型变量的引用值,判断两个对象是否指向同一个实例,如果是则返回真值 true,否则返回假值 false。例如下面程序段:

```
Student zhangsan = new Student("张三", 23, 74);
Student lisi = zhangsan;
Student jack = new Student("Jack", 21, 65);
System.out.println(zhangsan == lisi);
System.out.println(zhangsan == jack);
```

由于执行赋值语句 lisi = zhangsan，因此 lisi 对象和 zhangsan 对象指向相同的实例，也可以说两个对象中保存了相同的引用，因此 zhangsan == lisi 结果为真。而 jack 对象是另外一个对象，有自己的实例，与 zhangsan 对象实例不同，因此 zhangsan == jack 结果为假。如果仔细研看图 8.2 中说明的对象和实例的关系可知，实际上 Java 语言中的"=="操作比较的是栈中对象存储单元中的值是否相等。对于基本类型变量，存储的是变量的值，对于引用类型变量存储的是引用。

equals()方法是 Object 类中定义的方法，Object 类是所有类的祖先类，有关内容将在第 13 章中介绍。可以使用 equals()方法来比较两个对象是否相同，比较规则是如果两个对象指向同一个实例就相等，否则就不等，例如上例程序段。

```java
Student zhangsan = new Student("张三", 23, 74);
Student lisi = zhangsan;
Student jack = new Student("Jack", 21, 65);
System.out.println(zhangsan.equals(lisi));
System.out.println(zhangsan.equals(jack));
```

同样 zhangsan.equals(lisi)返回真值，而 zhangsan.equals(jack)则返回假值。在自己定义的类中可以重写 equals()方法，关于方法重写相关内容具体参见第 14 章。经常使用的 String 类重写了这个方法，将功能改为比较两个字符串内容是否一致。例如程序段：

```java
String name = new String("张三");
String zhangsan = new String("张三");
String myName ="zs";
System.out.println(name.equals(zhangsan));
System.out.println(name.equals(myName));
```

字符串变量有两种赋值方法，一种是像基本类型那样赋值，例如 String myName＝"zs"。另一种是像对象那样进行实例化，例如 String name ＝ new String("张三")。

上面例子中 name.equals(zhangsan)比较的是 name 和 zhangsan 两个字符串的内容是否相等，因此返回真值。而 name.equals(myName)返回假值，因为 name 和 myName 两个字符串内容不相同。学习完第 14 章后，读者也可以根据实际需要重写 Student 类的 equals 方法，例如可以改为根据姓名来判断两个 Student 类对象是否相等。这一章学习了访问控制权限相关的关键字 public、private、protected，表 8-2 中用粗体列出，剩余关键字将在后面讲解。

表 8-2　Java 关键字

abstract	finally	native	static	throw
assert***	implements	package	strictfp**	throws
catch	import	**private**	super	transient

续表

default	instanceof	**protected**	synchronized	try
enum****	interface	**public**	this	volatile
extends				

8.5　实 做 程 序

1. 请根据错误提示找出下列程序中存在的错误，并分析出错原因。

（1）类 Student 定义见程序 8.2，程序 Test.java 的运行结果如下图。

```java
public class Test{
    public static void main(String [] args){
        Student zhangsan = new Student("张三", 23, 74);
        zhangsan.name = "zs";
    }
}
```

```
D:\program\unit8\8-5\5-1\1>javac Test.java
Test.java:4: name 可以在 Student 中访问 private
            zhangsan.name = "zs";
                     ^
1 错误
```

（2）类 Student 定义见程序 8.2，程序 Test.java 的运行结果如下图。

```java
public class Test{
    public static void main(String [] args){
        Student zhangsan ;
        zhangsan.display();
    }
}
```

```
D:\program\unit8\8-5\5-1\2>javac Test.java
Test.java:4: 可能尚未初始化变量 zhangsan
            zhangsan.display();
            ^
1 错误
```

2. 类 Student 定义见程序 8.2，程序 Test.java 如下所示，编译运行程序，分析运行结果是什么，为什么是这样的结果。

```java
public class Test{
    public static void main(String [] args){
        Student zhangsan = new Student("张三", 19, 87);
        zhangsan.display();
        Student lisi = zhangsan;
        lisi.display();
```

```
    }
}
```

要点提示:

(1) lisi 对象与 zhangsan 对象指向相同的实例;

(2) lisi 对象与 zhangsan 对象调用同一个对象的 display()方法。

3. 参考程序 8.2 设计工人类 Worker,属性有姓名、年龄、工资和级别,设计一个方法显示工人的基本信息,设计一个带参数的构造方法初始化对象属性。设计测试类,创建 Worker 类的对象,显示工人基本信息。要点提示:

(1) 定义 Worker 类的属性:姓名、年龄、工资、级别;

(2) 定义 Worker 类的构造方法:Worker(⋯);

(3) 定义 Worker 类的方法:display()。

4. 参考程序 8.2 设计手机类 MobilePhone,属性有品牌 brand 和号码 code,类型 String;设计一个带参数的构造方法初始化对象属性。设计测试类,创建 MobilePhone 类的对象,并调用方法显示手机基本信息。要点提示:

(1) 定义 MobilePhone 类的属性:品牌、号码,类型 String;

(2) 定义 MobilePhone 类的构造方法:public MobilePhone(String brand, String code);

(3) 定义 MobilePhone 类的显示方法:display()。

5. 在实做程序 7.4 的基础上,为摄氏温度类 Celsius 增加一个构造方法 Celsius(double temperature)。设计测试类,输入摄氏温度,显示对应的华氏温度。

6. 在实做程序 7.5 的基础上修改骰子类 Dice,增加一个构造方法 Dice(),随机产生一个点数。设计测试类,定义骰子对象,显示点数,掷骰子,再次显示点数。

7. 定义周工资类 Salary,可以计算每周的工资。有两个属性:工作小时数 hours,类型 int;每小时工资 price,类型 double。一个构造方法 Salary(int hours, double price)。一个方法 getMoney(),根据小时数来计算工资,如果每周小时数超过 40,超出部分工资增加 50%;一个显示工资方法 display()。设计测试类,定义工资对象,输入工作小时数和小时工资,显示周工资。

8. 在实做程序 7.6 基础上改进 Door 类,增加构造方法。设计测试类,输入 Door 类对象属性值,显示对象信息。调用开门方法,再次显示门信息。

9. 在实做程序 7.7 基础上修改教室类 ClassRoom,增加一个属性门 door,类型 Door。增加构造方法初始化属性值。设计测试类,输入 ClassRoom 类对象属性值编号、座位数和朝向,定义一个门对象,显示教室对象信息。

10. 在实做程序 7.8 基础上修改线段类 LineSeg,增加构造方法 LineSeg(double x1, double y1, double x2, double y2)。设计测试类,输入 LineSeg 类对象端点坐标值,定义 LineSeg 类对象 ls,显示线段对象 ls 的长度。

11. 在实做程序 7.9 基础上修改矩形类 MyRectangle,增加构造方法 MyRectangle(double x, double y, double length, double height)。设计测试类,输入矩形的起点坐标值,长和宽,显示矩形的面积。

12. 在实做程序 7.10 基础上修改空气质量类 AirQuality,增加构造方法 AirQuality(double pm25)。设计测试类,输入 pm2.5 数值,显示空气质量。

13. 圆类 MyCircle 有属性:圆心 center,类型 MyPoint;半径 r,类型 double;方法有:构造方法 MyCircle(MyPoint p, double r),计算面积方法 getArea(),返回类型 double;显示面积方法 display(),返回类型 void。在测试类中定义一组同心圆,最多 10 个圆,保存在一个数组中,数组元素是 MyCircle 类,输入圆个数,圆心和每一个圆半径,显示每一个圆的面积。

14. 定义 MyTime 类表示时间,共计三个属性,两个整数属性:小时和分钟,一个字符串属性:错误消息。并具有一个构造方法和三个普通方法。构造方法:接收两个整数作为参数,并进行合理性判断(小时值应在 0～23 之间,分钟值应在 0～59 之间),如合理则分别用于设定小时值和分钟值,如不合理,则输出错误信息,并将小时值 和分钟值均设为 0。方法 setTime()接收两个整数作为参数,分别用于设定小时值和分钟值,合理性判断同上,如不合理,则输出错误信息,并保持原值不变。方法 showTime()输出时间信息,格式形如“Time is 23：18”;方法 displayTime12()输出 12 小时制的时间信息,格式形如“Time in 12---10：35 am”或“Time in 12---10：35 pm”。要求编程实现 MyTime 类,设计 Test 类,输入小时和分钟数值,按照不同格式显示时间。

15. 在实做程序 8.13 的基础上定义一个同心圆类 ConcentricCircles,三个属性:同心圆圆心 center,类型 MyPoint;同心圆数组 circleArray,类型 MyCircle;圆个数 size,类型 int。四个方法:构造方法 ConcentricCircles(int size, MyPoint center),定义数组,初始化 size 值;创建同心圆方法 createCircles(),创建 size 个同心圆,返回类型 void;排序方法 sort(),按照圆面积从小到大排序,返回类型 void;显示所有圆面积方法 display(),返回类型 void。定义测试类,输入同心圆个数,输入圆心值,依次输入所有圆半径,按照面积从大到小顺序显示每个圆的面积。

第 9 章

完善 Student 类

学习目标

- 了解置取方法的用途；
- 理解对象 this 的含义；
- 掌握应用置取方法编写程序的过程。

9.1 示 例 程 序

9.1.1 添加置取方法

程序 8.2 将 Student 类所有的属性定义为私有，实现对类的封装。这时如果需要在类外读取或者修改这些属性的值应该如何编写程序？为了解决这个问题，需要定义属性的置取方法，如程序 9.1 所示。

【**程序 9.1**】 添加置取方法的学生类 Student.java。

```java
public class Student{
    private String name;
    private int age;
    private double grade;
    public Student(String name, int age, double grade){
        this.name = name;
        this.age = age;
        this.grade = grade;
    }
    public String getName(){
        return name;
    }
    public void setName(String name){
        this.name = name;
    }
    public void display(){
        System.out.println("姓名:" + name);
    }
}
```

【**程序 9.2**】　测试类程序 Test。

```
public class Test{
    public static void main(String [] args){
        Student s = new Student("张三", 23, 74);
        s.display();
        s.setName("李四");
        s.display();
    }
}
```

程序 9.2 的运行结果如图 9.1 所示。

```
D:\program\unit9\9-1\1-1>javac Test.java

D:\program\unit9\9-1\1-1>java Test
姓名：张三
姓名：李四
```

图 9.1　程序 9.2 运行结果

程序 9.1 中增加了属性 name 的获取方法 getName()和设置方法 setName(String name)，方法定义分别是：

```
public String getName()
public void setName(String name)
```

获取方法的方法体是返回属性 name 的值，因此返回类型与属性 name 一致，都是 String 类型。获取方法名字有确定的定义规则，将属性名第一个字母大写，在前面加上 get。如属性名为 xxx，则对应的获取方法名为 getXxx，例如 getName。

设置方法的作用是修改属性的值，有一个参数 name，使用这个参数值来修改属性 name 的值，该方法返回类型是 void。同样设置方法名字定义规则为属性名第一个字母大写，前面加上 set。例如属性 name 的设置方法名为 setName。通过 getName()和 setName()这两个方法实现了对属性 name 值的读取和修改。提供置取方法是为了方便其他类访问当前类的属性，因此置取方法一般都设置为 public 访问权限。

测试类 Test 中，调用语句 s.setName("李四")，把对象 s 的属性 name 修改为字符串"李四"，因此运行结果中第二行显示"姓名：李四"。

读者可以在程序 9.1 的基础上自己尝试添加属性 age 和 grade 的置取方法，完成后在 Test 类中增加修改和显示学生年龄和成绩的语句，再次编译运行程序，查看结果。

9.1.2　增加构造方法

一个类中可以定义多个构造方法，这些构造方法的名字相同，参数不同。参数不同是指参数的个数或者类型顺序不同。下面程序定义了两个构造方法，第一个构造方法没有参数，第二个构造方法有三个参数，程序代码如程序 9.3 所示。

【**程序 9.3**】 具有多个构造方法的学生类程序 Student.java。

```java
public class Student{
    private String name;
    private int age;
    private double grade;
    public Student(){
        this.name = "";
        this.age = 0;
        this.grade = 0;
    }
    public Student(String name, int age, double grade){
        this.name = name;
        this.age = age;
        this.grade = grade;
    }
    public void display(){
        System.out.println("姓名:" + name);
    }
}
```

【**程序 9.4**】 测试类程序 Test.java。

```java
public class Test{
    public static void main(String [] args){
        Student s = new Student("张三", 23, 74);
        Student s2= new Student();
        s.display();
        s2.display();
    }
}
```

程序 9.4 的运行结果如图 9.2 所示。

```
D:\program\unit9\9-1\1-2>javac Test.java

D:\program\unit9\9-1\1-2>java Test
姓名: 张三
姓名:
```

图 9.2　程序 9.4 运行结果

一个类可以有多个构造方法，程序 9.3 中就为 Student 类添加了两个构造方法，分别是：

```java
public Student()
```

```
public Student(String name, int age, double grade)
```

无参数构造方法 Student()的作用是初始化,使用指定值初始化属性值。Test 类中,定义了 Student 类的两个对象 s 和 s2,分别调用了这两个构造方法。两个对象的属性 name 分别被初始化为"张三"和"",显示结果如图 9.2 所示。

构造方法之间可以相互调用,如果第一个构造方法直接调用第二个构造方法,第一个构造方法程序修改为:

```
public Student(){
    this( "", 0, 0);
}
```

程序段中使用了关键字 this 来调用同一个类的其他构造方法,关键字 this 指的是本类对象。下一节中详细介绍 this 的用法。

9.1.3 完整的 Student 类

一个完整的 Java 类应该包括属性、构造方法、置取方法和普通方法四个部分。同时还需要在类的前面、属性的前面、方法的前面都写上注释,一个比较完整和规范的 Student 类代码如程序 9.5 所示。

【**程序 9.5**】 完整的学生类程序 Student.java。

```
/**
    程序功能:这是一个演示学生类 Student
    包括四个部分:属性、构造方法、置取方法和普通方法
    设计者:xxxx
    设计时间:xxxx 年 xx 月 xx 日
*/
public class Student{
    //name:学生姓名
    private String name;
    //age:学生年龄
    private int age;
    //grade:学生成绩
    private double grade;

    /**
        功能:无参数的构造方法
        参数:无
        返回值:无返回
    */
    public Student(){
        this.name = "";
```

```java
        this.age = 0;
        this.grade = 0;
    }
    /**
      功能:带三个参数的构造方法
      参数:
        name:String 类型,学生姓名
        age:int 类型,学生年龄
        grade:double 类型,学生成绩
      返回值:无返回
     */
    public Student(String name, int age, double grade){
        this.name = name;
        this.age = age;
        this.grade = grade;
    }
    /**
      功能:获取学生姓名
      参数:无
      返回值:String 类型,学生姓名
     */
    public String getName(){
        return name;
    }
    /**
      功能:设置学生姓名
      参数:String 类型,学生姓名
      返回值:无
     */
    public void setName(String name){
        this.name = name;
    }
    /**
      功能:显示学生的姓名
      参数:无
      返回值:无
     */
    public void display(){
        System.out.println("name=" + name);
    }
}
```

程序 9.5 中的 Student 类是一个比较完整的类,定义了三个属性、两个构造方法、一

个属性的置取方法和一个普通方法。具体哪些属性需要写置取方法可以根据实际需要来确定,经常使用的类应该写上所有属性的置取方法。

程序 9.5 中给出了需要增加注释的位置和注释的内容,除此之外,每个程序段中尽量多写一些注释,一般软件公司都要求程序员尽量多地写注释,这样方便以后阅读程序。受到教材篇幅的限制,后面的例子中不再给出详细的注释。读者自己编写程序时,应该在所有需要说明的地方都要写上注释,养成良好的程序设计习惯。

9.2　相 关 知 识

9.2.1　置取方法

在面向对象程序设计中,为了实现类的封装,将所有属性的访问控制权限设计为私有的。同时考虑到访问这些属性的需要,因此增加了每个属性的置取方法,这样做明显增加了程序的长度和复杂度,为什么不能简单地将属性设置为公有的? 例如,可以将 Student 类的 name 属性修改为公有的,代码如下:

```
public class Student{
    public String name;
    ...
}
```

将测试类修改为:

```
public class Test{
    public static void main(String [] args){
        Student s = new Student("张三", 23, 74);
        s.name = "李四";
        s.display();
    }
}
```

由于将属性 name 的访问控制权限修改为 public,此时可以在类外修改这个属性,例如语句 s.name = "李四"。将属性设置为私有的主要从安全性和对属性控制的角度来考虑。类通过封装来实现类的信息安全,可以有效避免程序运行过程中出现的漏洞。通过增加置取方法可以有效控制对属性的访问。例如程序 9.5 中通过增加属性 name 的置取函数,可以方便对属性的访问进行控制。如果希望对学生姓名的有效性进行检查,不允许姓名中含有符号"&",这时需要增加一个验证方法,并修改置取方法就可以完成这个功能,程序 9.5 修改如下:

```
public void setName(String name){
    if(checkName(name,'&')){
```

```
        this.name = name;
    }
}
private boolean checkName(String name, char ch){
    int index =name.indexOf(ch);
    return index < 0;
}
```

增加一个 private 方法 checkName()，来检查修改后的姓名里面是否包含字符'&'，在方法 setName 中调用 checkName()方法进行判断，如果不包括'&'字符就修改学生姓名，否则不修改姓名。语句 name.indexOf(ch)是检查字符串 name 中是否包含符号 ch，返回字符 ch 在字符串 name 中的位置。如果 ch 不包含在 name 中，则返回 -1，对应返回值 index < 0 为真。对应修改测试类 Test，如程序 9.6 所示。

【程序 9.6】 测试类程序 Test.java，对 name 属性值的有效性进行校验。

```
public class Test{
    public static void main(String [] args){
        Student s = new Student("张三", 23, 74);
        s.display();
        s.setName("李 & 四");
        s.display();
    }
}
```

编译运行程序 9.6，结果如图 9.3 所示。

```
D:\program\unit9\9-2\2-1>javac Test.java

D:\program\unit9\9-2\2-1>java Test
学生：张三
学生：张三
```

图 9.3　程序运行结果

从结果中可以看出，语句 s.setName("李 & 四")并没有修改学生姓名，对象 s 还是显示原来的姓名"张三"。很容易想象，如果学生类属性 name 是公有的，就需要在程序所有给这个属性赋值的地方都修改相应的语句，这样程序比较乱，味道也很差。另外将属性设置为公有的，有可能通过其他手段获取到某个对象的属性并进行蓄意修改，导致出现程序漏洞。

上面的检查方法 checkName()是 Student 类自己使用的，因此访问权限设计为私有的 private。如果很多类都需要用到这个方法，可以把权限设计成 public，并单独放到一个实用类中，方便其他程序使用。

9.2.2　对象 this

关键字 this 在 Java 语言中是有特定含义的,其指向本类的当前对象。它总是在类的方法内部使用,也可以作为方法的实参进行传递。对象 this 指针主要有两种用途:第一种是访问当前对象的属性和方法;第二种是访问构造方法。例如程序 9.1 中的程序段。

```
public void setName(String name){
    this.name = name;
}
```

程序段中语句 this.name = name 作用是将方法中参数 name 的值赋给当前对象的属性 name。由于参数和属性的名字相同,都是 name,根据变量作用域局部化原则,方法 setName 中出现的 name 指的是参数,如果想指向当前对象的属性,则需要增加 this 对象指示,写成 this.name。对象 this 的另一个用途是访问构造函数,例如上面介绍构造方法的程序段。

```
public Student(){
    this( "", 0, 0);
}
```

使用语句 this("", 0, 0)调用另外的构造方法 Student(String name, int age, double grade),这里 this 代指 Student 类的构造方法,这是 Java 语言的约定。

下面详细讨论指针 this 的含义和实质。在实际编写的程序中,this 指针都出现在某个类的方法中,this 就表示调用该方法的对象。例如下面程序段定义 Student 类的对象 s,调用对象 s 的 setName()方法,修改对象 s 的属性 name 的值。

```
Student s = new Student("张三", 23, 74);
s.setName("李四");
s.display();
```

setName()方法中使用 this 指针,如果执行语句是 s.setName("李四"),对象 s 调用 setName()方法,执行 setName()方法中的语句 this.name = name,this 就是对象 s。或者说就是调用 setName()方法的对象 s。

```
public void setName(String name){
    this.name = name;
}
```

使用对象 this 访问方法时,this 的含义与访问属性时相同,都是指调用这个方法的对象。例如,下面代码中可以直接调用 checkName(name,'&'),也可以使用 this.checkName(name,'&')格式调用。而后一种格式是完整的写法,没有歧义的情况下,可以省去 this，变成了前一种写法。对于访问属性也是一样，如果没有歧义可以省去前面的 this 对象。上面例子中 name 前面的 this 不能省去，因为方法 setName()中有两个 name，一个是属性 name，一个是参数 name，因此加上了前缀 this 则指的是属性 name，这样就可以正确区分两个 name。

```
public void setName(String name){
    if(this.checkName(name,'&')){
        this.name = name;
    }
}
```

省去 this 前缀只是为了书写方便，实现时还会带上这个 this 对象。以后阅读别人的程序的时候也许会常看到方法调用的时候带着 this 前缀，这是有些程序员的编程习惯。

第 8 章的图 8.6 说明当前栈帧中有一块区域是局部数据区，在局部数据区中的 0 地址对应的单元中保存了一个引用，这个引用就是 this 对象。因此每个方法都可以使用它来访问调用这个方法的对象的属性和方法。

9.3　训　练　程　序

参照程序 9.5 的 Student 类，定义完整的 Teacher 类，包括属性、构造方法、所有属性的置取方法、普通方法。定义测试类 Test，Test 类中定义 Teacher 类的对象，分别使用两个构造方法进行实例化，调用置取方法修改工资属性值，最后显示各个教师信息。

9.3.1　程序分析

在第 8 章程序 8.4 中，已经定义了 Teacher 类的属性、构造方法 public Teacher(String name，int age，double salary，String professionalTitle)和普通方法 display()，需要再添加构造方法 public Teacher(String name)以及各个属性的置取方法。

类名：Teacher；

主要属性：姓名 name，类型 String；年龄 age，类型 int；工资 salary，类型 double；职称 professionalTitle，类型 String；

构造方法 1：public Teacher(String name，int age，double salary，String professionalTitle)；

构造方法 2：public Teacher(String name)；

置取方法：public void setName(String name)，public String getName()

　　　　　public void setAge(int age)，public int getAge()

　　　　　public void setSalary(double salary)，public double getSalary()

　　　　　public void setProfessionalTitle(String professionalTitle)

　　　　　public String getPofessionalTitle()

普通方法：display()，方法内容为显示教师的姓名和工资测试类 Test 中,定义两个 Teacher 类的对象,分别使用两个构造方法进行实例化,然后调用 setSalary()方法修改 salary 属性的值。

9.3.2　参考程序

【程序 9.7】　完整的教师类程序 Teacher.java。

```java
public class Teacher{
    private String name;
    private int age;
    private double salary;
    private String professionalTitle;
    public Teacher(String name,int age,double salary,String
professionalTitle){
        this.name=name;
        this.age=age;
        this.salary=salary;
        this.professionalTitle=professionalTitle;
    }
    public Teacher(String name){
        this.name=name;
        this.age=0;
        this.salary=0;
        this.professionalTitle="";
    }
    public void setName(String name){
        this.name=name;
    }
    public String getName(){
        return this.name;
    }
    public void setAge(int age){
        this.age=age;
    }
    public int getAge(){
        return this.age;
    }
    public void setSalary(double salary){
        this.salary=salary;
    }
    public double getSalary(){
        return this.salary;
    }
```

```
    public void setProfessionalTitle(String professionalTitle){
        this.professionalTitle=professionalTitle;
    }
    public String getProfessionalTitle(){
        return this.professionalTitle;
    }
    public void display(){
        System.out.println("姓名=" + name);
        System.out.println("工资=" + salary);
    }
}
```

【**程序 9.8**】 测试类程序 Test.java。

```
public class Test{
    public static void main(String[] args)
    {
        Teacher zhang=new Teacher("张老师", 40, 4580, "副教授");
        Teacher wang=new Teacher("王老师");
        zhang.display();
        wang.display();
        wang.setSalary(3800);
        wang.display();
    }
}
```

程序 9.8 的运行结果如图 9.4 所示。

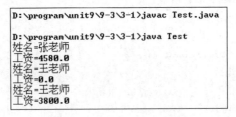

图 9.4　程序 9.8 运行结果

测试类中定义了两个 Teacher 类对象 zhang 和 wang，并调用 wang.setSalary(3800)
修改对象 wang 的工资，三次显示的教师信息如图 9.4 所示。

9.3.3　进阶训练

【**程序 9.9**】 圆类进阶 2，在程序 8.6 基础上自己设计一个完整的圆 MyCircle 类。在
原来类的基础上增加置取方法，增加与线段相交判断方法。编写测试类输入线段的两个
端点，圆心和半径，显示圆与线段相交判断结果。

程序设计思路分析：

（1）类名：MyCircle；

（2）两个属性：圆心 center，类型 MyPoint；半径 r，类型 double；

（3）线段类 LineSeg 有两个属性：端点 p1 和 p2，类型 MyPoint；

（4）对象属性值使用构造方法来设置；

（5）普通方法：计算圆面积 getArea()，返回类型 double；显示圆面积 display()，返回类型 void，显示样式如下：Circle Area＝314.0；

（6）判断圆与线段相交方法 intersection(LineSeg ls)，参数是线段类 LineSeg 对象 ls，返回值是 boolean 类型；

（7）提示，圆与线段相交判断方法如下：①先判断圆心到线段的距离，如果距离大于 r，则不相交；②否则再判断线段两个端点是否一个在圆内，一个在圆外，是则相交；③否则再判断线段两个端点是否都在圆内，是则不相交；④否则再判断线段两个端点是否在圆的两侧，是则相交；⑤否则两个端点在圆的一侧，不相交。

请读者自己参考前面的程序，给出 MyCircle 类和 LineSeg 类的实现程序，给出测试类，编译运行程序，查看结果。

9.4　拓　展　知　识

9.4.1　类的封装

面向对象有三大特征：封装、继承和多态。封装（Encapsulation）是指将对象的状态信息隐藏在对象的内部，外部程序不允许直接访问，而是通过该类提供的方法进行访问，从而实现了访问控制。

封装的目的是隐藏对象的信息和实现细节。对象的信息主要指对象的属性，属性的隐藏是通过使用 private 访问控制权限实现的。也就是前面讲的，类的所有属性的访问控制权限都指定为 private。例如本章程序 9.5 中 Student 类所有属性都是私有的。除此之外，一些涉及类内部操作细节的方法也只在本类内使用，这时候也可以设置为 private，例如前面例子中的 checkName() 方法。

如果使用者想访问封装后的属性只能通过给定的置取方法。例如本章程序 9.5 中的 getName() 和 setName() 方法。使用置取方法的好处是可以对属性的访问进行控制，进行数据检查，有利于保证数据的完整性和安全性，如前例中使用 checkName() 方法检查姓名的合法性。将类的内部实现细节隐藏起来的好处是，让外部用户不知道类的实现细节，提高了类的封装性和独立性。

9.4.2　置取方法讨论

类的属性是否都需要置取方法要视情况而定，一般需要在类外访问的属性都需要置取方法，只在本类使用的属性则不需要提供置取方法。另外有些属性不一定提供简单的置取方法，可以设计得更优雅一些，例如程序 9.1 中 Student 类可以增加一个性别属性，属性定义和属性访问方法定义为：

```
Boolean sex;
…
public boolean isMale(){…};
public boolean isFemale(){…};
```

类型 Boolean 是基本数据类型 boolean 的包装类，这个类型的变量有两个取值：TRUE 和 FALSE，另外由于是引用类型，因此每个对象都可以有空值 null。这在表示性别时很有用，有时候可能创建了一个学生对象，还不知道这个对象的详细信息，这时候属性 sex 就可以设置为 null。

这个属性没有提供获取方法而是提供了两个判断性别的方法 isMale()和 isFemale()，如果性别为男，isMale()返回为真，其他情况返回为假。如果性别为女，isFemale()返回为真，其他情况返回为假。如果两个方法都返回为假，说明性别未知。同样也可以提供设置为男性或者设置为女性的方法。与简单提供置取函数相比，这个程序段更好地实现了封装，程序使用者无法知道属性 sex 实现的具体细节。从提供的两个方法 isMale()和 isFemale()看不出属性 sex 的类型，更好地实现了封装。以后如果需要，可以将属性 sex 类型修改为 String 或者是其他类型，只要修改方法 isMale()和 isFemale()的具体实现，而对使用这两个方法的程序不会造成任何影响。读者可以自己试试，使用简单的置取方法是做不到这一点的。

因此，在设计 Java 程序时，如果设计的类不是作为普通值对象（类只有属性和置取方法，用来存储数据）时，不一定每个属性都需要置取方法，另外属性的访问也可以使用其他更恰当的方法来实现。刚开始学习 Java 时，读者可能还无法把握这个尺度和分寸，可以通过多读别人的程序，多查看相关资料等方式逐步理解和体会这些内容。

9.4.3　参数传递深入讨论

第6章中介绍过参数传递的基本过程，例如程序 6.2 的 judge()方法如下所示。judge(double grade)方法定义中的 grade 称为方法的形参。

```
public static String judge(double grade){
    String result = "通过";
    if(grade < 60 ){
        result = "不通过";
    }
    return result;
}
```

main()方法中调用 judge()方法的语句如下所示，语句 judge(grade)中定义的参数 grade 称为方法的实参。实际调用时，实参是 main()方法中变量 grade 的值，假设为87.67。

```
String result = judge(grade);
```

main()方法执行到调用语句时,把实参 grade 的数值 87.67 传递给形参 grade。实参到形参的传递过程如图 9.5 所示。

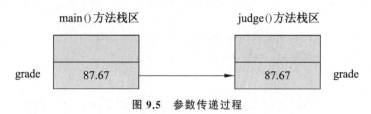

图 9.5　参数传递过程

调用语句用到的实参 grade 保存在 main()方法栈帧的局部数据区中,judge()方法的形参 grade 保存在 judge()方法栈帧的局部数据区中。执行调用语句时,将实参 grade 的数值传递给形参 grade,这样形参 grade 的值为 87.67。完成参数传递后开始执行 judge()方法。需要说明的是,参数传递时是将当前方法栈帧局部数据区的参数传送到被调用方法栈帧的局部数据区,因此基本类型传递的是变量的值,而引用类型传递的是引用地址。Java 中参数的传递方式只有一种,就是值传递,也称为值参方式。值参方式在逻辑上相当于一次赋值:

形参 = 实参

调用方法之前将实参的值传递给形参,方法执行过程中修改形参的值不会影响到调用语句中的实参。现在修改 judge()方法,增加一条语句,给形参数值加 10。

```java
public static String judge(double grade){
    String result = "通过";
    if(grade < 60 ){
        result = "不通过";
    }
    grade = grade + 10;
    return result;
}
```

重新编译运行程序,可以看到 main()方法中执行语句 String result = judge(grade)后,实参 grade 的数值没有改变。

如果方法中的参数是引用对象,这种情况下与基本类型的参数有一些差别。首先传递的是对象的引用;另外方法中修改对象实例的属性值可能会影响到实参,例如程序 9.10。

【程序 9.10】　定义学生信息类程序 StudentInfo.java,使用引用对象作为方法参数。

```java
import java.util.Date;
public class StudentInfo{
```

```
    public static void main(String [] args){
        Date birthday = new Date();
        System.out.println("生日:" + birthday);
        update (birthday);
        System.out.println("生日:" + birthday);
    }
    public static void update (Date theday){
        theday.setYear(theday.getYear() + 10);
    }
}
```

编译运行程序 9.10，结果如图 9.6 所示。

```
D:\program\unit9\9-4\4-1>java StudentInfo
生日: Fri Jul 22 16:44:42 CST 2016
生日: Wed Jul 22 16:44:42 CST 2026
```

图 9.6   程序 9.10 运行结果

从运行结果中可以看出实参 birthday 的数值改变了，仔细分析一下原因。实参 birthday 传递给形参 theday 的是实参 birthday 对象的引用，使得两个对象 birthday 和 theday 指向了同一个的实例。这样在 update()方法中修改了实例的值，因此返回后再次显示实参 birthday 对应实例，其值就发生了改变。但是 birthday 的引用并没有改变，这一点和基本类型是一样的。

通过上面例子可以看出，参数传递过程中基本类型传递的是参数值，引用类型传递的是引用。具体程序实现时还是有很多差别的。本章学习了关键字 this，表 9-2 中用粗体列出，剩余关键字将在后面讲解。

表 9-2   Java 关键字

abstract	extends	interface	super	throws
assert***	finally	native	synchronized	transient
catch	implements	package	**this**	try
default	import	static	throw	volatile
enum****	instanceof	strictfp**		

9.5   实 做 程 序

1. 请根据错误提示找出下列程序中存在错误并分析原因。

（1）类 Student 程序如下，编译报错如下图所示。

```
public class Student{
```

```
    private String name;
    private int age;
    private double grade;

    public Student(){
        Student("", 0, 0);
    }
    public Student(String name, int age, double grade){
        this.name = name;
        this.age = age;
        this.grade = grade;
    }
}
```

```
D:\program\unit9\9-5\5-1\1>javac Student.java
Student.java:7: 找不到符号
符号:   方法 Student(java.lang.String,int,int)
位置:   类 Student
                Student("", 0, 0);
                ^
1 错误
```

（2）类 Student 程序如下，编译报错如下图所示。

```
public class Student{
    private String name;
    private int age;
    private int grade;

    public Student(String name, int age){
        this.name = name;
        this.age = age;
    }
    public Student(String name, int grade){
        this.name = name;
        this.grade = grade;
    }
}
```

```
D:\program\unit9\9-5\5-1\2>javac Student.java
Student.java:10: 已在 Student 中定义 Student(java.lang.String,int)
    public Student(String name, int grade){
           ^
1 错误
```

2. 在程序 9.1 基础上增加属性年龄 age 和属性成绩 grade 的置取方法。要点提示：

（1）参考属性 name 来完成属性 age 的置取方法；

（2）参考属性 name 来完成属性 grade 的置取方法。

3. 设计工人类 Worker，属性有姓名、年龄、工资、级别，设计一个方法显示工人的基本信息，为所有属性添加置取方法。设计测试类，创建 Worker 类的对象，显示工人基本信息。要点提示：

（1）Worker 类的属性按照题目进行定义；

（2）Worker 类的每个属性给出相应的置取方法。

4. 参考程序 9.5 设计一个完整的手机类 MobilePhone，属性包括品牌（brand），号码（code），增加构造方法、属性的置取方法和普通方法。设计测试类，创建 MobilePhone 类的对象，并调用方法显示手机基本信息。要点提示：

（1）MobilePhone 类应该包括属性、构造方法、置取方法和普通方法四个部分；

（2）MobilePhone 类相应位置增加注释。

5. 在实做程序 8.9 基础上修改教室类 ClassRoom，增加属性状态 status，类型 String，有两个值 NOUSE（空闲）和 USED（使用）；增加方法：上课 begin()，类型 void，上课动作有关门 close()，设置状态 status 为使用 USED；下课 end()，类型 void，下课动作有开门 open()，设置状态 status 为空闲 NOUSE；增加属性的置取方法。设计测试类，上课显示教室信息，下课再次显示教室信息，最后显示门的状态。

6. 在程序 7.8 基础上，给 MyPoint 类增加构造方法和置取方法，增加两个修改点坐标的方法 updatePoint(double x, double y)，updatePoint(MyPoint p)，类型 void，前一个修改方法参数是一对坐标值，后一个修改方法参数是一个点对象，修改方法使用属性的设置方法实现。设计测试类输入一对坐标值，构造点类，显示点类坐标值，再输入一对新的坐标值，使用两个修改坐标点方法修改坐标值，显示坐标值。

7. 在实做程序 8.11 基础上修改矩形类 MyRectangle，设计两个构造方法 MyRectangle（double x，double y，double length，double height），MyRectangle（MyPoint p，double length，double height）。增加属性的置取方法，增加判断是否与另一个矩形相交方法 intersection(MyRectangle rect)。提示：先构造矩形对应的四个线段，再利用线段类的线段相交方法来判断两个矩形是否相交。设计测试类，输入两个矩形的左下角起点坐标值，长和宽，显示矩形是否相交。

8. 在程序 9.9 基础上修改圆类 MyCircle，设计两个构造方法 MyCircle（MyPoint center，double r），MyCircle(double x，double y，double r)，增加置取方法。给 MyPoint 类增加一个方法 move(double dx，double dy)，移动（dx，dy）距离。给圆类 MyCircle 也增加一个方法 move(double dx，double dy)，移动圆。设计测试类，输入线段和圆的属性值，判断线段与圆是否相交，如果相交则重复移动圆 move(1.0，1.0)，直到不相交为止。显示圆的信息。

9. 设计商品类 Product，属性有：编号 code，类型 String；名称 name，类型 String；价格 price，类型 double；产品描述 description，类型 String。一个构造方法 Product（String code，String name，double price，String description）；给属性增加置取方法；设计一个方法 display()，显示商品信息。设计测试类，输入商品信息，显示商品的信息。

10. 设计汽车类 Car。属性有：现存油量 oil，类型 double，默认单位为升。一个构造方法 Car（double oil）；设计一个加油方法 void addOil(double oil)；一个行驶方法 void drive(double distance)，参数 distance 是行驶距离的公里数，假设每公里耗油 0.08 升；一个显示方法 display()，显示剩余油量。设计测试类，输入汽车现有油量，构造汽车对象，显示现有油量;输入里程,加油数量,分别显示汽车剩余油量。

11. 设计一个简单收支类 Money。属性有:余额 balance,类型 double。一个构造方法 Money (double balance);设计一个收入方法 void receive(double balance),将收入加入到余额中;一个支出方法 void pay(double balance),从余额中减去支出;一个显示余额方法 display()。设计测试类,输入现有余额,构造收支类 Money 对象,输入收入金额,调用收入方法;输入支出金额,调用支出方法,显示最后的余额。

12. 设计一个简单银行账户类 Account。属性有:余额 balance,类型 double;存取时间 accessTime,类型 Date,表示最近一次存取款时间。一个构造方法 Account (double balance);设计一个存款方法 save(double balance,Date accessTime),将存款加入到余额中;一个支取方法 double withdraw(double balance,Date accessTime),从余额中减去取款数;一个显示余额方法 display()。银行存款给付利息,年利率 2%,一年按照 365 天计算。设计一个计息方法 getRate(),存取时计息,利息存入余额。设计测试类,输入现有余额,获取系统当前时间,创建账户类 Account 对象,输入存款金额,修改时间,调用 save() 方法;输入取款金额,再次修改时间,调用 withdraw() 方法,最后显示账户的余额。

13. 设计一个整数类型的子界类 SubInteger。该类描述一定范围内的整数。定义一个属性 num,类型 int;一个构造方法 SubInteger(int min,int max),给出定义对象的整数上界 max,下界 min。一个读取方法 read(),从键盘读入一个整数,如果超出范围给出错误提示,如果在范围之内将其赋值给 num 属性;一个获取数值方法 getNum(),读取对象中的 num 数值。定义一个测试类,定义子界类对象,读入数据并显示。

第 10 章

Student 类组合

学习目标

- 理解类间的组合关系;
- 掌握实现类组合的方法,设计多个类相互协作的程序。

10.1 示 例 程 序

10.1.1 MobilePhone 类

前面几章介绍了如何设计一个类,在实际应用中,都是需要多个类相互协作来完成一个任务。最常见的类间协作关系是类的组合,下面给出一个例子来说明。设计手机类,属性有品牌、号码,可以显示手机号码。在学生类中增加一个属性: 学生的手机。手机类 MobilePhone 程序如程序 10.1 所示。

【**程序 10.1**】 手机类程序 MobilePhone.java。

```java
public class MobilePhone{
    private String brand;
    private String code;
    public MobilePhone(String brand, String code){
        this.brand = brand;
        this.code = code;
    }
    public void print(){
        System.out.println("手机号码:" + code);
    }
}
```

在学生类 Student 增加一个属性学生手机,使用 MobilePhone 类对象 myPhone 描述学生手机。如程序 10.2 所示。

【**程序 10.2**】 学生类程序 Student.java。

```java
public class Student{
    private String name;
```

```
    private int age;
    private double grade;
    private MobilePhone myPhone;
    public Student(String name, int age, double grade, MobilePhone myPhone){
        this.name = name;
        this.age = age;
        this.grade = grade;
        this.myPhone = myPhone;
    }
    public void display(){
        System.out.println("姓名:" + name);
        myPhone.print();
    }
}
```

【程序 10.3】 测试类程序 Test.java。

```
public class Test{
    public static void main(String [] args){
        MobilePhone phone = new MobilePhone("HUAWEI", "13800000000");
        Student s = new Student("张三", 23, 74, phone);
        s.display();
    }
}
```

程序 10.3 的运行结果如图 10.1 所示。

```
D:\test\prog\exception>javac Test.java

D:\test\prog\exception>java Test
姓名: 张三
手机号码: 13800000000
```

图 10.1 程序 10.3 运行结果

在测试类 Test 中,先定义了一个 MobilePhone 类的对象 phone,这个对象就是学生
张三的手机。Student 类中,增加了一个 MobilePhone 类的属性 myPhone,构造方法中增
加了一个 MobilePhone 类的参数 myPhone,因此实例化学生对象 s 时,phone 作为参数传
递给构造方法的形参 myPhone。同时 display()方法中增加了语句 myPhone.print(),调
用 MobilePhone 类中的显示方法 print()。因此,程序 10.3 运行结果中显示学生信息和
手机号码。通过学生类 Student 增加一个 MobilePhone 类属性,就把学生类 Student 和
手机类 MobilePhone 关联起来,类 Student 和类 MobilePhone 是组合关系。

10.1.2　增加机主属性

手机类 MobilePhone 也可以增加一个属性机主 owner，类型是学生类 Student。这时候应该如何来初始化这个属性呢？与前面例子相同，我们可以使用 Student 类对象初始化属性 owner，但实现方法上有所区别。这个程序有一点难，适合于熟练掌握前面程序的读者学习，其他读者可以跳过这一节。修改后的 MobilePhone 类如程序 10.4 所示。

【**程序 10.4**】　增加了机主属性的手机类程序 MobilePhone.java。

```java
public class MobilePhone{
    private String brand;
    private String code;
    private Student owner;
    public MobilePhone(String brand, String code){
        this.brand = brand;
        this.code = code;
    }
    public Student getOwner(){
        return owner;
    }
    public void setOwner(Student owner){
        this.owner = owner;
    }
    public void print(){
        System.out.println("手机号码:" + code);
        owner.display();
    }
}
```

程序 10.4 中，为 MobilePhone 类增加了一个 Student 类型的机主属性 owner，并为 owner 属性添加了置取方法 getOwner( )和 setOwner(Student owner)。同时修改了 print( )方法，使用语句 owner.display( )调用 Student 类对象的 display( )方法。

在程序 10.2 的 Student 类定义中，为 Student 类的构造方法传递了一个 MobilePhone 类的参数 myPhone，下面修改这个构造方法，调用对象 myPhone 的 setOwner(Student owner)方法，使用所创建的 Student 类对象为 myPhone 对象的 owner 属性赋值，语句为 this.myPhone.setOwner(this)，这里 this 用来表示 Student 类对象本身。为了避免产生循环调用，将 Student 类中的 display( )方法也进行了修改。修改后的程序如程序 10.5 所示。

【**程序 10.5**】　修改后的学生类程序 Student.java。

```java
public class Student{
    private String name;
```

```
    private int age;
    private double grade;
    private MobilePhone myPhone;
    public Student(String name, int age, double grade, MobilePhone myPhone){
        this.name = name;
        this.age = age;
        this.grade = grade;
        this.myPhone = myPhone;
        this.myPhone.setOwner(this);
    }
    public void display(){
        System.out.println("姓名:" + name);
    }
}
```

【**程序 10.6**】　测试类程序 Test.java。

```
public class Test{
    public static void main(String [] args){
        MobilePhone phone = new MobilePhone("HUAWEI", "13800000000");
        Student s = new Student("张三", 23, 74, phone);
        s.display();
        phone.print();
    }
}
```

程序 10.6 的运行结果如图 10.2 所示。

```
D:\program\unit10\10-1\1-2>javac Test.java

D:\program\unit10\10-1\1-2>java Test
姓名:张三
手机号码: 13800000000
姓名:张三
```

图 10.2　程序 10.6 运行结果

图 10.2 中,运行结果第一行输出的"姓名:张三"是 Test 类中 s.display()语句的输出。第三行"姓名:张三"是 phone.print()语句中调用 phone 对象的 print()方法,方法 print()调用行 owner.display()语句输出的。下面详细分析程序 10.6 的运行过程:

(1) 定义 MobilePhone 类对象 phone,并进行实例化;

(2) 定义 Student 类对象 s,并调用构造方法 Student("张三",23,74,phone)进行实例化;

(3) 执行 Student 类的构造方法,前四条语句是给 Student 类对象 s 的 4 个属性赋值,其中属性 myPhone 指向 Test 类的对象 phone 的实例;

（4）构造方法最后一条语句 this.myPhone.setOwner(this)中,对象 this 就是对象 s,this.myPhone 就是 Test 类的对象 phone,this.myPhone.setOwner(this)中后一个 this 也是对象 s,因此将属性 myPhone 的机主属性 owner 设置为对象 s;

（5）测试类中语句 s.display(),显示姓名;

（6）测试类中语句 phone.print()显示手机号码和姓名,结果如图 10.2 所示。

程序 10.5 中 Student 类包括了 MobilePhone 类属性——手机,程序 10.4 中 MobilePhone 类增加了 Student 类属性——机主,这样两个类之间就建立起来了双向关联,这样双向关联的类间关系也是组合关系。

上面程序有一点不好理解,但却是常用的双向关联类的赋初值方法。这个赋初值过程也可以简单点,将 Student 类构造方法最后一条语句 this.myPhone.setOwner(this)去掉,Test 类定义对象 s 后面加一句 phone.setOwner(s),也可以完成同样的功能,有兴趣的读者可以自己试试。

10.2　相 关 知 识

10.2.1　对象属性

前面定义属性主要使用基本类型,例如 int 和 double,或者是 Java 给出的基础类库中定义的类型,例如 String。实际应用中属性的类型可以是任意的类型或者类,也包括自己定义的类。程序 10.2 中 Student 类的属性有四个,如下所示:

```java
private String name;
private int age;
private double grade;
private MobilePhone myPhone;
```

这里面定义了属性 myPhone,类型是自己定义的类 MobilePhone。通过这个属性把类 Student 和类 MobilePhone 关联起来。接下来就可以使用 MobilePhone 类对象 myPhone 来访问对象的方法。

测试类中定义了一个 MobilePhone 类对象 phone,使用 phone 定义了 Student 类对象 s,程序代码如下:

```java
MobilePhone phone = new MobilePhone("Apple", "138000000");
Student s = new Student("张三", 23, 74, phone);
s.display();
```

对象 s 和对象 phone 实例化后的结果如图 10.3 所示。对象 phone 指向自己的实例,实例有两个属性 brand 和 code。对象 s 的属性 myPhone 也是一个对象,指向了前面定义的对象 phone 的实例。

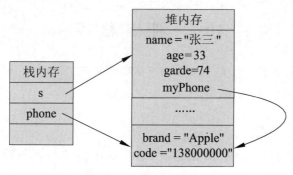

图 10.3　对象属性存储示意图

10.2.2　类的组合关系

类间关系主要有三种，关联关系、依赖关系和泛化关系。关联关系是最常见的类间关系，主要表现为类的组合。最常见的类组合形式是一个类的对象作为另一个类的属性，例如前例中的语句 private MobilePhone myPhone，将 MobilePhone 类的对象 myPhone 作为 Student 类的一个属性。

恰当使用类的组合关系可以编写出比较简洁优雅的程序代码。例如很多流行的手机运动计步软件都可以记录人的运动轨迹和距离。可以给手机类 MobilePhone 增加一个 move() 方法，显示手机移动的距离。程序实现如下：

```
public void move(double distance){
    System.out.println("移动距离:" + distance);
}
```

同样也可以给 Student 类增加一个 move() 方法，显示学生移动的距离。具体程序实现代码如下：

```
public void move(double distance){
    myPhone.move(distance);
}
```

假设学生随身携带手机，那么手机移动的距离就是学生移动的距离。因此学生类 Student 的 move() 方法直接调用了手机类 MobilePhone 的 move() 方法。两个类的方法采用了相同的实现方式，提高代码的复用性和一致性。这种方法在组合类程序设计中经常使用。

通过组合把两个类关联起来，这样 Student 类对象就可以访问 MobilePhone 对象的属性和方法了。泛化关系将在后面讲到继承时介绍，依赖关系相对要复杂一些，在对象多态章节进行讲解。

10.3　训 练 程 序

在前面章节中定义了教师类 Teacher，下面给 Teacher 类增加一个 TableInfo 类的属性，用来表示教师拥有一张桌子，将两个类关联起来。

10.3.1　程序分析

首先来分析桌子类 TableInfo 的定义，这个类中应该包含属性和方法，其中属性包括：

形状：String shape；

腿数：int legs；

高度：int hight；

面积：double area。

接下来定义 TableInfo 类中的方法，增加构造方法和普通方法：

构造方法：public TableInfo(String shape，int legs，int hight，double area)；

普通方法：public void print()，用于显示桌子信息。

下面对 Teacher 类进行修改，增加一个桌子类的属性，相应的修改构造方法和普通方法。增加一个 TableInfo 类的属性 table，语句为 private TableInfo table；

修改构造方法，增加一个 TableInfo 类的参数，用于对 table 属性赋值，程序如下：

```
public Teacher(String name, int age, double salary, String professionalTitle,
TableInfo table){
    ...
}
```

修改普通方法 display()，增加对 table 对象 print()方法的调用，语句为 table.print()；

10.3.2　参考程序

【程序 10.7】 定义桌子类程序 TableInfo.java。

```
public class TableInfo{
    String shape;
    int legs;
    int hight;
    double area;
    public TableInfo(String shape, int legs,int hight,double area){
        this.shape = shape;
        this.legs = legs;
        this.hight = hight;
        this.area = area;
    }
```

```
    public void print(){
        System.out.println("我的桌子:" + shape);
    }
}
```

【程序 10.8】 定义教师类程序 Teacher.java，包括一个桌子类的属性。

```
public class Teacher{
    private String name;
    private int age;
    private double salary;
    private String professionalTitle;
    private TableInfo table;
    public Teacher(String name,int age,double salary, String professionalTitle,
TableInfo table){
        this.name=name;
        this.age=age;
        this.salary=salary;
        this.professionalTitle=professionalTitle;
        this.table=table;
    }
    public void display(){
        System.out.println("姓名:" + name);
        System.out.println("工资:" + salary);
        table.print();
    }
}
```

【程序 10.9】 测试类程序 Test.java。

```
public class Test{
    public static void main(String[] args)
    {
        TableInfo t=new TableInfo("方形", 4, 100,3600);
        Teacher zhang=new Teacher("张老师", 40, 4580, "副教授", t);
        zhang.display();
    }
}
```

程序 10.9 的运行结果如图 10.4 所示。

程序 10.9 定义了桌子 TableInfo 类的对象 t 和 Teacher 类的对象 zhang，调用方法 zhang.display() 显示教师的姓名和工资，方法中调用桌子类的显示方法 print() 显示桌子形状。

```
D:\program\unit10\10-3\3-1>javac Test.java

D:\program\unit10\10-3\3-1>java Test
姓名：张老师
工资：4580.0
我的桌子：方形
```

图 10.4　程序 10.9 运行结果

10.3.3　进阶训练

【程序 10.10】　圆类进阶 3，在程序 9.9 基础上进行改进。给原来点类 MyPoint 增加一个方法：public void move(double dx，double dy){…}，用来移动一个点。给原来圆类MyCircle 也增加一个方法 public void move(double dx，double dy)，调用圆心的 move()方法来实现。测试类中输入圆心和半径，构造第一个圆；再次输入圆心和半径，构造第二个圆。判断两个圆是否相交，如果相交则输入数据 dx 和 dy，移动第二个圆，直到两个圆不相交为止。显示两个圆的信息。

程序设计思路分析：

（1）类名：MyCircle；

（2）修改 MyPoint 类，增加一个方法 move(double dx，double dy)，将点移动(dx，dy)距离；

（3）修改 MyCircle 类，增加一个方法 move(double dx，double dy)，将圆移动(dx，dy)距离；

（4）判断圆相交方法 intersection(MyCircle mc)，参数 MyCircle 类对象 mc，返回类型为 boolean 类型，相交为真，不相交为假，判断当前圆对象与对象 mc 是否相交；

（5）判断圆相交算法提示，通过两个圆的圆心距离与半径关系来判断，如果距离介于半径和与半径差之间则相交，否则不相交；

（6）测试类中输入第一个圆数据，构造第一个圆；输入第二个圆数据，构造第二个圆；判断两个圆是否相交，如果相交，输入 dx 和 dy，移动第二个圆，判断移动后是否相交，如果相交继续移动至不再相交为止；显示两个圆信息。

请读者自己参考前面的程序，给出 MyPoint 类和 MyCircle 类程序，完成测试类 Test的实现程序，编译运行程序，并查看结果。

10.4　拓　展　知　识

10.4.1　组合讨论

前面介绍了组合的基本用法，如程序 10.2 所示，一个类中可以包括另一个类对象属性，通过这种方法将两个类关联起来。同样也可以使用这种方法建立多个类之间的关联。组合还可以用于代码重用，通过关联关系实现部分代码重用，例如有两个类正方形和长方形，定义如程序 10.11 和程序 10.12 所示。

【程序 10.11】　定义长方形类程序 Rectangle.java。

```java
public class Rectangle{
    private double width;
    private double height;
    public Rectangle(int width, int height){
        this.width = width;
        this.height = height;
    }
    public double getArea(){
        return width * height;
    }
}
```

长方形类定义了两个双精度属性：宽度 width 和高度 height，一个 getArea()方法，用于获取长方形面积。

【程序 10.12】 定义正方形类程序 Square.java。

```java
public class Square{
    private double side;
    private Rectangle rect;
    public Square(int side){
        this.side = side;
        rect = new Rectangle(side, side);
    }
    public double getArea(){
        return rect.getArea();
    }
}
```

正方形类定义两个属性，一个是边长 side，一个是长方形 Rectangle 对象 rect。定义了一个获取面积的 getArea()方法，调用长方形类对象 rect 的 getArea()方法来得到面积，从而实现了代码的重用。这个例子只是计算面积，重用效果不是很明显，如果类似的方法很多并且代码量很大，这时候通过代码重用就让程序实现变得更简单。

【程序 10.13】 测试类程序 Test.java。

```java
public class Test{
    public static void main(String [] args){
        Rectangle r = new Rectangle(10,20);
        System.out.println("长方形面积=" + r.getArea());
        Square s = new Square(10);
        System.out.println("正方形面积=" + s.getArea());
    }
}
```

程序 10.13 的运行结果如图 10.5 所示。

```
D:\program\unit10\10-4\4-1>javac Test.java

D:\program\unit10\10-4\4-1>java Test
长方形面积=200.0
正方形面积=100.0
```

图 10.5　程序 10.13 运行结果

总结一下，类的组合不仅可以将多个类关联起来，还可以实现部分的代码重用。组合关系是实现类代码重用的重要手段，如程序 10.11 和程序 10.12 所示，推荐使用这种方法实现重用，这些方法也是 Java 程序设计中经常用到的。

10.4.2　组合与封装

通过类组合，一个类的对象可以作为另一个类的属性，此时对这个类的封装是否产生影响呢？下面来看一个例子，修改程序 10.11，增加宽度属性 width 和属性 height 的设置方法，增加的程序段如下

【程序 10.14】　修改 Rectangle 类，增加宽度属性 width 和属性 height 的设置方法。

```java
public class Rectangle{
    private double width;
    private double height;
    public Rectangle(int width, int height){
        this.width = width;
        this.height = height;
    }
    public void setHeight(double height){
        this.height = height;
    }
    public void setWidth(double width){
        this.width = width;
    }
    public double getArea(){
        return width * height;
    }
}
```

【程序 10.15】　修改 Square 类，增加属性 side 的设置方法。

```java
public class Square{
    private double side;
    private Rectangle rect;
    public Square(int side){
        this.side = side;
```

```
        rect = new Rectangle(side, side);
    }
    public void setSide(double side){
        rect.setWidth(side);
        rect.setHeight(side);
    }
    public double getArea(){
        return rect.getArea();
    }
}
```

【**程序 10.16**】 修改测试程序 Test.java。

```
public class Test{
    public static void main(String [] args){
        Square s = new Square(10);
        System.out.println("正方形面积=" + s.getArea());
        s.setSide(20);
        System.out.println("正方形面积=" + s.getArea());
    }
}
```

程序 10.16 的运行结果如图 10.6 所示。

```
D:\program\unit10\10-4\4-2>javac Test.java

D:\program\unit10\10-4\4-2>java Test
正方形面积=100.0
正方形面积=400.0
```

图 10.6   增加设置方法后的运行结果

这个程序可以正确运行,修改正方形的边长是通过修改长方形的长和宽来实现的。但是这样的修改是否会存在隐患呢? 完全有可能。例如给上面的 Square 类增加属性 rect 的置取方法,修改后的 Square 类程序如程序 10.17 所示。

【**程序 10.17**】 修改正方形类程序 Square.java,增加属性 rect 的置取方法。

```
public class Square{
    private double side;
    private Rectangle rect;
    public Square(int side){
        this.side = side;
        rect = new Rectangle(side, side);
    }
    public Rectangle getRect(){
```

```
        return rect;
    }
    public void setSide(double side){
        rect.setWidth(side);
        rect.setHeight(side);
    }
    public double getArea(){
        return rect.getArea();
    }
}
```

正方形类中增加了获取属性 rect 的 getRect()方法，得到类 Square 对象的属性 rect。接下来修改测试类，如程序 10.18 所示。

【程序 10.18】 修改测试类程序 Test.java。

```
public class Test{
    public static void main(String [] args){
        Square s = new Square(10);
        System.out.println("正方形面积=" + s.getArea());
        Rectangle rect = s.getRect();
        rect.setWidth(30);
        System.out.println("正方形面积=" + s.getArea());
    }
}
```

测试类中定义正方形对象 s 并进行实例化，显示对象 s 的面积。接着获取对象 s 的属性 rect，修改对象 rect 的宽度，再次显示正方形的面积，面积值发生了变化，结果如图 10.7 所示。

```
D:\program\unit10\10-4\4-3>javac Test.java

D:\program\unit10\10-4\4-3>java Test
正方形面积=100.0
正方形面积=300.0
```

图 10.7　程序 10.18 的运行结果

从程序实现的角度看，这个运行结果是正确的。但是回到原来问题，对于一个正方形在没有改变边长属性值的情况下，面积发生了改变，这显然不符合问题的要求。问题出在了什么地方？

问题就出在属性 rect 的获取方法上。仔细分析正方形类 Square 的两个属性，一个是边长 side，另一个是 Rectangle 类属性 rect。从概念上看这两个属性有很大不同，边长是正方形的属性，这个没有问题。而 rect 属性则在概念上是没有的，将它设置为属性主要是为了方便 Square 类的具体实现,它属于实现细节,因而不应该对外暴露。

总结一下,类的封装有两个层面,第一个层面涉及到类的具体实现细节,这些内容需要隐藏起来,不让类外知道;第二个层面是类的属性,可以在类外访问,但是应该是受控的。也就是要通过置取方法进行访问。

接着讨论上面的例子,类 Square 的属性 side 属于第二个层面的,因此可以通过置取函数访问;而属性 rect 属于第一个层面的内容,涉及实现细节,不需要类外知道,因此不应提供置取函数。应该去掉 Square 的获取方法 getRect(),问题就解决了。通过这个例子可以看出,类的封装不仅是在实现层面上要求正确,更应该在语义层面也是正确的,这一点对于设计出符合用户要求的健壮程序是必要的。这一章没有学习新的关键字,表 10-2 中列出的关键字留待后面讲解。

表 10-2　Java 关键字

abstract	extends	interface	strictfp**	throws
assert***	finally	native	super	transient
catch	implements	package	synchronized	try
default	import	static	throw	volatile
enum****	instanceof			

10.5　实 做 程 序

1. 对实做程序 9.3 中定义的 Worker 类进行修改,增加 TableInfo 类的对象属性 table,相应的修改构造方法和置取方法,并修改 display()方法显示 table 对象的形状。建立测试类 Test,创建一个 TableInfo 类的对象和一个 Worker 类的对象,调用 Worker 类的 display()方法显示工人和桌子的信息。要点提示:

(1) 参照程序 10.7 实现 TableInfo 类;

(2) 参照程序 10.8 实现 Worker 类。

2. 定义安全帽类 Helmet,包括属性编号(String code)、颜色(String color)、安检日期(String checkDate),display()方法显示安全帽信息。修改 Worker 类,增加一个 Helmet 类属性,并修改构造方法,添加置取方法。要点提示:

(1) 参照程序 10.1 定义安全帽类 Helmet;

(2) 参照程序 10.2,修改 Worker 类,增加定义属性 Helmet myHelmet;

(3) 定义测试类,显示安全帽信息。

3. 在实做程序 10.2 基础上为 Worker 类增加方法领用安全帽 receiveHelmet(Helmet myHelmet)方法,归还安全帽 returnHelmet()方法和更换安全帽 changeHelmet(Helmet myHelmet)方法。要点提示:

(1) 领用安全帽 receiveHelmet(Helmet myHelmet)方法,将安全帽 myHelmet 赋值给一个工人对象的属性 myHelmet,并显示领用的安全帽信息;

（2）归还安全帽 returnHelmet（）方法中将属性 myHelmet 置空；

（3）更换安全帽 changeHelmet（Helmet myHelmet）方法中调用上面两个方法。

4. 设计正方形类 MySquare,有两个基本属性：左下起点,MyPoint 类型；边长,double 类型。正方形类 MySquare 的方法有：构造方法 MySquare（MyPoint start,double side）;构造内接圆方法 createCircle（）,类型 MyCircle;显示方法 display（）,显示内接圆的圆心,半径和面积。设计测试类,输入正方形起点和边长,构造内接圆,显示内接圆信息。

5. 设计一个排课程序,设计一个教师类 Teacher,参见程序 10.8,再设计一个课程类 Course,属性有课程编号,名称,简介,类型都是字符串。课程类 Course 中有一个构造方法,一个排课方法 schedule(Teacher t),参数是教师对象,返回类型 void,方法体显示教师姓名,讲授课程,显示结果示例："zhangsan teaching Java programming",其中 zhangsan 是教师名,Java programming 是课程名。设计测试类,定义教师对象,课程对象,显示排课结果。

6. 设计一个选课程序,先设计一个课程类 Course,属性有课程编号,名称,简介,类型都是字符串。再参考前面书中内容设计一个学生类 Student,学生类设计一个选课方法 select(Course c),完成选课功能,参数是课程对象,方法体显示学生姓名,选修课程,显示结果示例："zhangsan selecting Java programming",其中 zhangsan 是学生姓名,Java programming 是课程名。再增加一个类似的方法,退选课程 unSelect(),方法体显示学生姓名和课程名称。设计测试类,定义学生对象,课程对象,显示选课和退课的结果。

7. 设计摄氏温度类 Celsius,有两个属性,温度值和标志值,标志值是 C;同样设计一个华氏温度类 Fahrenheit,有两个属性,温度值和标志值,标志值是 F。给摄氏温度类增加一个温度转换方法 cTof(),返回华氏温度类的对象,对象的属性温度是转换后的华氏温度值;同样,给华氏温度增加一个转换方法 fToc(),返回摄氏温度类的对象,对象的属性温度是转换后的摄氏温度值;两个类各有一个显示温度方法 display(),显示温度值和标志。设计测试类,输入一个摄氏温度值,构造摄氏温度类对象,显示摄氏温度结果。使用温度转换方法 cTof()生成一个华氏温度对象,显示转换后的温度结果。

8. 定义车类 Car,一辆车有四个轮子(类 Wheels)和一个发动机(类 Engine)。要求用组合方法设计类 Car、类 Wheel 和类 Engine。①类 Engine 有一个字符串属性类型,记录发动机的型号;有构造方法,可设置发动机的型号;有 start()方法启动引擎(输出包含发动机型号和"starts"的字符串）;②类 Wheel 有一个字符串属性类型,记录轮胎的型号,有整数类型属性编号,记录当前轮胎位置的编号(1：front-left,2：front-right,3：back-left,4：back-right),有构造方法,可设置轮胎的型号和编号,有 roll()方法表示轮胎正在转动,输出轮胎型号、轮胎位置;③类 Car 有一个字符串类型的属性,记录车的型号;有属性轮子数组 wheels[]和 engine,分别是 Wheel 类对象数组和 Engine 类对象;有构造方法,参数是三个字符串,分别表示轿车的型号、轮胎型号和发动机的型号;有 changeWheel()方法可以改变指定轮胎的型号;有 start()方法,先输出轿车型号和"firing"的字符串,然后调用 engine 的 start(),再调用所有轮胎的 roll(),最后显示轿车型号和"running"④要求编程实现类 Car、类 Wheel 和类 Engine,定义 Test 类,定义 Car 类对象,执行 run()方法,显示要求信息。

9. 设计一个简单的图书管理程序。设计图书类 Book,属性有图书编号 code,图书名称 name,作者 author,出版社 press,类型都是 String;有一个 print()方法,显示图书信息。再设计一个学生类 Student,除了示例程序中的姓名、年龄、成绩三个属性外,再增加两个属性,借书册数 count,类型 int;所借图书 borrowedBook,类型 Book 数组,用来保存学生所借图书。每个学生最多可以借图书 10 本。学生类增加两个方法:借书 borrow(Book bk),借一本书 bk,显示字符串:"学生张三借 Java 编程";还书 remand(Book bk),归还一本书 bk,显示字符串:"学生张三还 Java 编程",张三是学生姓名,Java 编程是图书名字。借还书对应修改学生的 borrowedBook 数据。设计测试类,定义学生类对象,图书类对象,实现借书、还书过程,显示结果。

10. 在实做程序 10.9 基础上设计一个简单的图书管理程序。增加一个书库类 Library,属性有图书数组,方法有查询 find(String code),根据图书编号查询该图书是否存在;方法入库 enter(Book bk),将图书 bk 添加到书库中。图书类 Book 增加一个属性:借出标志 flag,类型 boolean。表示图书是否借出。书库图书和学生所借图书都使用 List 类型的 ArrayList 来实现。学生借书成功后,书库对应图书减少,设置图书标志借出,学生所借图书增加一本书。学生还书成功后,书库对应图书增加,设置图书标志归还,学生所借图书减少一本书。增加一个在校学生类 SchoolStudent,属性有学生数组,使用 List 类型的 ArrayList 来存储所有的学生;有一个方法,查询 find(String name),使用姓名查询学生。设计测试类,定义一个简单菜单如下:

```
1. 入库图书
2. 借书
3. 还书
4. 退出
```

用户可以输入选项,完成相应的功能。有兴趣的读者可以在此基础上,继续丰富这个程序,编写一个更完整的图书管理程序。

11. 设计订单类 Order。使用实做程序 9.9 定义的商品类 Product,来定义订单类 Order 和订单条目类 OrderItem。订单条目类 OrderItem 有属性:商品 product,类型 Product;数量 quantity,类型 int;一个构造方法 OrderItem(Product product, int quantity);一个方法 getAmount(),计算商品金额＝单价×数量。订单类 Order 有属性:编号 code,类型 String;条目 items,类型 OrderItem 数组;收件人姓名 userName,类型 String;一个构造方法 Order(String code, OrderItem [] items, String userName);一个方法 getSum(),计算订单商品汇总金额,累加订单条目金额。设计测试类,创建一个订单,显示订单商品的汇总金额。

12. 在实做程序 10.11 基础上,修改订单类 Order 和订单条目类 OrderItem;OrderItem 类增加方法 setQuantity(),修改商品数量。给订单类 Order 增加方法:添加条目方法 add(OrderItem item);删除条目方法 remove(OrderItem item);修改用户姓名方法 setUserName(String userName),增加一个限制,每个订单最多 100 个订单条目。

设计测试类,创建一个订单,添加条目,修改条目,显示订单商品的汇总金额。

13. 在实做程序 8.6 基础上,设计骰子游戏类 DiceGame,属性有三个骰子对象 d1,d2,d3,类型 Dice;一个总点数 count,类型 int;掷骰子方法 toss(),类型 void,更新总点数 count;方法 getCount(),返回总点数。玩游戏方法 public boolean play(DiceGame dg),比较本次游戏与游戏 dg 的骰子总点数,如果本次游戏点数多返回真,否则为假。设计测试类,创建两个骰子游戏类对象,显示玩游戏方法 play()的结果。

第 11 章

Student 类方法重载

学习目标

- 了解什么是方法重载；
- 掌握程序设计中如何实现方法的重载；
- 理解重载方法的运行过程。

11.1 示 例 程 序

每个类都可以有多个方法，这些方法包括构造方法、置取方法和普通方法。每个方法的定义包括方法头和方法体。在 Java 程序设计语言中，允许一个类的多个方法拥有相同的名字，这种情况称为方法重载（Overload）。

11.1.1 构造方法重载

Java 语言允许一个类有多个重名的构造方法，这些方法名字相同，但是参数的个数或者类型不同，称为重载的构造方法。如程序 9.3 所示，学生类 Student 就有两个构造方法，程序代码段如程序 11.1 所示。

【程序 11.1】 学生类程序 Student.java 的构造方法。

```java
public Student(){
    this.name = "";
    this.age = 0;
    this.grade = 0;
}
public Student(String name, int age, double grade){
    this.name = name;
    this.age = age;
    this.grade = grade;
}
```

这两个方法名字相同，都是 Student，但是参数的个数不同，是重载方法。一般类的构造方法都会有多个重载方法，看看 JavaAPI 文档里面列出的基础类，多数类都有两个以上的重载构造方法。上面学生类 Student 中的两个重载的构造方法用途不同，如果实例化学生对象时，知道学生的具体信息就可以使用构造方法 public Student（String name，int age，double grade）。例如：Student s ＝ new Student("张三"，23，74）。如果不知道学生的具体信息，则可以使用构造方法 public Student（），例如：Student s ＝ new Student（）。使用无参构造方法进行实例化后，具体学生信息等以后使用设置方法进行修改。例如设置学生的姓名：s.setName("张三")。

11.1.2　普通方法重载

前面的程序中显示学生信息都是只显示了学生的姓名。有时候需要显示学生的全部信息，以及考试是否通过等其他信息。这时候可以增加新的显示方法，这两个显示方法可以通过重载方式实现，如程序 11.2 所示。

【**程序 11.2**】　学生类程序 Student.java 中重载显示学生信息的方法 display（）。

```java
public class Student{
    private String name;
    private int age;
    private double grade;
    public Student(){
        this.name = "";
        this.age = 0;
        this.grade = 0;
    }
    public Student(String name, int age, double grade){
        this.name = name;
        this.age = age;
        this.grade = grade;
    }
    public void display(){
        System.out.println("姓名:" + name);
    }
    public void display(int passLine){
        System.out.println("姓名:" + name);
        System.out.println("年龄:" + age);
        if(grade>= passLine){
            System.out.println("高于及格线,通过考试!");
        }
        else{
            System.out.println("未通过考试!");
        }
    }
}
```

在学生类 Student 中增加了 display(int passLine) 方法,这个方法与 display() 方法是重载方法。参数 passLine 是及格分数线,用来判断成绩是否及格,通过考试。添加测试类 Test 代码如程序 11.3 所示。

【**程序 11.3**】　测试类程序 Test.java。

```
public class Test{
    public static void main(String [] args){
        Student s = new Student("张三", 23, 74);
        s.display();
        s.display(60);
        s.display(90);
    }
}
```

程序 11.3 的运行结果如图 11.1 所示。

```
D:\program\unit11\11-1\1-2>javac Test.java

D:\program\unit11\11-1\1-2>java Test
姓名：张三
姓名：张三
年龄：23
高于及格线，通过考试！
姓名：张三
年龄：23
未通过考试！
```

图 11.1　程序 11.3 运行结果

Test 类中首先创建了一个 Student 类的对象 s,然后三次调用了 display() 方法显示学生信息。第一次调用无参 display() 方法,只显示了学生姓名“姓名：张三”。第二次调用语句 s.display(60) 带有参数 60,因此调用的是重载的带参方法 display(int passline),输出“姓名：张三”,“年龄：23”,“高于及格线,通过考试!”。第三次带有参数 90,调用的也是带参方法 display(int passline),此时及格线是 90,因此输出“姓名：张三”,“年龄：23”,“未通过考试!”。可见,虽然方法名一样,但根据参数不同,调用的是不同的方法。

同一个类中具有相同方法名,不同参数列表的方法称为重载。参数列表的不同体现在:参数个数不同、对应参数类型不同、参数顺序不同,只要满足一个就看作不同。需要说明的是判断重载只看参数类型,不看参数名字。

11.2　相　关　知　识

方法重载可以理解为对同一个功能提供多种实现方法,这样可以方便使用者根据自己的需要来决定使用哪种实现方法。下面再举一个例子进行说明,例如两个学生对象判断是否是同一个人,可以有两个方法。第一个方法是判断两个学生的名字是否相同,学生类 Student 中增加方法 beSame(),程序代码如下:

```
public boolean beSame(String name){
    return name.equals(this.name);
}
```

第二种实现方法是判断两个学生姓名相同，并且年龄也相同，才认为是同一个人，因此再增加一个同名方法，代码如下：

```
public boolean beSame(String name, int age){
    boolean flag = name.equals(this.name);
    flag = flag && (age == this.age);
    return flag;
}
```

学生类中增加了两个判断学生是否相同的方法，使用者可以根据自己的实际情况来确定使用哪个方法来判断学生相同。下面分别使用两个方法来判断是否相同，程序代码段如下：

```
boolean f = beSame("张三");
boolean f1 = beSame("张三", 20);
```

重载方法与普通的方法调用过程相同，编译程序会根据参数的个数和类型来选择不同的方法。

面向对象程序设计语言都提供重载机制，Java 程序设计语言也引入重载机制。重载主要是方便程序员设计程序。例如上面的方法 beSame 有两个参数不同的方法，如果没有重载机制就需要分别给两个方法命名，以后使用这个方法就需要记住不同的名字和参数，但其实他们完成的功能是相同的，这样不方便程序设计。

重载机制也可以使得程序更加优雅，完成同样功能的方法都使用相同的名字。例如程序 11.2，Student 类定义了两个 display()方法，一个只显示学生的姓名，另一个显示学生成绩是否通过及格线。两个方法的功能都是显示学生信息，但具体程序代码不同，就可以通过重载 display()方法来实现。通过重载可以实现相同功能的方法具有相同的方法名，即方法名字代表方法实现的功能。读者有兴趣可以查看 JavaAPI 文档，多数类都提供了多个重载方法。

11.3 训练程序

程序 10.7 中定义了桌子类 TableInfo，包括属性 shape、legs、hight 和 area，其中 area 为桌子的面积，其值是创建桌子类对象时给定的。下面修改桌子类，将桌子面积不再作为一个属性，而是改为调用计算面积方法得到。TableInfo 类中增加一个方法 tableArea()，功能是计算桌子的面积。对于形状不同的桌子，面积的计算方法是不同的，所以需要根据桌子的形状按照不同的公式进行计算。

11.3.1 程序分析

以"圆桌"和"方桌"两种形状的桌子为例进行分析。首先 TableInfo 类定义计算圆桌面积的方法 double tableArea(int r)，其中参数 r 表示圆的半径，方法返回计算的结果。实现代码如下：

```
public double tableArea(int r){
    return 3.14 * r * r;
}
```

而对于计算方桌的面积，需要知道的是长和宽，因此可以对 tableArea() 方法进行重载，参数不再是半径，而是长和宽。实现代码如下：

```
public double tableArea(int a, int b){
    return a * b;
}
```

11.3.2 参考程序

TableInfo 类中定义一个计算桌子面积的方法 tableArea()，通过对方法重载分别实现计算圆桌和方桌的面积。测试 Test 类中创建两个 TableInfo 类对象，并分别调用tableArea() 方法计算圆桌和方桌的面积。

【程序 11.4】 定义 TableInfo 类，对计算面积方法 tableArea() 进行重载。

```
public class TableInfo{
    String shape;
    int legs;
    int hight;
    public  TableInfo(String shape, int legs, int hight){
        this.shape = shape;
        this.legs = legs;
        this.hight = hight;
    }
    public void print(){
        System.out.println("桌子形状:" + shape);
    }
    public double tableArea(int r){
        return 3.14 * r * r;
    }
    public double tableArea(int a, int b){
```

```
            return a * b;
        }
    }
```

【程序 11.5】 测试类程序 Test.java。

```
public class Test{
    public static void main(String[] args)
    {
        int r = 50;                                    //圆桌半径
        int width = 40;                                //方桌宽度
        int len = 60;                                  //方桌长度
        double roundArea = 0;                          //圆桌面积
        double rectArea = 0;                           //方桌面积
        TableInfo roundTable = new TableInfo("圆形", 4, 100);
        TableInfo rectangleTable = new TableInfo("方形", 4, 100);
        roundArea = roundTable.tableArea(r);
        rectArea = rectangleTable.tableArea(width, len);
        System.out.println("圆桌的面积为:" + roundArea);
        System.out.println("方桌的面积为:" + rectArea);
    }
}
```

程序 11.5 的运行结果如图 11.2 所示。

```
D:\program\unit11\11-3\3-1>javac Test.java

D:\program\unit11\11-3\3-1>java Test
圆桌的面积为: 7850.0
方桌的面积为: 2400.0
```

图 11.2　程序 11.5 运行结果

测试类 Test 中定义了 TableInfo 类对象 roundTable 和 rectangleTable,分别调用不同的 tableArea()方法计算圆桌和方桌的面积,这两个方法是重载的方法。

11.3.3　进阶训练

【程序 11.6】 圆类进阶 4,在程序 9.9 和程序 10.10 基础上继续改进。给圆类 MyCircle 增加重载的相交判断方法,分别是判断圆与线段,圆与圆是否相交。

程序设计思路分析:

(1) 类名:MyCircle,在程序 9.9 和程序 10.10 基础上进行修改;

(2) 相交的重载方法定义为:intersect(),方法返回类型为 boolean,相交返回为真,否则返回为假;

(3) 判断圆与线段相交方法定义为:public boolean intersect(LineSeg ls){…},方法

的参数为线段类 LineSeg 对象 ls；

（4）判断圆与圆相交方法定义为：public boolean intersect(MyCircle mc){…}，方法的参数为圆类 MyCircle 对象 mc；

（5）相交判断过程前面已经讲过不再详细讲解。

请读者自己参考前面的程序，给出 MyCircle 类重载方法 intersect() 的实现过程，给出测试类 Test 的实现程序。有兴趣的读者可以继续改进这个圆类 MyCircle，增加判断圆与矩形的相交方法。

11.4　拓 展 知 识

11.4.1　再论参数传递

前面程序 11.2 中有一个方法：public void display(int passLine){ … }，在测试类中使用语句 s.display(60) 调用这个方法。程序运行结果如图 11.1 所示。

如果把语句修改为 s.display(60.0)，这时程序是否还可以正确运行？修改程序进行编译，结果编译的时候程序报错了，编译错误如图 11.3 所示。

```
D:\program\unit11\11-1\1-2>javac Test.java
Test.java:5: 找不到符号
符号：　方法 display(double)
位置：　类 Student
                    s.display(60.0);
                     ^
1 错误
```

图 11.3　修改后程序编译结果

仔细分析一下上述错误，编译器提示找不到方法 display(double)。调用语句的实参是 60.0，常数 60.0 编译器认为是 double 类型的数，因此去寻找参数为 double 类型的方法 display()，而对应方法没有找到，因此报错。如果把方法的定义修改为：

```
public void display(double passLine){…}
```

大家想想，这时候再编译程序看看结果如何？再次编译程序，程序不再报错，运行程序得到正确结果。原因很简单，在 Student 类中找到了 display(double passLine) 方法。

你可以继续测试，如果再将调用语句改回 s.display(60)，结果又会如何呢？修改后重新编译程序，编译正确，运行程序得到结果。这样修改为什么没有报错？仔细分析一下参数传递过程，把实参的值传递给形参逻辑上相当于赋值，因此，语句 int passLine = 60.0，将双精度数值赋给整型变量，类型不一致，会报编译错误；而语句 double passLine = 60，将整数数值赋给双精度变量，虽然类型不同但 java 自动进行了类型转换，是兼容类型赋值，因此编译和运行都正确。下面来看看，如果在程序 11.2 中增加一个方法，程序代码如下：

```
public void display(double passLine){
    System.out.println("姓名=" + name);
```

```
        System.out.println("年龄=" + age);
        if(grade >= passLine){
            System.out.println("通过考试!");
        }
        else{
            System.out.println("未通过考试!");
        }
    }
```

再次进行测试，分别使用下面两个调用语句：

```
s.display(60);
s.display(60.0);
```

程序能够正常编译和正确执行，两个语句分别调用方法 display(int passLine) 和 display(double passLine)。

通过以上试验可以知道，调用一个方法时总是寻找参数与调用语句参数最匹配的方法。例如上面调用 s.display(60) 时，如果存在 display(int passLine) 则选这个方法，否则就选择最接近的方法 display(double passLine)。

在上面例子中，调用语句 s.display(60) 使用方法 display(int passLine) 还是方法 display(double passLine) 是在编译期间确定的。编译程序根据重载方法的参数个数和类型选择一个方法，如果找不到合适的方法，编译程序会报错。

11.4.2　对象复制

Java 程序设计中经常需要复制一个对象。前面给出了最简单的对象复制方法是复制对象的引用，例如程序 10.2 中定义的学生类，给这个类增加置取方法后，看下面程序段：

```
MobilePhone phone = new MobilePhone("Apple", "13800000000");
Student s1 = new Student("张三", 23, 74, phone);
Student s2 = s1;
s2.setName("李四");
System.out.println(s1.getName());
```

上面这段程序执行结果显示"李四"。原因是对象 s1 和 s2 指向了相同的实例，共用一份对象实例。如果希望对象 s2 的修改不影响对象 s1 的属性值，就需要给两个对象创建各自的实例，使用相同的对象属性值来构造不同的对象，例如程序段：

```
MobilePhone phone = new MobilePhone("Apple", "13800000000");
Student s1 = new Student("张三", 23, 74, phone);
Student s2 = new Student("张三", 23, 74, phone);
```

```
s2.setName("李四");
System.out.println(s1.getName());
```

上面这段程序的执行结果显示"张三"。原因是对象 s1 和 s2 指向了不同的实例,此时修改对象 s2 的属性 name 的值,不影响对象 s1 的属性 name 的值。实际程序设计中对象 s2 也可以通过使用置取方法,来复制对象 s1 的实例。但实际情况可能更复杂,看下面程序段:

```
MobilePhone phone = new MobilePhone("Apple", "13800000000");
Student s1 = new Student("张三", 23, 74, phone);
Student s2 = new Student("张三", 23, 74, phone);
s2.getMyPhone().setCode("12341234123");
System.out.println(s1.getMyPhone().getCode());
```

上面这个程序段修改对象 s2 的电话号码,显示 s1 的电话号码,结果显示"12341234123",是修改后的电话号码。原因是对象 s1 和对象 s2 是相同的电话对象实例。如果希望两个学生相互不影响,需要将 MobilePhone 类对象 phone 再复制一份,对象 s1 和 s2 使用不同的 MobilePhone 类对象。

为了方便进行对象复制,Java 基础类库中的 java.lang.Object 类提供了一个方法 clone(),具体类中可以重写这个方法,实现对象复制。如果对象属性是可变引用类型,可以进一步将该属性对应类的方法 clone() 重写,实现进一步对象复制。对象复制还可以通过 org.apache.commons 中的工具类 BeanUtils 和 PropertyUtils 实现,或者通过序列化实现对象的复制。对象复制涉及到浅拷贝和深拷贝的问题,有兴趣的读者可以自己查看相关资料。这一章没有学习新的关键字,表 11-1 中列出的关键字留待后面讲解。

表 11-1　Java 关键字

abstract	extends	interface	strictfp[**]	throws
assert[***]	finally	native	super	transient
catch	implements	package	synchronized	try
default	import	static	throw	volatile
enum[****]	instanceof			

11.5　实做程序

1. 假定下面 6 个方法是同一个类的方法,判断下面的方法哪些是正确的重载方法,哪些不是,为什么?

（1）public boolean beSame(String otherName){…}

（2）public boolean beSame(int age，String name){ …}

（3）public boolean beSame(String name，int age，double grade){ … }

（4）public boolean beSame(String name){ … }

（5）public boolean beSame(String name，int age){ … }

（6）public boolean beSame(String name，double grade，int age){ … }

要点提示：

（1）判断两个方法是否重载依据是参数的个数和参数类型和顺序是否相同；

（2）只考虑参数类型，不考虑参数名字。

2. 在实做程序 10.1 基础上对 Worker 类进行修改，添加计算工人年收入的重载方法。计算工资有两个方法，第一个方法是保底工资＋年工时×小时工资；第二种方法是固定月工资×12。设计测试类，分别使用两种方法计算工人的年收入。要点提示：

（1）设计两个重载的计算年收入方法；

（2）两个方法参数分别是：保底工资和工时、固定工资。

3. 设计一个类，类中定义重载方法分别实现计算球体和圆柱体的体积。测试类中定义这个类对象，显示计算结果。要点提示：

（1）计算球体使用参数：球半径；

（2）计算圆柱体使用两个参数：底半径和高度。

4. 在实做程序 9.6 基础上改进点 MyPoint 类，增加两个重载方法，计算两点之间距离，一个方法定义如下：public double getDistance(MyPoint p)，另一个方法定义为：pubic double getDistance(double x，double y)。设计测试类，定义两个点，调用上面两个重载方法分别计算和显示两点距离。

5. 在实做程序 11.4 基础上修改 MyPoint 类，增加两个修改点的坐标值的重载方法，一个方法定义如下：public void setPoint(MyPoint p)，另一个方法定义为：pubic void setPoint(double x，double y)，使用 MyPoint 类的置取方法修改当前点的坐标值。设计测试类，定义两个点，调用上面两个重载方法分别修改坐标点，显示修改后的坐标点。

6. 在实做程序 10.5 的基础上修改排课程序，课程类 Course 的排课方法 schedule() 设计为重载方法，一个方法定义为：public void schedule(Teacher t)，参数是教师对象，另一个定义为 public void schedule(String name)，参数是教师名称。设计测试类，定义课程类和教师类，使用两种方法进行排课，显示排课结果。

7. 在实做程序 10.6 的基础上修改选课程序，学生类中的选课方法 select() 设计为重载方法，完成选课功能。一个方法定义为：public void select(Course c)，参数是课程对象；另一个定义为 public void select(String name)，参数是课程名称；同样增加重载退选方法 public void unSelect(String name)。设计测试类，定义学生类和课程类，使用两种方法进行选课，退选，显示结果。

8. 编写 Money 类，要求具有 yuan、jiao、fen 三个 int 类型的属性。有两个重载的构造方法，具体要求如下：①public Money(int yuan，int jiao，int fen)，分别给 yuan、jiao、fen 三个属性赋值；②public Money(int amount)，amount 为总金额，将 amount 转换为圆、角、分的形式，将转换结果分别赋值给三个属性。Money 类有四个重载的 set() 方法，具体要求如下：①set(int yuan，int jiao，int fen)，将参数值对应存入 yuan、jiao 和 fen；

②set(double yuan, double jiao, double fen),将参数值按属性分 fen 做四舍五入取整,然后分别存入对应的属性;③set(String yuan, String jiao, String fen),对字符串中的数字做解析后,按属性分 fen 做四舍五入取整,将金额分别存入对应的属性;提示,字符串转浮点数可以使用静态方法:Double.parseDouble(String);④void set(Money m),将参数中的金额分别存入对应的属性。同时有两个可实现金额计算的方法:①times(int n)方法,参数为 int,返回值为 Money 类对象,其中的总金额为当前对象的总金额乘以参数 n;②add(Money money)方法,参数为 Money 类对象,返回值为 Money 类对象,其中的总金额为当前对象的总金额加上参数 money 中的总金额;③display()方法,显示金额,样式:"12 元 3 角 9 分"。设计测试类,定义两个 Money 对象,显示 times()和 add()方法的计算结果。

9. 快递投放柜子类 Box,属性有:长 length、宽 width、高 height,都是 int 类型;一个锁类 Lock 对象 lock。方法有构造方法 Box(int length, int width, int height),一个开门方法 open(String code),参数 code 是 4 位开锁用的数字密码,调用锁对象 lock 的 open()方法;一个关门方法 close(String code),参数 code 是 4 位设置的开锁用的密码,调用 lock 对象的 close()方法。设计一个锁类 Lock,属性有:密码 code,类型 String,长度四位数字;属性状态 status,类型 String,状态有 OPEN 和 CLOSE 两个值。一个构造方法,设置默认密码"0000"。开锁方法 boolean open(String code),判断参数 code 与属性 code 是否一致,一致则修改状态属性值为"OPEN"并返回真值,否则返回假值。上锁方法 close(String code),设置锁对象属性 code 的值,并将状态属性值修改为"CLOSE"。一个重置方法,设置密码为"0000"。设计测试类,定义锁对象和投放柜对象,模拟快递员关门设置密码;客户使用密码取件的过程。有兴趣的读者可以继续丰富这个程序,例如可以增加储物墙类,里面包括多个储物柜 Box。

第 12 章

Student 类实例计数

学习目标

- 理解类的静态方法和静态属性；
- 掌握使用静态属性和静态方法编写程序的过程；
- 了解静态属性与实例属性的区别，静态方法与实例方法的区别。

12.1 示 例 程 序

12.1.1 显示实例顺序

学生类 Student 可以定义多个对象，每个对象可以有一个实例，或者没有实例。如果想知道这些实例的实例化顺序，应该如何实现呢？这时候需要增加静态属性来实现，代码如程序 12.1 所示。

【程序 12.1】 添加静态属性的学生类程序 Student.java。

```
public class Student{
    private String name;
    private int age;
    private double grade;
    private static int counter = 0;
    public Student(String name, int age, double grade){
        this.name = name;
        this.age = age;
        this.grade = grade;
        counter ++;
    }
    public void display(){
        System.out.println("实例顺序:" + counter + " 姓名:" + name);
    }
}
```

在上面学生类定义中，多了一个属性 counter，定义为：

```
private static int counter = 0
```

这个属性定义中多了一个关键字 static，表示静态的意思。属性 counter 是一个静态属性，初值为 0。静态属性与普通属性不同，它是一个类级的全局变量。Student 类的构造方法中有一个语句：counter ++。计数器 counter 初值为 0，第一次进行对象实例化时，counter 数值加 1，再进行实例化时，counter 再加 1，这样就可以记录下来每个实例的实例化次序。显示方法 display() 中显示 counter 的数值作为顺序号。

【程序 12.2】　测试类程序 Test.java。

```java
public class Test{
    public static void main(String [] args){
        Student s1 = new Student("张三", 23, 74);
        s1.display();
        Student s2 = new Student("李四", 20, 65);
        s2.display();
        Student s3 = new Student("王五", 21, 93);
        s3.display();
    }
}
```

程序 12.2 的运行结果如图 12.1 所示。

```
D:\program\unit12\12-1\1-1>javac Test.java

D:\program\unit12\12-1\1-1>java Test
实例顺序：1 姓名:张三
实例顺序：2 姓名:李四
实例顺序：3 姓名:王五
```

图 12.1　程序 12.2 运行结果

测试类中定义了三个 Student 类对象，每个对象做一次实例化，显示实例化的顺序号和学生姓名。

12.1.2　获得学生对象个数

如果想知道 Student 类在程序执行过程中已经创建了多少个实例，需要在 Student 类中增加一个静态方法来实现，Student 程序增加方法 getCounter()，如程序 12.3 所示。

【程序 12.3】　增加静态方法的学生类程序 Student.java。

```java
public class Student{
    private String name;
    private int age;
    private double grade;
    private static int counter = 0;
    public Student(String name, int age, double grade){
        this.name = name;
```

```
        this.age = age;
        this.grade = grade;
        counter ++;
    }
    public static int getCounter(){
        return counter;
    }
    public void display(){
        System.out.println("实例顺序:" + counter + " 姓名:" + name);
    }
}
```

【程序 12.4】 测试类程序 Test.java。

```
public class Test{
    public static void main(String [] args){
        Student s1 = new Student("张三", 23, 74);
        Student s2 = new Student("李四", 20, 65);
        Student s3 = new Student("王五", 21, 93);
        System.out.println("学生人数:" + Student.getCounter());
    }
}
```

程序 12.4 的运行结果如图 12.2 所示。

```
D:\program\unit12\12-1\1-2>javac Test.java

D:\program\unit12\12-1\1-2>java Test
学生人数: 3
```

图 12.2　程序 12.4 运行结果

需要说明的是，访问静态方法时，没有像以前那样使用对象进行访问，而是使用类名访问，例如语句 Student.getCounter()。静态的属性和方法可以用类名来访问，也可以使用对象来访问。因此静态属性和静态方法又称为类属性和类方法，对应的非静态属性和非静态方法称为实例属性和实例方法。

12.2　相　关　知　识

12.2.1　静态属性与实例属性

多数 Java 程序设计者习惯把静态属性称为静态变量，把实例属性称为实例变量。在定义静态属性时使用关键字 static 修饰，静态属性也称为类属性。每个类装入内存后，静态属性在方法区中开辟空间，每个类只有一份。而同一个类的实例属性可以有多份，每次对象实例化就创建一个对象实例,实例中为这个对象的实例属性开辟了存储空间。例如程序 12.3 中 Student 定义了四个属性,代码段如下。

```
private String name;
private int age;
private double grade;
private static int counter = 0;
```

其中前三个属性 name、age 和 grade 是实例属性,对象实例化后,属性的值保存在对象实例中。最后一个属性 counter 是静态属性,保存在类 Student 的方法区中。

由于静态属性在内存中只有一份,不管哪个实例进行修改时,都会改变这个值,静态属性可以被类的各个对象实例共享。例如程序 12.3 中的属性 counter 是静态属性,只在 Student 方法区中保存一份。Student 类所有实例共享这个数据。因此下面程序段中每次实例化一个 Student 对象,对应的属性 counter 值加 1,最后 counter 数值为 3。

```
Student s1 = new Student("张三", 23, 74);
Student s2 = new Student("李四", 20, 65);
Student s3 = new Student("王五", 21, 93);
```

而每个类的实例属性都是相互独立,互不影响。例如上面程序段对象 s1 的实例中,属性 name 的值为“张三”,而对象 s2 的属性 name 值为“李四”。不同的实例中相同属性的值不同。

综上所述,静态属性是类的全局变量,而实例属性则是某一个实例的变量。静态属性可以通过类名来访问,也可以通过对象来访问。而实例属性只能通过对象来访问。对于静态方法也是一样的。

在第 6 章介绍方法提取时,所有提取后的方法都是静态方法,方法定义中标有 static 关键字。这个与 Java 语言的约定有关,Java 语言要求所有的静态方法不能调用实例方法,也不能访问实例属性。例如,将程序 12.3 中的 getCounter()方法做了修改如下:

```
public static int getCounter(){
    age = 20;
    return counter;
}
```

编译这段程序时会报错,读者可以自己试试,用这段程序替换程序 12.3 的 getCounter()方法,看看编译结果,编译程序给出一个错误,提示内容大意是：在静态方法中访问了非静态属性 age。同样如果修改 getCounter()方法如下：

```
public static int getCounter(){
    display();
```

```
        return counter;
    }
```

读者自己来编译程序,编译时同样会报错,错误提示内容大意是:在静态方法中访问了非静态方法 display()。

但是反过来,实例方法可以正常调用静态属性和静态方法。Java 这样约定也是有原因的,类的静态方法是可以直接使用类名来访问的,换句话说可以不需要实例化就可以访问,此时实例变量不一定存在,即使存在也可能有多个实例,也不知道应当访问哪个实例,因此在静态方法中不能访问实例属性。同样,实例方法中可能会用到实例属性,因此静态方法也不能调用实例方法。正是基于这个原因,在第 6 章中提取出来的方法为了能够被静态方法 main()中的语句调用,所以要将这些方法都定义为静态的。

接着看主方法 main()为什么是静态的? 当 main()方法所在类加载后,Java 虚拟机就能根据类名在运行时数据区的方法区内找到静态方法 main(),并执行这个方法,与这个类是否实例化无关,因此定义为静态的。另外,既然 main()方法需要通过 JVM 直接调用他,那么就需要他的限定符是 public 的,否则是无法访问的。因此 main()方法使用 public 和 static 两个关键字修饰。

12.2.2　再论对象创建过程

第 8 章介绍了对象的实例化过程,下面将进一步深入地讨论类的装载和对象的实例化过程。从程序 12.1 的运行结果可以看出,虽然 Test 类中定义了三个 Student 类的对象并进行了实例化,但静态变量 counter 值在每次实例化时并没有被重新赋予初值 0,而是保留了上一次的累加结果,使得 counter 的值依次输出为 1、2、3。出现这种情况的原因是与类和对象的创建过程有关的。前面第 8 章已经介绍过对象的实例化过程,下面以程序 12.3 为例,进行更加深入的介绍。

Student 类中,定义了四个属性,其中 name、age 和 grade 为普通属性,而 counter 为静态属性。同时定义了三个方法,包括构造方法 Student(String name, int age, double grade)、显示方法 display()和静态方法 static int getCounter()。程序 12.4 中,当程序执行到语句 Student s1 = new Student("张三", 23, 74)时,类和对象的装入和处理过程如下:

(1) 当执行到 Student 时,先检查类 Student 是否被装入,如果没有则装载对应的 Student.class 文件,创建 Class 对象,此时的 Student.class 装入内存后作为类 Class 的一个对象。

(2) 对静态数据(由 static 声明的)进行初始化,例如类 Student 定义的 counter 变量 private static int counter = 0,变量 counter 在类 Student 有效期间只进行这一次初始化。

(3) 创建对象进行实例化,调用构造方法初始化所有定义对象的实例属性,例如语句 Student s1 = new Student("张三", 23, 74)初始化对象 s1 定义的实例属性:name、age 和 grade。具体执行过程第 8 章中已经详细介绍过,不再赘述。

下面做个简单的总结,类中的变量可以归纳为三类:类属性、实例属性和局部变量。

其中,类属性就是类的全局变量,如 Student 类中 counter 就是类属性,类属性的特点是随着类的装入而存在,可以使用类名访问。实例属性就是类中定义的普通属性,非 static 属性,也称为实例变量,这些属性是在实例化时候开辟内存空间的,如 Student 类中的属性 name。局部变量是在方法内部声明的变量或者是方法的参数,例如普通方法 display(int passLine)所定义的参数 passLine 就是一个局部变量,作用域仅限于 display()方法内。

12.3　训练程序

应用现有 Math 类的静态方法,生成一个 1～50 之间的随机整数作为半径计算圆的面积,并将计算结果四舍五入,显示结果。

12.3.1　程序分析

数学运算中一些常用的方法包含在 java.lang 包下的 Math 类中。Math 类中提供了许多用于进行数学计算的方法。这些方法都是 static()方法,可以直接使用类名进行调用。比如,生成 0～1(含 0 不含 1)之间随机数的方法 public static double random(),圆周率常量 public static double PI,四舍五入方法 public static double rint()等等。读者需要 Math 类其他常用方法时,可以查阅 Java 的 API 文档。

12.3.2　参考程序

根据以上分析设计程序,生成一个 1～50 之间的随机整数作为半径计算圆的面积,并将计算结果四舍五入。如程序 12.5 所示。

【程序 12.5】　使用数学方法类 Math 提供的静态方法进行数学计算。

```java
public class TestMath{
    public static void main(String [] args){
        int r;                          //圆半径
        double area;                    //圆面积
        r = 1 + (int)(Math.random() * 50);
        System.out.println("圆的半径为" + r);
        area = Math.PI * r * r;
        System.out.println("圆的面积为" + Math.rint(area));
    }
}
```

程序 12.5 的运行结果如图 12.3 所示。

```
D:\program\unit12\12-3\3-1>javac TestMath.java

D:\program\unit12\12-3\3-1>java TestMath
圆的半径为40
圆的面积为5027.0
```

图 12.3　程序 12.5 运行结果

在上例中，语句 Math.random()调用 Math 类的静态方法 random()生成随机数，使用 Math 类的静态常量 Math.PI 定义的圆周率值，调用 Math 类静态方法 Math.rint(s)取整。这些静态的属性和方法都是通过类名进行访问的。

12.4　拓展知识

12.4.1　属性与局部变量

在 Java 语言中，根据变量定义位置不同可以将变量分成两大类：第一类是属性，第二类是局部变量。属性直接定义在类中，根据属性是否带有修饰词 static 分成静态属性和实例属性。

局部变量又分成三种：方法的形参、方法局部变量和代码块局部变量。方法的形参是定义在方法头的参数表中的参数变量，在整个方法中有效。方法局部变量是在方法中定义的局部变量，作用域是从变量定义到方法结束。代码块是指使用{}括起来的一段代码，这段代码中定义的局部变量称为代码块局部变量，作用域在代码块内。

当 Java 虚拟机加载一个类时，在方法区开辟类属性的存储空间，并进行初始化。而实例属性则是在创建实例时进行初始化的，保存在堆区。局部变量都是在程序执行到某一个方法时，创建一个方法的栈帧，在栈帧上为局部变量开辟空间，进行初始化。因此所有的局部变量都是保存在栈中的。

不同类型的属性或者变量初始化的默认值不同，整数类型（byte、short、int、long）变量的默认值为 0；单精度浮点型（float）和双精度浮点型（double）变量的默认值为 0.0；字符型（char）的基本类型变量的默认为"\u0000"；布尔型的基本类型变量的默认值为 false；引用类型的变量是默认值为 null。属性和局部变量在命名时要求是一个合法的 Java 标识符，同时还应该符合 Java 编码规范，使用一个或者多个有意义的词连在一起，第二个单词起首字母大写，其他小写，例如：

学生成绩：grade
学生测验成绩：testGrade

属性和变量的作用域从大到小依次是静态属性、实例属性、形参、局部变量、代码块局部变量。实际的程序设计中，在满足需要的前提下，尽量定义作用域小的变量和属性。具体地说，如果需要在多个 Java 对象共享的属性，定义静态属性，例如程序 12.1 中定义的 counter 属性用来记录实例化对象的个数，因此需要实例之间共享，定义为静态属性：

```
private static int counter = 0;
```

如果是描述对象特征的属性，且每个对象都是不同的数据，例如程序 12.1 中的 name 是学生的特征数据，每个学生的姓名都是不一样的，因此定义为实例属性：

```
private String name;
```

如果只是在一个方法内部使用的变量,则定义为局部量,例如下面程序段中定义的变量 flag,只在这个方法中使用。

```
public boolean beSame(String name, int age){
    boolean flag = name.equals(this.name);
    flag = flag && (age == this.age);
    return flag;
}
```

而有的变量只在一个代码块中使用,例如程序 5.1 中计算累加成绩中用到的循环变量 i 就是一个块内变量,只在这段程序内有效,出了这段程序再使用就需要重新定义了。

```
for(int i=0; i<SIZE; i++){
    averageGrade = averageGrade + grade[i];
}
```

缩小属性和变量的作用域可以提高程序性能,有效减少程序出现错误的可能性,提高程序的健壮性。

12.4.2　静态属性与方法存储

第 6 章和第 8 章中介绍了 Java 虚拟机中方法和实例的存储空间。类的静态属性保存在方法区中,被所有的线程共享,可以直接使用类名进行访问,因此又称为类变量。类中的静态属性只有一个内存空间,一个类虽然有多个实例,但这些实例共享同一个静态属性。方法区中除了保存代码和静态属性,还包括其他信息,一般方法区包括以下信息:

- 类型信息,被加载类的类型信息。
- 常量池,class 文件中的常量池加载到方法区。
- 属性信息,保留类中每一个属性声明相关信息。
- 方法信息,保留类中每一个方法声明相关信息。
- 静态属性信息,为静态属性在方法区分配空间。
- 一些重要的引用,指向 ClassLoader 类和 Class 类的引用。

实例方法有一个隐含的传入参数,该参数是 JVM 给它的,和具体怎么编写代码无关。这个隐含的参数就是当前对象 this。因此实例方法在调用前,必须先 new 一个对象实例,获得 this 指针,以便传给每一个实例方法。而静态方法没有隐含参数 this,因此不需要 new 对象,只要 class 文件被类装载器装入进 JVM 的方法区就可以了,而此时不一定存在对象或者对象的实例。

程序开始执行后,如果是静态方法,直接执行方法的指令代码,因此指令代码不能访问实例对象。而实例方法,需要先使用 new 来实例化一个对象,在堆中分配对象实例,并初始化实例,这样实例方法在执行时就可以找到具体的实例了。

12.4.3 单个实例

在设计 Java 程序时，有时会有一些特殊要求，例如希望一个类只创建一个实例，而且这个实例类内共享。这个问题可以使用上面的静态方法和静态属性来实现。下面先来分析一下如何实现上面的功能。

（1）每个实例都是通过调用构造方法创建的，如果要求只有一个实例，此时就不能随意调用构造方法创建实例，为此可以将构造方法设计成私有的；

（2）当一段程序需要实例时，应该可以得到实例，这就要求类中提供一个公有的获取实例的方法；

（3）由于一个类只有一个实例，因此可以设计一个静态属性来保存这个实例；

（4）可以根据实例是否存在来判断是否进行实例化，如果存在直接返回，否则实例化返回。

按照上面思路设计出一个只能创建一个实例的学生类，如程序 12.6 所示。

【**程序 12.6**】 创建学生类程序 Student.java。

```java
public class Student{
    private static Student inst = null;
    private Student(){
    }
    public static Student getInstance(){
        if (inst == null){
            inst = new Student();
        }
        return inst;
    }
}
```

学生类定义中略去了原来的属性和方法，只给出了与单个实例相关的静态属性 inst，私有构造方法和公有的静态方法 getInstance()。定义测试类测试这个程序执行结果，测试类如程序 12.7 所示。

【**程序 12.7**】 测试类程序 Test.java。

```java
public class Test{
    public static void main(String [] args){
        Student s1 = Student.getInstance();
        Student s2 = Student.getInstance();
        System.out.println(s1 == s2);
    }
}
```

程序 12.7 的运行结果如图 12.4 所示。

```
D:\program\unit12\12-4\4-1>javac Test.java

D:\program\unit12\12-4\4-1>java Test
true
```

图 12.4　程序 12.7 运行结果

　　测试类 Test 中先定义了对象 s1,调用静态方法 getInstance()获取实例。getInstance()
方法中先判断静态属性 inst 是否为空,第一次调用时为空,调用私有的构造方法进行实
例化,得到实例 inst 返回。测试类再次定义对象 s2,同样调用静态方法 getInstance()获
取实例。getInstance()方法中先判断静态属性 inst 是否为空,第二次调用时不再为空,直
接返回保存在静态属性 inst 中的实例。使用语句 s1 == s2 进行验证,结果为真,表示两
次得到的实例是一样的。上面例子中通过定义静态属性和静态方法实现了只能创建单个
实例的要求。这一章学习了新的关键字 static,如表 10-2 中粗体列出。剩余关键字将在
后面学习。

表 10-2　Java 关键字

abstract	extends	interface	strictfp**	throws
assert***	finally	native	super	transient
catch	implements	package	synchronized	try
default	import	**static**	throw	volatile
enum****	instanceof			

12.5　实 做 程 序

　　1. 程序 12.3 中定义类 Student,有一个静态方法 getCounter()和一个普通方法
display(),在测试类 Test.java 中使用如下方法调用语句是否正确? 并解释原因。
　　(1) Student.getCounter();
　　(2) s.getCounter();(假设已经定义 Student 类对象 s)
　　(3) Student.display()。
　　要点提示:
　　(1) 静态方法可以使用类名或者对象名进行访问;
　　(2) 普通方法只能使用对象名访问。
　　2. 程序 12.3 中定义类 Student,有一个静态方法 getCounter(),修改方法如下,分析
是否正确? 并解释原因。
　　(1) 修改方法 getCounter():

```
public static int getCounter(){
    name = "Test";
    return counter;
```

```
}
```

要点提示：静态方法是否可以访问实例属性。

（2）修改方法 getCounter()：

```
public String getName(){
    return name;
}
public static int getCounter(){
    String myName = getName();
    return counter;
}
```

要点提示：静态方法是否可以访问实例方法。

（3）增加方法 displayCounter()：

```
public String displayCounter(){
    System.out.println(counter);
}
```

要点提示：实例方法是否可以访问静态属性。

3. 在实做程序 11.8 的基础上改写 Money 类，增加一个静态方法 writeOut(String owner，Money money)，按照指定格式输出金额，输出格式如“owner have/has XX Yuan XX Jiao XX Fen.”的字符串。提示，字符串转浮点数可以使用静态方法：Double. parseDouble(String)。定义测试类，定义 Money 对象，使用 writeOut()方法输出金额。

4. 设计一个小猴打小妖程序；定义一个小猴类 LittleMonkey。属性有：编号 code，类型 String；名字 name，类型 String；定义一个方法打小妖 hitMonster()；小猴的编号是按照实例化次序生成的，第一个小猴编号 101，第二个 102，以此类推；小猴的名字也是顺序生成的，第一个 m1，第二个 m2，以此类推；打小妖方法显示小猴名字和打小妖信息，样式如下：m2 hit little monster。定义测试类，输入创建小猴个数 n，定义数组创建 n 个小猴，让所有小猴执行打小妖方法，显示打小妖内容。有兴趣的读者可以继续完善这个程序，定义一个孙悟空对象，负责管理所有小猴，包括创建和打小妖。

5. 设计一个学生类 Student 对象查询工具类 StudentUtil。该类有四个静态方法：查找最高成绩方法：public static Student getMaxGrade(Student [] students)，查找最低成绩方法：public static Student getMinGrade(Student [] students)，从小到大排序方法：public static Student [] sortToMax(Student [] students)，从大到小排序方法：public static Student [] sortToMin(Student [] students)。定义测试类，输入一组学生信息，应用查询工具类 StudentUtil 的四个方法，显示执行结果。

第 13 章

泛化类 Person

学习目标

- 了解泛化与继承的概念,了解自然界事物间的层次关系;
- 掌握应用 Java 语言继承机制来编写父类与子类的方法;
- 理解子类的实例化过程。

13.1 示 例 程 序

13.1.1 泛化类 Person 的实现

前面多次讲到类 Student 和类 Teacher,仔细分析这两个类,会发现有很多相似的地方。两个类的属性都有姓名(name)和年龄(age),都有一个方法 display()显示对象的名字。如果一个软件应用中同时定义了这两个类,是否可以把公共部分提取出来,放到一个新类中? 答案是肯定的。把这两个类的公共部分提取出来的过程称为泛化,得到的新类叫做泛化类,命名为 Person,代码如程序 13.1 所示。

【**程序 13.1**】 泛化类程序 Person.java。

```java
public class Person{
    private String name;
    private int age;
    public void display(){
        System.out.println("姓名:" + name);
    }
}
```

从类 Student 和类 Teacher 得到类 Person 的过程称为泛化,就是从两个或者多个类中抽取公共的属性和方法,得到一个新的类,这个类就是泛化类。上面的 Person 类就是一个泛化类,抽取了公共属性:

name:姓名;

age:年龄。

抽取了公共方法:

display():显示基本信息。

教师和学生都是人,因此给新类一个名字 Person。泛化类也可以像普通类一样添加构造方法和相应的置取方法。

13.1.2 子类 Student

有了泛化类 Person，如何使用泛化类来定义类 Student？这就要用到 Java 的继承机制，类 Student 继承类 Person，代码如程序 13.2 所示。

【**程序 13.2**】 学生类程序 Student.java，继承 Person 类。

```
public class Student extends Person{
    private double grade;
}
```

关键字 extends 表示类的继承关系，类 Student 继承类 Person。继承得到的 Student 类称为子类，被继承的 Person 类称为父类。子类 Student 继承了父类所有的属性和方法，父类中访问控制权限不是 private 的属性和方法，子类中可以进行访问。如果父类中的属性是 private 的，则在子类中不能直接访问，就需要使用父类中对应的置取方法进行访问。增加测试类 Test，代码如程序 13.3 所示。

【**程序 13.3**】 测试类程序 Test.java。

```
public class Test{
    public static void main(String [] args){
        Student s = new Student();
        s.display();
    }
}
```

程序 13.3 的运行结果如图 13.1 所示。下面来分析这个程序的执行过程：

首先执行测试类 Test 的语句 Student s = new Student()，调用 Student 类的缺省构造方法 Student() 进行实例化。

Student() 进行实例化之前需要先调用父类的构造方法进行实例化，由于父类没有定义构造方法，因此使用系统自动添加的构造方法 Person() 进行实例化，父类实例化后进行子类实例化，实例化完成后的实例内存示意图如 13.2 所示。

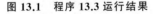

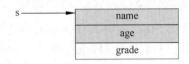

图 13.1　程序 13.3 运行结果　　　　图 13.2　Student 类实例化结果示意图

父类 Person 实例化后有两个属性 name 和 age，子类 Student 实例化后有一个属性 grade。Student 类和 Person 类都没有定义构造方法，都使用默认初始值给属性域赋值，name 域默认初值为 null。同样子类 Student 继承了父类 Person 的方法，执行 s.display() 则是执行从父类 Person 中继承的方法 display()，因此显示父类对象的 name 属性域的值，这个值为 null。

13.1.3 Student 对象初始化

在前例 Student 类对象 s 实例化时，使用了默认的构造方法，如果想使用带参数的构造方式进行实例化，需要对应的在父类中也定义一个构造方法来实现，Person 类程序增加构造方法如程序 13.4 所示。

【**程序 13.4**】 带参构造方法的 Person 类程序。

```java
public class Person{
    private String name;
    private int age;
    public Person(String name, int age){
        this.name = name;
        this.age = age;
    }
    public void display(){
        System.out.println("姓名:" + name);
    }
}
```

新添加的 Person 类构造方法负责初始化 Person 类对象的属性。同样 Student 也需要增加构造方法，并在构造方法中调用父类的构造方法，增加构造方法代码如程序 13.5 所示。

【**程序 13.5**】 带参构造方法的 Student 类程序。

```java
public class Student extends Person{
    private double grade;
    public Student(String name, int age, double grade){
        super(name, age);
        this.grade = grade;
    }
}
```

【**程序 13.6**】 测试类程序 Test.java。

```java
public class Test{
    public static void main(String [] args){
        Student s = new Student("张三", 23, 86);
        s.display();
    }
}
```

修改后程序 13.6 的运行结果如图 13.3 所示。

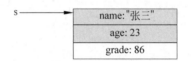

```
D:\program\unit13\13-1\1-2>javac Test.java
D:\program\unit13\13-1\1-2>java Test
姓名：张三
```

图 13.3　程序 13.6 运行结果

测试类 Test 中定义类 Student 对象 s，实例化使用了带参数的构造方法。类 Student 的构造方法先执行语句 super(name，age)，调用父类就是 Person 类的构造方法。关键字 super 表示父类对象，这样实例化了父类对象。得到了图 13.3 的运行结果。实例化后的内存示意图如图 13.4 所示。

```
s ───────▶   name:"张三"
             age: 23
             grade: 86
```

图 13.4　对象 s 实例化结果示意图

其中前面两个属性域 name 和 age 是对象 s 调用父类构造方法 super 完成的初始化，最后一个属性 grade 是 Student 类构造方法完成的初始化。需要注意，调用父类构造方法时需要确认父类构造方法存在，并且使用语句 super(name，age)调用父类构造方法，这条语句需要放在子类构造方法的第一行。如果没有使用 super 关键字显式调用父类构造方法，系统默认将调用父类无参的构造方法。

13.2　相 关 知 识

13.2.1　类的继承

面向对象有三大特征，封装、继承和多态，前面第 9 章中介绍了类的封装，下面介绍第二个特征——继承（Inheritance）。继承是两个类之间的一种关系，指一个类可以从另一个类自动获得属性和方法。被继承的类称为父类，由继承而得到的类称为子类。一个父类可以有多个子类，类可以逐级继承。

父类实际上是所有子类经过泛化得到，因此每一个子类都是父类的一个特例。如程序 13.1 中提取学生类和教师类的共有属性和共有方法得到父类 Person，而子类 Student 增加了一个自己的属性 grade。因此父类 Person 和子类 Student 之间的关系是泛化关系。泛化关系是第二种类间关系。Java 语言中使用 extends 来表示一个类继承了另一个类，定义格式：

```
public class 子类类名 extends 父类类名{
    类体
}
```

类体的定义与前面讲的一样，也包括四个部分：属性的定义；构造方法的定义；置取方法的定义;普通方法的定义。

我们可以简单认为,子类继承了父类所有的属性和方法,父类中的非 private 属性和方法是可以直接访问的,例如上例的 display()方法。而父类中 private 的属性和方法对于子类是不可见的,例如 name 属性,这个属性不能直接在 Student 类中访问。

每个 Java 类只能有一个父类。如果没有显式给出父类,默认的父类是 Object 类。例如程序 13.1 中定义的 Person 类,public class Person{…},它没有定义父类,默认的父类是 Object 类,这个默认父类 Object 是编译程序添加的。读者有兴趣可以查看 Person类的 class 文件,可以看到它的父类是 Object 类。

13.2.2　关键字 super

第 9 章介绍了关键字 this,Java 中另一个关键字 super 是和 this 相对应的,super 用于访问父类的属性和方法。关键字 super 主要有两种用途:第一种是访问当前对象的父类对象属性和方法;第二种是访问父类的构造方法。例如,可以给程序 13.2 增加一个如下方法。

```
public void displayAll(){
    super.display();
    System.out.println("成绩:"+ grade);
}
```

在程序段中,语句 super.display()作用是调用父类的 display()方法。如果子类中没有与父类同名的 display()方法,这时可以省略 super 前缀。如果有与父类同名的方法,想访问父类的同名方法则必须写上 super 前缀。这样做与 Java 的实现机制有关。当访问一个类的属性和方法时,首先在当前类中查找,只有找不到时才到父类中查找,依次上溯所有父类。因此子类如果有与父类同名的方法,则会先访问子类的方法,如果想访问父类的方法需要显式说明,使用 super 指示。同样可以使用 super 来访问父类的 public 权限属性、默认权限属性或者是 protected 权限属性。关键字 super 的另一个用途是访问父类的构造方法。例如上面 Student 类的构造方法:

```
public Student(String name, int age, double grade){
    super(name, age);
    this.grade = grade;
}
```

使用语句 super(name, age)调用父类的构造方法 public Person(String name, int age),这里 super 代指父类对象的构造方法,这是 Java 语言的约定。

需要说明的是,子类的构造方法中如果没有直接调用父类的构造方法,这时候默认调用父类的无参构造方法,要求父类一定要有一个无参的构造方法,或者是没有构造方法。因为当父类没有构造方法时,系统会自动添加一个无参的构造方法。

13.3 训 练 程 序

程序 13.1 和程序 13.2 定义了 Person 类和其子类 Student 类。下面再定义一个教师类 Teacher，同样继承自 Person 类。

13.3.1 程序分析

因为教师类 Teacher 和学生类 Student 都具有 name 和 age 属性，都有 display()方法，因此它们都可以继承自 Person 类。除此之外，Teacher 类还有自己的属性工资 salary 和职称 professionalTitle。因为继承自 Person 类，Teacher 类的带参构造方法要调用 Person 类的带参构造方法。

13.3.2 参考程序

【**程序 13.7**】 Teacher 类程序 Teacher.java。

```java
public class Teacher extends Person{
    private double salary;
    private String professionalTitle;
    public Teacher(String name,int age,double salary,String
professionalTitle){
        super(name,age);
        this.salary=salary;
        this.professionalTitle=professionalTitle;
    }
}
```

【**程序 13.8**】 测试类程序 Test.java。

```java
public class Test{
    public static void main(String[] args)
    {
        Teacher zhang=new Teacher("张老师", 40, 4580, "副教授");
        zhang.display();
    }
}
```

Person 类程序与程序 13.4 相同，不再列出。程序 13.8 的运行结果如图 13.5 所示。

```
D:\program\unit13\13-3\3-1>javac Test.java

D:\program\unit13\13-3\3-1>java Test
姓名：张老师
```

图 13.5 程序 13.8 运行结果

Teacher 类对象 zhang 调用了父类的 display()方法,显示教师姓名。构造方法中定义教师对象 zhang 姓名是"张老师"。

13.3.3 进阶训练

【程序 13.9】 前面讲到圆类、矩形类、正方形类,在此基础上提取泛化类—形状类 MyShape,提取公共属性和公共方法。为了突出泛化类的提取过程,我们只给出简单的圆类、矩形类、正方形类的描述。

程序设计思路分析:

(1) 圆类 MyCircle,有两个属性:圆心 center,类型 MyPoint;半径 r,类型 double;两个方法 getArea()和 display();

(2) 矩形类 MyRectangle,有三个属性:左下起点 start,类型 MyPoint;长 length 和宽 width,类型 double;两个方法 getArea()和 display();

(3) 正方形类 MySquare,有两个属性:左下起点 start,类型 MyPoint;边长 side,类型 double;两个方法 getArea()和 display();

(4) 对圆、矩形、正方形做泛化,泛化后的类 MyShape。抽取公共属性,显然没有公共属性;抽取公共方法 getArea()和 display()。泛化后类 MyShape 不再是具体图形,因此方法 getArea()可以直接返回一个 0 值。方法 display()显示:"Generalization class Shape";

(5) 先实现泛化类 MyShape 作为基类,子类 MyCircle、MyRectangle、MySquare 继承基类 MyShape,添加各自属性,给出自己的方法 getArea()和 display()的具体实现。

需要说明的是,类 MyCircle、MyRectangle 和 MySquare 中都有一个 MyPoint 类属性,但是这个属性在不同类中含义不同,不能提取到泛化类中。请读者自己实现类 MyShape、MyCircle、MyRectangle、MyRectangle,给出测试类 Test 的实现程序,并查看程序运行结果。

13.4 拓 展 知 识

13.4.1 调用构造方法

从前面介绍可以看出,使用 this 可以调用本类的构造方法,使用 super 可以调用父类构造方法。在实际的程序设计中,可能在相关的父类和子类中既用到了 this,也用到了 super,例如程序 13.10 和程序 13.11 所示。

【程序 13.10】 Person 类程序 Person.java。

```java
public class Person{
    private String name;
    private int age;
    public Person(){
        this("",0);
```

```
        System.out.println("无参数实例化 Person 类完成");
    }
    public Person(String name, int age){
        this.name = name;
        this.age = age;
        System.out.println("有参数实例化 Person 类完成");
    }
}
```

Person 类中定义了两个构造方法，一个是无参数的构造方法 Person()，另一个是有两个参数的构造方法 Person(String name，int age)，无参构造方法使用语句 this("", 0) 调用有参数的构造方法。接下来定义 Person 类的子类 Student 类，代码如程序 13.11 所示。

【程序 13.11】 由 Person 类继承得到学生类程序 Student.java。

```
public class Student extends Person{
    private String schoolName;
    public Student(){
        System.out.println("无参数实例化 Student 类完成");
    }
    public Student(String name, int age, String schoolName){
        super(name, age);
        this.schoolName = schoolName;
        System.out.println("有参数实例化 Student 类完成");
    }
}
```

学生类也定义了两个构造方法，第一个是无参构造方法 Student()，第二个是有三个参数的构造方法 Student(String name，int age，String schoolName)。测试类如程序 13.12 所示。

【程序 13.12】 测试类程序 Test.java。

```
public class Test{
    public static void main(String [] args){
        Student s = new Student();
        s = new Student("张三", 23, "HK");
    }
}
```

程序 13.12 的运行结果如图 13.6 所示。

首先来看测试类中第一条语句 Student s = new Student()的执行过程：

（1）执行语句 Student s = new Student()，调用 Student 类的无参构造方法；

```
D:\program\unit13\13-4\4-1>javac Test.java

D:\program\unit13\13-4\4-1>java Test
有参数实例化Person类完成
无参数实例化Person类完成
无参数实例化Student类完成
有参数实例化Person类完成
有参数实例化Student类完成
```

图 13.6　程序 13.12 运行结果

（2）由于类 Student 继承了类 Person，而构造方法 Student()中并没有显式调用父类构造方法，因此默认调用无参的 Person 类构造方法 Person()初始化父类对象；

（3）执行 Person 类的无参构造方法中语句 this("", 0)，调用 Person 类的带参构造方法 Person(String name，int age)进行初始化，显示提示信息："有参数实例化 Person 类完成"；

（4）（3）完成后返回到（2）继续执行无参构造方法 Person()的第二条语句，显示提示信息："无参数实例化 Person 类完成"；

（5）（2）完成后返回（1），继续执行 Student 类的无参构造方法，显示提示："无参数实例化 Student 类完成"。

读者可以自己按照上面的步骤，结合程序运行结果，分析测试类下一条语句 s = new Student("张三"，23，"HK")的执行过程。

13.4.2　继承与组合

Java 语言中子类继承父类，父类代表更一般情况，而子类是父类的特例。例如程序 13.2 中父类 Person 代表人，子类 Student 代表学生，学生是一类特殊的人。面向对象分析与设计会从具体对象抽象出类，从多个具体类中抽取共同之处，形成泛化类，并可以进一步泛化得到更高层次的泛化类，最后形成一颗类树。例如图 13.7 是一棵示例类树。

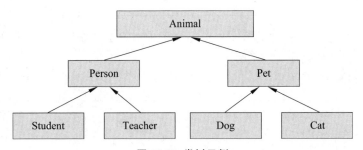

图 13.7　类树示例

图 13.7 中，类 Person 是学生 Student 类和教师 Teacher 类的泛化。宠物 Pet 类是宠物狗 Dog 类和宠物猫 Cat 类的泛化。动物 Animal 类是 Person 类和 Pet 类的泛化。Java 程序实现时先实现最高层的类，然后依次实现低一层的类。例如程序 13.1 和程序 13.2，设计阶段通过泛化学生 Student 和教师 Teacher 得到泛化类 Person。在代码实现时，先

实现 Person 类，再实现 Student 类和 Teacher 类。

实际的程序设计中经常会遇到判断两个事物是否具有继承关系，有些比较简单，例如前面的学生和人，有些则比较困难，例如，长方形和正方形。很多面向对象教材中给出了一个判定方法，看两个类是否是"is-a"关系，例如前面的学生 is-a 人，符合这个关系，是继承关系。但是对于后一个，正方形 is-a 长方形好像也成立，说正方形 is-a 长方形在数学上好像也可以，但实际上长方形并不是正方形的父类。

判定一个类是否是另一个类的子类更有效的方法是里氏代换原则（Liskov Substitution Principle LSP）。里氏代换原则是面向对象设计的基本原则之一。里氏代换原则要求任何父类可以出现的地方，一定可以使用该类的子类替换，且程序能够正常执行。简单地说，里氏替代原则要求子类应该包含父类所有的方法和属性，也可以说父类是子类的泛化。

回到上面例子，正方形有一个属性边长，经过泛化无法得到长方形的属性长和宽，因此二者不是继承关系。只有在面向对象分析过程中使用泛化方法得到的父类才符合里氏替代原则。而长方形和正方形更合适的实现方法是采用类间组合关系来实现。

另外一个关于判断是否是继承关系的常见例子是点和圆。点类定义两个属性：一对坐标值。圆定义的属性有圆心和半径。有人这样来设计，将点类设计成父类，圆类设计成子类。点类程序如程序 13.13 所示。

【程序 13.13】 点类程序 Point.java。

```java
public class Point{
    private double x;
    private double y;
    public Point(double x, double y){
        this.x = x;
        this.y = y;
    }
}
```

点类 Point 中定义了一对坐标 x 和 y，定义了构造方法和获取方法。接下来定义点类的子类—圆类，代码如程序 13.14 所示。

【程序 13.14】 圆类程序 Circle.java。

```java
public class Circle extends Point{
    private double r;
    public Circle(double x, double y, double r){
        super(x, y);
        this.r = r;
    }
}
```

程序 13.14 定义一个圆类 Circle 继承了点类 Point。从程序实现上看点类 Point 可以看作是类 Circle 的泛化,应该满足里氏替代原则的。但是在概念上圆不是点的特殊情况,也就是说语义上是不正确的,因此这两个类没有继承关系。比较恰当的做法是使用组合关系实现,修改后的代码如程序 13.15 所示。

【程序 13.15】 修改后的圆类程序 Circle.java。

```java
public class Circle{
    private Point center;
    private double r;
    public Circle(Point center, double r){
        this.center = center;
        this.r = r;
    }
}
```

第 10 章中介绍了类的组合关系,给出了应用组合关系实现代码重用的例子。继承关系中子类也可以继承父类的属性和方法,实现代码重用,因此很多教材在讲到继承的特点时也强调可以实现代码重用。随着面向对象技术的发展,继承更主要的用途是用于下一章要讲的多态,对于代码重用一定要慎重,可能会引起一些问题。如果一定想重用,建议尽可能使用组合关系效果可能会更好。

设计阶段通过泛化得到的泛化类,实现阶段使用继承来实现,例如程序 13.1 的 Person 类是学生和教师的泛化类,实现阶段学生类 Student 继承了类 Person。当无法准确判定两个类是否是继承关系时,尽量使用组合实现。例如前面的长方形和正方形的例子,可以使用组合实现,这样做的好处是封装了正方形的实现细节,如果以后改变了实现方式也不会影响到使用这个类的程序。类似的还有园与椭圆等等,也适合用组合来实现。本章学习了新的关键字 extends、super,如表 13-1 中粗体列出。剩余关键字将在后面讲解。

表 13-1 Java 关键字

abstract	**extends**	instanceof	strictfp**	throws
assert***	finally	interface	**super**	transient
catch	implements	native	synchronized	try
default	import	package	throw	volatile
enum****				

13.5 实 做 程 序

1. 参照程序 13.2,以 Person 类为父类,继承得到子类 Worker。Worker 类具有自己的属性工资 salary 和级别 level,并在构造方法中调用 Person 类的构造方法。设计测试

类创建 Worker 类对象,并调用 Person 类的 display()方法。要点提示:

(1) 参考程序 13.2 实现 Worker 类;

(2) 参考程序 13.5 实现 Worker 类的构造方法。

2. 定义桌子类 TableInfo,属性有腿数 legs 和高度 hight,方法包括带参构造方法 public TableInfo(int legs,int hight) 和一个普通方法 public void print(),用于显示桌子 legs 属性值。以 TableInfo 类为父类,继承得到方桌类和圆桌类,方桌类要求新增属性长和宽,圆桌类新增属性半径。设计测试类,分别创建方桌类和圆桌类的对象,并调用 TableInfo 类的 print()方法。要点提示:

(1) 参考程序 13.1 实现父类 TableInfo;

(2) 参考程序 13.2 实现子类方桌类 RectangleTable 和圆桌类 RoundTable。

3. 定义电话类 Phone,属性有电话号码 code,方法包括一个带参的构造方法,一个普通方法 display(),用于显示 code 属性值。以 Phone 类为父类,继承得到手机类 MobilePhone,要求新增属性品牌 brand 和机主身份证号 ownerId,新增普通方法 public double pay(int time,double price),用于返回话费计算结果(time * price)。设计测试类创建 MobilePhone 类对象,并计算话费。要点提示:

(1) 参考程序 13.1 实现父类 Phone;

(2) 参考程序 13.2 实现子类 MobilePhone。

4. 大学课程包括理论课和实践课,设计理论课类 ClassCourse 的属性有:编号 code,类型 String;名称 name,类型 String;学时 hours,类型 int。设计一个实践课类 LaboratoryCourse 属性有:编号 code,类型 String;名称 name,类型 String;周数 weeks,类型 int。两类课程都有方法 display(),显示课程信息。要求对两类课程进行泛化得到课程类 Course,使用课程类作为基类,继承基类设计出理论课和实践课对应的类。设计测试类,定义三个类的对象,实例化,显示各类课程的信息。

5. 设计学生类 Student 和它的子类 Undergraduate,要求:①Student 类有属性:姓名 name 和年龄 age,有一个包含两个参数的构造方法,为两个属性赋初值,一个 display()方法输出 Student 的属性信息;②Undergraduate 类增加一个属性:专业 major,类型 String。有一个包含三个参数的构造方法,一个 display()方法输出 Undergraduate 的属性信息;③在测试类中分别创建 Student 对象和 Undergraduate 对象,调用它们的 display()方法显示学生信息。

6. 定义摄氏温度类和华氏温度类,属性有温度数值和标志,方法有显示温度值。在此基础上进行泛化,得到温度类。温度类属性有:温度值,方法显示温度值。设计测试类,定义三个类的对象,实例化,显示各自的信息。

7. 宠物猫 Cat 属性有:名字 name,类型 String;颜色 cColor,类型 String;年龄 age,类型 int;方法有两个:吃 eat(),叫 shout()。宠物狗 Dog 属性有:名字 name,类型 String;种类 species,类型 String;年龄 age,类型 int;方法有吃 eat(),叫 shout(),两个方法分别显示不同的字符串。在此基础上进行泛化,得到宠物类 Pet;属性有:名字 name,类型 String;年龄 age,类型 int;方法有吃 eat(),叫 shout()。设计测试类,定义三个类的对象,实例化,显示各自的信息。

8. Java 基础类库 java.util 包下有一个 Date 类,自己设计一个 MyDate 类继承 Date 类,添加方法 MyDate addDays(int days),计算当前日期值 days 天后的日期;方法 int getDays(MyDate dt),计算某个日期与当前日期差多少天。设计测试类,定义一个 MyDate 类型日期对象,获取系统时间,给这个日期增加 100 天得到新日期,再计算新日期和当前日期的天数差,并显示这个天数差。

第 14 章

对 象 多 态

学习目标

- 理解多态的概念；
- 学会如何重写类方法；
- 掌握应用对象上转型设计多态程序的方法；
- 了解对象多态的实现过程。

14.1 示 例 程 序

14.1.1 重写 display()方法

在第 13 章的程序中，display()方法只简单显示姓名，因此可以在 Person 类定义这个方法，然后在 Student 类和 Teacher 类使用方法 display()。但是，如果要求不同的类显示不同内容，例如 Student 类显示姓名和成绩，Teacher 类显示姓名和工资，而又希望这些不同的显示方法能够进行同一化处理，这时应该如何实现呢？Java 语言允许子类中重写父类的方法，可以解决这样的问题。Student 类重写 display()方法实现程序如程序 14.1 所示，Teacher 类重写 display()方法实现程序如程序 14.2 所示。

【**程序 14.1**】 重写 display()方法的学生类程序 Student.java。

```
public class Student extends Person{
    private double grade;
    public Student(String name, int age, double grade){
        super(name, age);
        this.grade = grade;
    }
    public void display(){
        super.display();
        System.out.println("成绩:" + grade);
    }
}
```

【**程序 14.2**】 重写 display()方法的教师类程序 Teacher.java。

```
public class Teacher extends Person{
    private double salary;
    public Teacher(String name, int age, double salary){
        super(name, age);
        this.salary = salary;
    }
    public void display(){
        super.display();
        System.out.println("工资:" + salary);
    }
}
```

【程序 14.3】　测试类程序 Test.java。

```
public class Test{
    public static void main(String [] args){
        Person p = new Person("张三", 23);
        p.display();
        Student s = new Student("张三", 23, 86);
        s.display();
        Teacher t = new Teacher("王老师", 45, 5200);
        t.display();
    }
}
```

程序 14.3 的运行结果如图 14.1 所示。

```
D:\program\unit14\14-1\1-1>javac Test.java

D:\program\unit14\14-1\1-1>java Test
姓名：张三
姓名：张三
成绩：86.0
姓名：王老师
工资：5200.0
```

图 14.1　程序 14.3 运行结果

程序 14.1 类 Student 增加了一个方法 display()，这个方法的名称、参数和返回类型与父类 Person 中的 display()方法完全一样，这样的方法称为重写方法，子类 Student 中重写了父类的 display()方法。

在默认情况下，子类中访问 display()方法调用的是被子类重写后的方法。如果想在子类中访问父类的 display()方法，需要使用 super 关键字，例如 Student 类中使用 super.display()就是访问父类对象的 display()方法。

程序 14.3 测试类中分别定义了三个类的对象，各自调用自己的 display()方法。Person 类对象 p 显示姓名，Student 类对象 s 显示学生姓名和成绩，Teacher 类对象 t 显示教师的姓名和工资，显示结果如图 14.1 所示。

14.1.2 向上转型

如果希望对 Person 类及其子类进行同一化处理。可以定义父类对象，给这个对象传递不同的子类实例，这样调用相同的方法就能够显示不同的内容。修改测试类 Test 如程序 14.4 所示。

【**程序 14.4**】 测试类程序 Test.java。

```
public class Test{
    public static void main(String [] args){
        Person p = new Person("张三", 23);
        p.display();
        p = new Student("张三", 23, 86);
        p.display();
        p = new Teacher("王老师", 45, 5200);
        p.display();
    }
}
```

程序 14.4 的运行结果与上例相同，如图 14.2 所示。

```
D:\program\unit14\14-1\1-2>javac Test.java

D:\program\unit14\14-1\1-2>java Test
姓名：张三
姓名：张三
成绩：86.0
姓名：王老师
工资：5200.0
```

图 14.2 程序 14.4 运行结果

测试类定义了 Person 类对象 p，第一次给它一个 Person 对象实例，这个时候调用 p.display()方法调用的是 Person 类对象的方法 display()；第二次给对象 p 一个 Student 对象实例，这个时候 p.display()调用的是 Student 类对象方法 display()；第三次调用的是 Teacher 类对象方法 display()。定义一个 Person 类对象 p，可以把这个类及其子类对象实例赋给对象 p。例如：

```
p = new Student("张三", 23, 86);
```

把子类 Student 类对象实例赋给了父类对象 p，这个赋值称为对象上转型。就是把子类对象的实例转换成父类对象类型，再赋给父类对象。再来看语句：

```
p.display()
```

执行后得到什么样的结果？这需要看对象 p 指向了哪个类对象的实例，指向实例不同得到的结果也不同。这就是前面所说的同一化处理，使用相同的语句完成不同的功能。

这就是面向对象中的多态,一个对象指向不同实例就有不同的行为表现。

14.2 相 关 知 识

14.2.1 方法重写

从父类继承的方法,子类可以对这个方法进行重写。方法重写是在子类中定义一个与父类相同的方法。子类定义方法的名字、返回类型、参数列表都与父类中定义的方法完全相同,但是实现过程一般不同。如程序 14.1 中,子类 Student 的方法:

```
public void display()
```

这个方法重写了父类 Person 的同名方法:

```
public void display()
```

子类通过方法重写来实现自身的行为,而父类方法则被隐藏。子类对象调用这个方法时,执行的就是子类重写的方法。如果希望执行父类被隐藏的方法,需要使用关键字 super 指明调用的是父类方法。

如程序 14.1 和程序 14.2 中,子类 Student 和子类 Teacher 都重写了父类 Person 的方法 display()。Test 类中的语句 s.display()和 t.display()调用的分别是 Student 类和 Teacher 类中重写后的 display()方法。

需要注意的是,在方法重写时,如果方法名和返回类型相同而参数不同,则是对父类方法进行了重载,父类方法并不会被隐藏。另外重写方法时不能缩小方法的访问权限,例如在 Student 中,如果定义方法:private void display(),这时候编译会报错。原因是父类的 display()方法是 public,而子类是 private,缩小了访问权限。

方法重写不仅可以重写自己定义父类的方法,也可以重写基础类库中父类的方法。例如第 8 章中讨论了对象相等,介绍了 String 类重写了 Object 类对象的 equals()方法,实现了根据字符串内容来判断两个字符串是否相等。而 Person 类没有定义父类,默认的父类也是 Object 类。读者可以参考这个字符串 String 类,自己重写 Object 类对象的 equals()方法,对两个 Person 类对象是否相等进行判断,如程序 14.5 所示。

【程序 14.5】 重写 Object 类方法 equals()的 Person 类程序 Person.java。

```
public class Person{
    private String name;
    private int age;
    public Person(String name, int age){
        this.name = name;
        this.age = age;
    }
    public boolean equals(Object obj){
```

```
        Person p = (Person)obj;
        return name.equals(p.name);
    }
}
```

Person 类重写了父类 Object 类的方法 equals()，有关 Object 类的 equals() 方法的定义参考 JavaAPI 文档。重写后的 equals() 方法根据属性 name 是否相等来判断两个 Person 类对象是否相等。测试程序如程序 14.6 所示。

【程序 14.6】 测试类程序 Test.java。

```
public class Test{
    public static void main(String[] args)
    {
        Person p1 = new Person("张三", 20);
        Person p2 = new Person("张三", 20);
        System.out.println(p1.equals(p2));
    }
}
```

程序 14.6 的运行结果如图 14.3 所示。

```
D:\program\unit14\14-2\2-1>javac Test.java

D:\program\unit14\14-2\2-1>java Test
true
```

图 14.3　程序 14.6 运行结果

从程序 14.6 中可以看出，对象 p1 和对象 p2 是两个不同的对象，分别指向不同的实例，使用 equals() 方法判断结果为相等。读者可以自己试试，删去程序 14.5 中的 equals() 方法，再次编译运行程序，结果显示为 false，表示两个对象不相等。

14.2.2　对象上转型

在 Java 类的继承层次上，一个父类可以有多个子类，但一个子类只能有一个父类，这样就会形成一棵类树。类的父类的父类，甚至更上层的父类，称为这个类的祖先类。同样，类的子类的子类，甚至是更低层的子类称为这个类的子孙类。Java 中的 Object 类是所有类的祖先类。一个类和它的父类、子类、祖先类、子孙类在类型上是相容的，可以进行转换，例如程序段：

```
public class Test{
    public static void main(String [] args){
        Person p;
        p = new Person("张三", 23);
```

```
            p = new Student("李四", 23, 86);
            Student s = (Student)new Person("张三 1", 23);
        }
    }
```

定义 Person 类对象 p，可以把 Person 对象的实例赋给它，如语句：

`p = new Person("张三", 23)`

这是最常见的对象赋值。也可以把 Student 实例赋给对象 p，如语句：

`p = new Student("李四", 23, 86)`

这个语句将子类对象实例赋给父类对象称为上转型。Java 中，上转型是默认转型，不需要强制类型转换。但如果反过来，把 Person 类型的实例赋给 Student 类对象 s，这时称为下转型，下转型需要进行强制类型转换，如语句：

`Student s =(Student)new Person("张三 1", 23);`

再如程序 14.5 中语句：

`Person p =(Person)obj`

这个语句中将 Object 类型对象 obj 转换成 Person 类对象，也是下转型。需要注意，将 Object 类型转换成 Person 类型后，一定要保证对象 obj 指向的是 Person 类对象实例，否则运行时会出错。对象进行上转型操作时需要注意以下三点：

（1）上转型对象不能操作对象对应类型中没有定义的实例属性和实例方法。假设 Student 类中定义一个方法 getGrade()，Student 类的实例上转型赋给 Person 类对象 p，此时访问 p.getGrade()，则会报错；

（2）上转型对象可以调用对象对应类型中定义的实例属性和实例方法，假设 Person 类中定义一个方法 getName()，可以使用 Person 类对象 p 访问 p.getName()；

（3）如果上转型对象调用的是重写方法，此时执行的是对象实例对应类的方法。例如程序 14.4 中语句 p.display()，执行的是对象 p 指向的实例所对应类对象的方法 display()。

同样上转型可以将子孙类对象实例赋给祖先类对象。由此可知，可以把任意类的对象实例赋给 Object 类对象，而不需要类型转换。

14.3　训　练　程　序

在实做程序 13.2 中，定义了桌子类 TableInfo，并以 TableInfo 类为父类，继承得到子类方桌类 RectangleTable 和圆桌类 RoundTable。子类中对 TableInfo 类的显示方法进行重写，圆桌要显示半径，方桌要显示长和宽。

14.3.1 程序分析

在父类 TableInfo 类中，显示方法 print()的功能是显示桌子 legs 属性的值。继承得到子类方桌类 RectangleTable 后，print()的功能发生了改变，要显示桌子的长和宽，而子类圆桌类 RoundTable 中，print()的功能又变为显示桌子的半径。因此要分别在两个子类中对 print()方法进行重写。

在 RectangleTable 类中重写 print()方法代码为：

```
public void print(){
    ...
}
```

在 RoundTable 类中重写 print()方法代码为：

```
public void print(){
    ...
}
```

14.3.2 参考程序

定义桌子类 TableInfo，并以 TableInfo 类为父类，继承得到方桌类 RectangleTable 和圆桌类 RoundTable，并在子类中重写显示方法 print()。

【程序 14.7】 桌子类程序 TableInfo.java。

```
public class TableInfo{
    int legs;
    int hight;
    public  TableInfo( int legs,int hight){
        this.legs = legs;
        this.hight = hight;
    }
    public void print(){
        System.out.println("桌子有" + legs + " 条腿");
    }
}
```

【程序 14.8】 重写 print()方法的方桌类程序 RectangleTable.java。

```
public class RectangleTable extends TableInfo{
    private double width;
    private double len;
    public RectangleTable( int legs, int hight, double width, double len){
        super(legs, hight);
        this.width = width;
```

```
            this.len = len;
        }
        public void print(){
            super.print();
            System.out.println("方桌!");
            System.out.println("长为" + width + ", 宽为" + len);
        }
    }
```

【程序 14.9】 重写 print()方法的圆桌类程序 RoundTable.java。

```
public class RoundTable extends TableInfo{
    private double r;
    public  RoundTable( int legs, int hight, double r){
        super(legs, hight);
        this.r = r;
    }
    public void print(){
        super.print();
        System.out.println("圆桌!");
        System.out.println("半径" + r);
    }
}
```

【程序 14.10】 测试类程序 Test.java。

```
public class Test{
    public static void main(String[] args){
        TableInfo t=new RoundTable (3, 100, 30.0);
        t.print();
        t=new RectangleTable(4, 100, 40.0, 60.0);
        t.print();
    }
}
```

程序 14.10 的运行结果如图 14.4 所示。

```
D:\program\unit14\14-3\3-1>javac Test.java

D:\program\unit14\14-3\3-1>java Test
桌子有3 条腿
圆桌!
半径30.0
桌子有4 条腿
方桌!
长为40.0, 宽为60.0
```

图 14.4 程序 14.10 运行结果

从运行结果可以看出，子类的 print( )方法先使用 super 对象调用父类的 print( )方法，再显示子类自己的内容。

14.3.3　进阶训练

【程序 14.11】　形状类进阶 1，程序 13.9 讲到圆类、矩形类、正方形类，在此基础上提取泛化类 MyShape，有一个方法计算面积。应用对象多态，编写程序计算底为圆、矩形、正方形的柱体体积。

程序设计思路分析：

（1）定义泛化类 MyShape，子类 MyCircle，子类 MyRectangle，子类 MySquare；

（2）在子类中重写父类方法 getArea( )；

（3）定义柱体类 MyCylinder，属性有两个：底 bottom，类型 MyShape；高 height，类型 double；两个方法，计算柱体体积方法 getVolume( )，计算公式＝底面积×高，底面积的计算使用对象多态来实现；显示柱体体积方法 display( )。

请读者自己实现类 MyShape、MyCircle、MyRectangle、MyRectangle、MyCylinder，给出测试类 Test，定义 MyShape 对象 bottom，分别给 bottom 不同的实例，计算不同样式柱体的体积，显示计算结果。

14.4　拓　展　知　识

14.4.1　动态绑定

与所有面向对象程序设计语言一样，Java 语言提供了动态绑定。所谓绑定是指一个对象与一个实例相关联。如果在编译期间进行关联就称为静态绑定，如果需要到运行阶段再进行关联则称为动态绑定。下面通过例子来说明什么是静态绑定和动态绑定，仍以 Person 类和 Student 类为例，略去其他实现细节，Person 类定义如程序 14.12 所示。

【程序 14.12】　Person 类的定义程序 Person.java。

```
public class Person{
    public String name = "张三";
    public String getName(){
        return name;
    }
}
```

注意，为了说明问题 Person 类中定义了一个 public 属性 name，初值为"张三"。同时提供一个公有的获取方法 getName( )。定义 Person 类子类 Student 如程序 14.13 所示。

【程序 14.13】　学生类程序 Student.java。

```
public class Student extends Person{
    public String name = "李四";
```

```
        public String getName(){
            return name;
        }
    }
```

学生类 Student 继承了类 Person,Student 中再次定义了一个 public 属性 name,初值为"李四"。同时也提供一个公有的获取方法 getName()。下面定义测试类程序 14.14,看看程序运行结果。

【程序 14.14】　测试类 Test.java。

```
public class Test{
    public static void main(String [] args){
        Person p = new Student();
        System.out.println("姓名:" + p.name);
        System.out.println("姓名:" + p.getName());
    }
}
```

运行这个程序之前,读者可以猜猜运行结果是什么?是显示两个"张三",显示两个"李四",还是一个"张三",一个"李四"。编译运行程序,结果如图 14.5 所示。

```
D:\program\unit14\14-4\4-1>javac Test.java

D:\program\unit14\14-4\4-1>java Test
姓名:张三
姓名:李四
```

图 14.5　程序 14.14 运行结果

看到这个结果可能很诧异,为什么第一个显示"张三",后一个显示"李四"。原因很简单,类的实例属性是静态绑定,而实例方法是动态绑定。因此执行语句 p.name 关联的是父类对象的 name,显示父类对象的 name 属性值;而执行 p.getName()则是关联的是子类对象的方法 getName(),显示子类对象的 name 属性值。从这个例子可以看出静态绑定与动态绑定的差异。

需要强调说明的是,这个例子只是为了说明静态绑定与动态绑定的区别,没有任何实际意义,实际的 Java 程序不会这样设计的。

14.4.2　多态讨论

面向对象有三大特征,前面介绍了封装和继承,本章讲解了多态(Polymorphism)。面向对象最基本的特征是封装,通过封装分离了类的实现细节和外部访问,将属性和实现细节封装起来,将外部可以访问的方法暴露出来。通过继承机制可以搭建一个具有层次结构的类图,包括类和接口(第 16 章中介绍),在这个层次中,位于顶层的类和接口定义了抽象的概念和抽象的操作,位于底层的类完成了具体功能的实现。继承是多态的基础,多态是面向对象技术的精华所在。通过多态技术实现了同一个操作在不同的语境下有不同的实现,大大提高了程序的灵活性,这也是构成框架的基础。

下面就来看看多态的具体实现机理。图 8.2 给出了对象存储的示意图,这个图也是最常见的描述对象存储图样式。之所以说是示意图,是因为这个图还不够完整。图 8.2 中对象 zhangsan 对应的实例保存在堆中,对象 zhangsan 保存在栈中指向堆中的实例。这时执行语句 zhangsan.display(),对象 zhangsan 是如何找到对应的 display()方法? 按照图 8.2 中的结构很难实现。如何找到方法 display()的具体实现过程与具体的 Java 虚拟机相关,可以有多种实现方式,下面给出一种参考的实现方式,如图 14.6 所示。

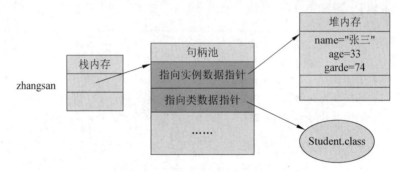

图 14.6 对象存储结构参考图

从图 14.6 中的实现方式可以看出,对象 zhangsan 指向了句柄池中的一个单元,这个单元中有两个指针,一个是指向对象 zhangsan 的实例,另一个指向对象 zhangsan 保存在方法区的 Student 类。从这个图中也很容易看到,当执行语句 zhangsan.display()时,根据 zhangsan 对象找到句柄池中单元中的第二个指针,再到方法区中找到 display()方法。例如下面程序段:

```
Person p;
p = new Person("张三", 23);
p.display();
p = new Student("李四", 23, 86);
p.display();
```

仔细看看图 14.6 就很容易理解这个程序段的执行过程:

(1) 语句 Person p,定义了 Person 类的对象 p;

(2) 语句 p = new Person("张三", 23),实例化一个 Person 类的实例,p 指向的句柄池中的两个指针分别指向了实例和类 Person。此时执行 p.display(),则调用 Person 类的方法 display();

(3) 语句 p = new Student("李四", 23, 86),实例化一个 Student 类的实例,p 指向的句柄池中的指针指向了类 Student。此时执行 p.display(),则调用 Student 类的方法 display()。

如果对象 p 的实例是通过参数传递过来,则语句 p.display()就需要到运行时根据传递给对象 p 的实例来确定所指向的句柄池，并根据句柄池中指向类的指针找到具体类的 display()方法。

这一章没有学习新的关键字，这一章涉及到关键字 instanceof，如表 14-1 中斜体列出。用于判断一个引用变量的类型，在此不再详述，有兴趣的同学可以自己查阅相关资料。剩余关键字将在后面讲解。

表 14-1　Java 关键字

abstract	enum****	*instanceof*	strictfp**	transient
assert***	finally	interface	synchronized	try
catch	implements	native	throw	volatile
default	import	package	throws	

14.5　实做程序

1. 修改程序 14.10 中定义类 Test 如下，请给出程序运行结果。

```
public class Test{
    public static void main(String[] args){
        TableInfo t;
        t=new RoundTable (3,100,30.0);
        t.print();
        t=new RectangleTable(4,100,40.0,60.0);
        t.print();
    }
}
```

2. 在实做程序 13.1 基础上修改 Worker 类，对父类 Person 类的 display()方法进行重写，显示工人的工资和级别。Test 类中定义 Person 类对象指向 Worker 类的实例，并调用重写后的 display()方法。要点提示，参考程序 14.2 重写 Worker 类的 display()方法。

3. 在实做程序 13.3 基础上修改 MobilePhone 类，对父类的 display()方法进行重写，显示 brand 和 ownerId 属性的值。Test 类中定义 Phone 类和 MobilePhone 类的对象，并分别调用 display()方法。要点提示，参考程序 14.2 重写 MobilePhone 类的 display()方法。

4. 在实做程序 13.6 的基础上修改子类摄氏温度和华氏温度，重写显示温度方法。定义天气类 Weather，属性有温度，类型为泛化后的温度类，湿度，类型 double，阳光，类型 String，取值有 SUNNY、WIND、RAIN、CLOUDY。一个方法显示天气。设计测试类 Test，利用温度对象多态，显示天气信息。

5. 在实做程序 13.7 的基础上修改子类宠物猫 Cat 和宠物狗 Dog，重写方法吃 eat()和方法叫 shout()。在前面类 Person 基础上增加喂养方法 feed(Pet p)，给这个方法传递不同的子类对象实例，喂养方法调用对应宠物对象的方法吃 eat() 和叫 shout()。设计测试类 Test，利用宠物对象多态，显示不同结果。有兴趣的读者可以继续改进这个程序，设计学生类 Student 继承 Person，实现学生喂养宠物。

6. 改进程序 14.11 中的类 MyShape，增加一个判断与线段相交的方法 intersect (LineSeg ls)，子类中重写该方法。测试类 Test 中利用 MyShape 对象多态，实现不同形状与线段的相交判断。

7. 在实做程序 10.9 基础上改进图书管理程序，增加教师类 Teacher，具体属性和方法参考 10.3 节。泛化教师类和学生类得到 Person 类，具体参考 13.1 节。给 Person 类增加两个属性，借书册数 count，类型 int；所借图书 borrowedBook，类型 Book 数组，用来保存所借图书。每个学生和教师最多可以借图书 10 本。Person 类增加两个方法：借书 borrow(Book bk)，借一本书 bk，显示字符串："张三借 Java 编程"；还书 return(Book bk)，归还一本书 bk，显示字符串："李四还 Java 编程"。张三是姓名，Java 编程是图书名字。设计测试类，定义 Person 类对象，图书类对象，实现教师和学生的借书、还书过程，显示结果。有兴趣的读者可以继续完善上面程序，例如给学生和教师设置不同最大借书数量，增加不同的超时设置，不同的罚款方法等等。

第 15 章

抽 象 类

学习目标

- 了解抽象类的概念和抽象类的含义；
- 掌握抽象类设计方法，学会应用抽象类来实现类的继承和多态；
- 理解抽象类的作用。

15.1 示 例 程 序

15.1.1 方法抽象

在第 13 章中，对具体类 Student 和类 Teacher 进行泛化，得到了泛化类 Person，Person 类有一个方法 display()，这个方法显示姓名。实际应用中需要泛化的方法可能在不同的子类中有不同的实现方式，无法在泛化类中提取出类似 display() 方法的公共操作。但是为了方便进行多态处理，还是需要泛化类有一个 display() 方法。此时可以将方法设计为只有方法头，方法体为空。按照这个想法可以将 Person 类的 display() 方法修改如下：

```
public void display(){
    }
```

此时的 display() 方法只是一个空方法，将来在 Person 类的子类中可以重写 display() 方法，实现每个子类自己希望的功能。

15.1.2 抽象方法 display()

对于这样没有方法体的空方法，Java 提供了一种机制，可以将 display() 方法定义为抽象方法，同时将 Person 类定义成抽象类，修改后 Person 如程序 15.1 所示。

【**程序 15.1**】 抽象类 Person 程序 Person.java。

```
public abstract class Person{
    private String name;
    private int age;
    public Person(String name, int age){
```

```
        this.name = name;
        this.age = age;
    }
    public abstract void display();
}
```

在 Person 类的子类 Student 中，需要重写抽象方法 display()，具体实现该方法如程序 15.2 所示。

【程序 15.2】 重写方法 display() 的学生类程序 Student.java。

```
public class Student extends Person{
    private double grade;
    public Student(String name, int age, double grade){
        super(name, age);
        this.grade = grade;
    }
    public void display(){
        System.out.println("学生成绩:" + grade);
    }
}
```

【程序 15.3】 测试类程序 Test.java。

```
public class Test{
    public static void main(String [] args){
        Student s = new Student("张三", 23, 86);
        s.display();
    }
}
```

程序 15.3 的运行结果如图 15.1 所示。

```
D:\program\unit15\15-1\1-1>javac Test.java

D:\program\unit15\15-1\1-1>java Test
学生成绩: 86.0
```

图 15.1　程序 15.3 运行结果

Person 类中的 display() 方法没有方法体，只有方法头，因此是一个抽象方法。为了更清晰的进行定义，给方法增加了关键字 abstract，用来指示是抽象方法。同样包括抽象方法的类就是抽象类，也需要用关键字 abstract 来定义。抽象方法和抽象类的定义如程序 15.1 所示。

需要说明的是，Person 类是一个抽象类，不能进行实例化。Person 类的子类需要重写 display()方法,实现这个方法。否则对应的子类还是抽象类,不能进行实例化。

前面使用了两种方法来实现 display()方法,第一种是写一个空方法,第二种是使用抽象方法。第一种方法的好处是简单,使用方便,不要求子类必须重写 display()方法。第二种方法一般用于设计者要求具体的实现者必须重写这个方法的情况,主要用于多态,好处是把方法重写这样的设计要求变成了强制的语法要求,不重写编译时就会报错。

15.2　相　关　知　识

15.2.1　抽象类定义

Java 中允许定义抽象类,抽象类的定义与普通类基本相同,不同的是一般抽象类都包含抽象方法,例如程序 15.1 中的 display()方法。

```
public abstract void display();
```

从程序 15.1 中可以看出,抽象方法有两个特点,第一是方法定义中使用了关键字 abstract 来修饰,说明要定义的方法是抽象方法;第二是该方法只有方法头部分,没有方法体部分。抽象类定义的时候也需要注意两点:第一点是抽象类中一般有一个或者是多个抽象方法;第二是抽象类的类头部分也使用关键字 abstract 修饰,例如程序 15.1 定义的抽象类 Person。

```
public abstract class Person{
    ...
    }
```

需要说明的是,第一点不是必须的,也就是说一个抽象类可以没有抽象方法,至少在语法上是可以的,例如下面定义的抽象类:

```
public abstract class Person{
    private String name;
    private int age;
    public Person(String name, int age){
        this.name = name;
        this.age = age;
    }
}
```

这个 Person 类没有抽象方法,但也是抽象类,不能被实例化。定义抽象类的目的有两个,第一个是要求使用者不能直接使用该类,必须先继承,并重写抽象类中的抽象方法。第二个是抽象类作为基类可以包括经过泛化得到的子类中的公共方法,简化子类的实现。抽象类大多会位于类树的顶层或者是上部。

15.2.2　抽象类说明

用关键字 abstract 修饰的类称为抽象类，例如程序 15.1 中定义的 Person 类。抽象类的特点包括以下四点：

（1）抽象类是一种抽象概念，不能使用 new 关键字进行实例化。例如程序 15.1 定义的抽象类 Person，如果测试类中增加一条语句：

```
Person p = new Person()
```

编译时会提示编译错误。定义抽象类的目的是被其他类继承。抽象类一般是经过多次泛化得到的类，类中有些方法可能不知道如何实现，因此定义为抽象的，需要在不同的子类中有不同的实现，例如程序 15.1 中 Person 类的 display()方法。

（2）在正常情况下，抽象类中可以有非抽象方法，一般至少应当有一个抽象方法。例如 Person 类中定义的方法：

```
public abstract void display()
```

抽象方法的作用在于为所有子类定义一致的外部调用接口，例如程序 15.1 中所有的 Person 类和它的子孙类都提供了统一的方法调用 p.display()。对象 p 指向 Person 类或者是其子孙类对象实例，调用方法采用统一的格式 p.display()。

（3）抽象类的子类必须重写抽象类中的抽象方法。例如 Person 类的子类 Student 中重写了 display()方法。按照重写的要求，两个类中的方法名、返回类型和参数都要一样。如果 Student 子类中不重写 display()方法，则类 Student 还是一个抽象类。

（4）抽象类可以有构造方法，可以在子类的构造方法中使用 super 来调用父类的构造方法。例如程序 15.2 中定义的构造方法：

```
public Student(String name, int age, double grade){
    super(name, age);
    this.grade = grade;
}
```

类 Student 中的构造方法使用 super(name，age)调用了父类的构造方法，实现了父类属性的初始化。

15.3　训练程序

对于桌子类 TableInfo，可以通过继承得到不同的子类，比如圆桌类、方桌类等等。如果要计算桌子的面积，则不同的子类需要使用不同的计算公式，即计算方法的具体实现是不同的。针对这种情况，就可以把桌子类声明为抽象类，将计算面积声明为一个抽象方法，各个子类中分别进行实现。

15.3.1　程序分析

定义桌子类 TableInfo 为抽象类,包括属性腿数 legs 和高度 hight,构造方法 public TableInfo(int legs, int hight)和抽象方法 tableArea()。抽象方法 tableArea()只有方法的声明,没有方法的实现,方法声明的语句为:

```
public abstract double tableArea();
```

子类方桌类 RectangleTable 中,新增属性长 len 和宽 width,实现抽象方法 tableArea ()计算面积,语句为:

```
public double tableArea(){
    return len * width;
}
```

子类圆桌类 RoundTable 中,新增属性半径 r,实现抽象方法 tableArea()计算面积,语句为:

```
public double tableArea(){
    return 3.14 * r * r;
}
```

15.3.2　参考程序

将桌子类 TableInfo 定义为抽象类,其包括一个计算面积的抽象方法 tableArea()。以 TableInfo 类为父类,继承得到方桌类 RectangleTable 和圆桌类 RoundTable,下面分别给出 tableArea()方法的具体实现。

【程序 15.4】　桌子类程序 TbleInfo.java。

```
public abstract class TableInfo{
    int legs;
    int hight;
    public  TableInfo( int legs,int hight){
        this.legs = legs;
        this.hight = hight;
    }
    public abstract double tableArea();
}
```

【程序 15.5】　子类方桌类程序 RctangleTable.java。

```
public class RectangleTable extends TableInfo{
    private double len;
    private double width;
```

```
    public RectangleTable( int legs, int hight, double len, double width){
        super(legs,hight);
        this.len = len;
        this.width = width;
    }
    public double tableArea(){
        return len * width;
    }
}
```

【程序 15.6】 子类圆桌类程序 RoundTable.java。

```
public class RoundTable extends TableInfo{
    private double r;
    public RoundTable( int legs, int hight, double r){
        super(legs, hight);
        this.r = r;
    }
    public double tableArea(){
        return 3.14 * r * r;
    }
}
```

【程序 15.7】 测试类程序 Test.java。

```
public class Test{
    public static void main(String[] args)
    {
        TableInfo t=new RoundTable (3, 100, 30.0);
        System.out.println("圆桌面积" + t.tableArea());
        t=new RectangleTable(4, 100, 40.0, 60.0);
        System.out.println("方桌面积" + t.tableArea());
    }
}
```

程序 15.7 的运行结果如图 15.2 所示。

```
D:\program\unit15\15-3\3-1>javac Test.java

D:\program\unit15\15-3\3-1>java Test
圆桌面积2826.0
方桌面积2400.0
```

图 15.2 程序 15.7 运行结果

测试类中定义了一个桌子类 TableInfo 对象 t,分别赋给了不同的实例,调用重写的方法计算桌子的面积,并分别显示圆桌和方桌的面积。

15.3.3　进阶训练

【程序 15.8】　形状类进阶 2,程序 14.11 讲到应用泛化类形状 MyShape 的对象多态,计算各种形状柱体体积。对于形状类 MyShape,有一个计算面积方法 getArea(),前面都是直接返回 0 值。现在可以将这个方法设计成抽象方法,将形状类 MyShape 设计成抽象类。使用抽象类 MyShape 对象来计算柱体体积。

程序设计思路分析:

(1) 定义抽象类 MyShape,getArea()方法是一个抽象方法;

(2) 三个子类 MyCircle、MyRectangle 和 MySquare,在子类中重写方法 getArea();

(3) 定义柱体类 MyCylinder,属性有两个:底 bottom,类型 MyShape;高 height,类型 double;两个方法,计算柱体体积方法 getVolume(),计算公式=底面积×高,底面积的计算使用对象多态来实现;显示柱体体积方法 display()。

请读者自己实现抽象类 MyShape,实现三个子类 MyCircle、MyRectangle、MySquare,定义类 MyCylinder,给出测试类 Test,定义 MyShape 对象 bottom,分别给 bottom 不同的实例,计算不同样式柱体的体积,并显示计算结果。

15.4　拓　展　知　识

刚开始接触 Java 语言的人很难理解为什么要设计抽象类。简单地说,设计抽象类的目的有两个,第一个是描述一个抽象的概念,它里面一般都会包含抽象方法,也可以像普通类那样包含其他的方法;第二个是抽象类用于被继承。

先说第一个目的。当一个抽象类被多个类继承后,假设每个具体的继承类里面都需要定义一个错误处理的方法,这时提取到公共的抽象类中来定义显然更简洁恰当。类似的可能还有一些检查验证的方法和公共功能等。例如 Person 中可以定义一个方法,显示提示信息"姓名格式不正确",如下面程序所示:

```
public void nameError(){
    System.out.println("姓名格式不正确");
}
```

所有输入的姓名字符串都需要进行合法性检查,如果格式不正确则显示提示信息,显示提示信息的方法 nameError()可以作为抽象类 Person 的一个方法。

第二个目的很简单,当看到抽象类时,应该想到这个类需要被继承。要求使用者继承这个类,子类中实现相应的抽象方法。例如程序 15.1 中的 Person 类是一个抽象类,里面有一个抽象方法 display()。这样 Person 的子类 Student 类中实现了这个方法。在其他程序中就可以使用这个抽象类了,例如下面的程序段:

```
Person p;
p = new Student();
p.display();
```

抽象类经常用于多态程序设计,例如可以定义一个抽象类 Person 的对象作为形参,接下来将一个 Person 子类的实例传递给 p,而使用语句 p.display()调用实现类的 display()方法,代码段如下:

```
public void displayInfo(Person p){
    p.display();
}
```

这段代码具体显示的内容取决于传递给这个方法的参数是哪个实现类对象的实例,实例不同显示的内容也不同。这一章学习了新的关键字 abstract,如表 15-1 中粗体列出。剩余关键字将在后面讲解。

表 15-1　Java 关键字

abstract	enum****	interface	synchronized	transient
assert***	finally	native	throw	try
catch	implements	package	throws	volatile
default	import	strictfp**		

15.5　实 做 程 序

1. 应用程序 15.1 中的抽象类 Person,定义子类 Teacher 和子类 Worker,分别实现抽象方法 display(),分别显示教师工资和工人的级别。测试类 Test 中定义 Teacher 类和 Worker 类的对象,调用 display()方法显示信息。要点提示:

（1）参考程序 15.2 中的 Student 类定义 Teacher 类和 Worker 类;

（2）在 Teacher 类和 Worker 类中重写 display()方法。

2. 在实做程序 14.3 基础上修改 Phone 类,将其定义为抽象类,将 display()方法定义为抽象方法。定义子类 MobilePhone 类,对 display()方法进行实现。在 Test 类中定义 MobilePhone 类的对象并调用 display()方法。要点提示,参考程序 15.1 定义抽象类。

3. 在实做程序 14.5 的基础上修改宠物类 Pet 为抽象类,方法吃 eat()和方法叫 shout()为抽象方法。定义宠物类 Pet 的子类宠物猫 Cat 和宠物狗 Dog,属性和方法与实做程序 14.5 相同。设计测试类 Test,利用宠物对象多态,显示不同结果。

4. 在实做程序 14.6 的基础上修改类 MyShape 为抽象类,修改判断与线段相交的方法 intersect(LineSeg ls)为抽象方法,子类 MyCircle、MyRectangle 和 MySquare 中重写该方法。测试类 Test 中利用 MyShape 对象多态,实现不同形状与线段的相交判断。

5. 在实做程序 15.4 的基础上修改类 MyShape。增加与圆判相交的抽象方法 public abstract boolean intersection(MyCircle mc)；增加与正方形判相交的抽象方法 public abstract boolean intersection(MySquare ms)；增加判断与图形相交的方法 intersection(MyShape ms)，根据 ms 的类型来选择调用抽象方法 intersection(MyCircle mc)或者 intersection(MySquare ms)。子类 MyCircle 和 MySquare 中重写该抽象方法，实现不同形状的相交判断。测试类 Test 中利用 MyShape 对象多态，实现不同形状之间的相交判断。

第 16 章

接 口 设 计

学习目标
- 了解接口的概念和接口的含义;
- 掌握如何实现接口,应用接口设计程序;
- 理解接口的用途。

16.1 示 例 程 序

16.1.1 定义接口 Moveable

前面讲了普通类通过泛化可以得到泛化类,进一步抽象可以得到抽象类。同样,不同类中的公共方法也可以进行单独的泛化,将相关或者不相关类中的相同或者相近方法泛化出来并进行抽象化,得到接口。例如前面讲到了学生类 Student、教师类 Teacher、方桌类 RectangleTable 和手机类 MobilePhone 类等多个类,都可以增加方法 move(),用来描述每个对象是如何移动的,这样的方法可以单独提取出来,抽象为一个接口 Moveable,程序如程序 16.1 所示。

【**程序 16.1**】 移动接口程序 Moveable.java。

```java
public interface Moveable{
    public void move();
}
```

程序 16.1 定义了接口 Moveable,关键字 interface 表示定义接口,Moveable 是接口的名字。接口中只有方法的声明,一个接口可以定义多个方法,一般这些方法是一组相关的方法。接口描述了类的公共行为,例如接口 Moveable 定义了行为是 move()方法。

具体类可以实现这个接口,根据具体类的需要实现方法 move()。例如类 Student 中实现接口如程序 16.2 所示。

【**程序 16.2**】 实现 Moveable 接口的学生类程序 Student.java。

```java
public class Student extends Person implements Moveable{
    private double grade;
    public Student(String name, int age, double grade){
```

```
        super(name, age);
        this.grade = grade;
    }
    public void display(){
        System.out.println("学生成绩:" + grade);
    }
    public void move(){
        System.out.println("每天行走方式移动");
    }
}
```

一个类可以继承另一个类,同时还可以实现一个或者是多个接口。使用关键字 implements 表示实现接口,例如:

```
class Student extends Person implements Moveable
```

表示学生类 Student 实现了接口 Moveable。一个类实现某个接口后需要在类内具体实现这个接口中定义的所有方法。例如需要在类 Student 中实现 Moveable 接口中的 move()方法。实现的具体方式与子类重写父类方法相同,要求方法声明部分与接口中的方法定义完全相同,增加方法的具体实现代码。测试类 Test 中可以用不同的对象访问 move()方法,如程序 16.3 所示。

【程序 16.3】　测试类程序 Test.java。

```
public class Test{
    public static void main(String [] args){
        Student s = new Student("张三", 23, 86);
        s.move();
        Moveable m = new Student("张三", 23, 86);
        m.move();
    }
}
```

程序 16.3 的运行结果如图 16.1 所示。

```
D:\program\unit16\16-1\1-1>javac Test.java

D:\program\unit16\16-1\1-1>java Test
每天行走方式移动
每天行走方式移动
```

图 16.1　程序 16.1 运行结果

从上面 Test 类可以看出,可以定义 Student 类的对象 s 执行方法 s.move(),也可以定义 Moveable 接口的对象 m 执行方法 m.move()。两个对象调用同一个 move()方法,都是 Student 类对象的方法 move()。从类型这个角度上看,接口和实现类是一样的,都可以定义自己的对象，访问自己的方法。如果把 Test 类中 Student s 修改为定义 Person 类对象 p，程序是否还可以正确运行呢？程序修改如下。

```
public class Test{
    public static void main(String [] args){
        Person p = new Student("张三", 23, 86);
        p.move();
    }
}
```

编译程序时报错了，给出的错误如图 16.2 所示。

```
D:\program\unit16\16-1\1-1>javac Test.java
Test.java:10: 找不到符号
符号:  方法 move()
位置:  类 Person
                p.move();
                ^
1 错误
```

图 16.2　修改后程序编译错误

仔细分析这个错误，提示 Person 类没有定义方法 move()，也就是说虽然给对象 p 赋值的是 Student 对象实例，对象 p 也只能访问自己定义的方法。这一点在继承和多态中应该特别注意。

16.1.2　应用 Moveable 实现多态

应用接口同样也可以实现对象的多态，例如前面讲过 MobilePhone 类的例子，可以让这个类实现接口 Moveable，如程序 16.4 所示。

【**程序 16.4**】　实现 Moveable 接口的手机类程序 MobilePhone.java。

```
public class MobilePhone implements Moveable{
    private String brand;
    private String code;
    public MobilePhone(String brand, String code){
        this.brand = brand;
        this.code = code;
    }
    public void print(){
        System.out.println("手机号码:" + code);
    }
    public void move(){
        System.out.println("跟着主人走!");
    }
}
```

MobilePhone 类实现了接口 Moveable,重写了接口中的 move()方法。测试类中代码如程序 16.5 所示。

【程序 16.5】 测试类程序 Test.java。

```
public class Test{
    public static void main(String [] args){
        Moveable m;
        m = new Student("张三", 23, 86);
        m.move();
        m = new MobilePhone("HK", "13800000000");
        m.move();
    }
}
```

程序 16.5 的运行结果如图 16.3 所示。

```
D:\program\unit16\16-1\1-2>javac Test.java

D:\program\unit16\16-1\1-2>java Test
每天行走方式移动
跟着主人走!
```

图 16.3 程序 16.5 运行结果

测试类 Test 中定义了接口 Moveable 的对象 m,首先赋给 m 一个学生类 Student 的对象实例,执行的是学生类的 move()方法,显示内容"每天行走方式移动"。再次赋给 m 一个手机类 MobilePhone 的对象实例,这时执行了手机类的 move()方法,显示"跟着主人走!"。对同一个接口对象 m,给不同的实例,执行结果不同,从而实现了对象的多态。

16.2 相 关 知 识

16.2.1 接口定义

在 Java 语言中,接口是一种引用类型,与类相似。本质上说,类是事物的抽象,而接口是一种行为的抽象,因此接口中只定义了方法的头,定义格式如下:

```
public interface 接口名{
    方法头
}
```

每个接口都有一个名字,接口中可以定义多个方法,每个方法都只给出方法头,没有方法体,接口的访问权限一般是 public,例如程序 16.1 定义的接口 Moveable。在 Java 语言中,定义类的时候可以实现接口,例如程序 16.2 中类 Student 的定义:

```
public class Student extends Person implements Moveable{…}
```

类 Student 继承了类 Person，实现了接口 Moveable，使用关键字 implements 来表示实现接口。当类 Student 实现接口 Moveable 后，就需要在类 Student 中实现接口 Moveable 中定义的所有方法，因此可以看到类 Student 实现了接口 Moveable 的方法：

```
public void move()
```

也就是在 Student 类中重写了这个方法。在 Java 语言中，一个类只能继承一个父类，但是可以实现多个接口。从类型继承的角度来看，子类继承父类和实现接口都可以实现方法重写，完成对象的多态，例如程序 16.5 中的程序段：

```
Moveable m;
m = …;
m.move();
```

定义接口对象 m，将不同类对象实例给 m，m.move()完成的功能不同。如果一个类要实现多个接口，则将这些接口名称用逗号分隔。例如 Java 常用的 String 类的定义如下：

```
public final class String extends Object
implements Serializable, Comparable<String>, CharSequence{
    …
}
```

String 类实现了三个接口：Serializable、Comparable 和 CharSequence。如果实现接口的类不是抽象类，则需要实现接口中的所有方法。具体类中实现方法时，方法名、返回类型和参数列表必须和接口中的定义完全相同。与类相同，接口也是可以继承的。一个接口可以继承一个或者是多个接口。例如接口 Singable 定义如下：

```
public interface Singable{
    public void singing();
}
```

同样可以定义接口 Danceable，代码如下：

```
public interface Danceable{
    public void dancing();
}
```

再定义一个接口 Interestable，继承了接口 Singable 和接口 Danceable，这样接口 Interestable 就有了两个方法 singing()和 dancing()。

```
public interface Interestable extends Singable, Danceable{
}
```

接口可以通过继承接口得到新的接口，如上面的 Interestable 接口。具体实现类可以实现定义的接口，如下程序显示了学生类如何实现 Interestable 接口。

```
public class Student implements Interestable{
    ...
    public void singing(){...}
    public void dancing(){...}
}
```

程序 Student 类中略去其他内容，实现接口 Interestable。类 Student 中重写了接口中定义的两个方法：

```
public void singing()
public void dancing()
```

这两个方法的具体实现程序在例子中略去，有兴趣的读者可以自己实现这两个方法，运行程序，查看结果。

16.2.2　接口与抽象类比较

接口和抽象类都可以实现对方法的抽象，在抽象这个层面很相似。但是二者有着本质的区别：抽象类是类，是事物的抽象；而接口是行为的抽象。这一点是两者本质上的区别，尤其从系统分析和设计的角度看，二者区别很大。而在实现层面，二者的实现方式非常接近，因此容易混用这两个概念。

例如圆形、三角形等具体形状都需要计算面积，因此可以将这些图形进行抽象，得到抽象类 MyShape。这个类中只定义了一个计算面积的方法 getArea()，如程序 16.6 所示。

【程序 16.6】 定义抽象图形类程序 MyShape.java。

```
public abstract class MyShape{
    public abstract double getArea();
}
```

定义一个具体的图形"圆"继承抽象类 MyShape，定义属性半径，重写方法 getArea() 计算面积，如程序 16.7 所示。

【程序 16.7】 定义继承抽象类 MyShape 的圆类程序 MyCircle.java。

```
public class MyCircle extends MyShape{
    private double r;
    public MyCircle(double r){
        this.r = r;
    }
    public double getArea(){
```

```
            return 3.14 * r * r;
    }
}
```

【程序 16.8】 测试类程序 Test.java。

```
public class Test{
    public static void main(String [] args){
        MyShape s = new MyCircle(10);
        System.out.println("圆面积:" + s.getArea());
    }
}
```

测试类中定义 MyShape 对象，赋给它一个 MyCircle 类实例，显示圆面积。运行结果如图 16.4 所示。

```
D:\program\unit16\16-2\2-1>javac Test.java

D:\program\unit16\16-2\2-1>java Test
圆面积: 314.0
```

图 16.4 程序 16.8 运行结果

上面的程序如果想使用接口来实现，就需要从计算面积的角度来思考，可以把计算行为抽象成一个接口，接口定义如程序 16.9 所示。

【程序 16.9】 定义接口程序 Calculateable.java。

```
public interface Calculateable{
    public double getArea();
}
```

相应的，类 MyCircle 就需要实现接口 Calculateable，同样重写方法 getArea()计算面积，如程序 16.10 所示。对比程序 16.7 可以看出，两个程序实现上非常相似。但是在设计上有很大的区别，程序 16.7 是继承了抽象类，抽象类是概念的抽象；而程序 16.10 则是实现了接口，接口是行为的抽象。

【程序 16.10】 定义实现接口 Calculateable 的圆类程序 Circle.java。

```
public class MyCircle implements Calculateable{
    private double r;
    public MyCircle(double r){
        this.r = r;
    }
    public double getArea(){
```

```
            return 3.14 * r * r;
        }
    }
```

【**程序 16.11**】 测试类程序 Test.java。

```
public class Test{
    public static void main(String [] args){
        Calculateable c= new MyCircle(10);
        System.out.println("圆面积:" + c.getArea());
    }
}
```

程序 16.8 和程序 16.11 运行结果相同,如图 16.4 所示。有兴趣的读者可以自己编译运行这两个程序,并进行比较,从中体会抽象类和接口的相似之处与不同之处。

16.3 训 练 程 序

定义桌子类 TableInfo 实现接口 Moveable。定义新的接口 Calculateable 计算桌子面积。定义桌子类的子类方桌类 RectangleTable 和圆桌类 RoundTable,分别实现 Calculateable 接口。

16.3.1 程序分析

首先定义桌子类 TableInfo 实现接口 Moveable,在类的声明部分使用 implements 显式声明,语句为 public class TableInfo implements Moveable,然后在类体中实现 Moveable 接口中的 move ()方法。

计算桌子面积的功能在第 15 章训练程序中已经做过,是把 TableInfo 类定义为了一个抽象类,将计算面积的方法 getArea ()定义为了抽象方法,子类方桌类 RectangleTable 和圆桌类 RoundTable 分别实现抽象方法 getArea (),完成计算桌子面积的功能。其实计算面积是 RectangleTable 类和 RoundTable 类共有的行为,这一节中定义接口 Calculateable,包含计算面积的方法 getArea(),在 RectangleTable 类和 RoundTable 类中分别实现这个接口。

16.3.2 参考程序

【**程序 16.12**】 定义桌子类程序 TableInfo.java,实现接口 Moveable。

```
public class TableInfo implements Moveable{
    int legs;
    int hight;
```

```
    public   TableInfo( int legs,int hight){
        this.legs = legs;
        this.hight = hight;
    }
    public void move(){
        System.out.println("被人搬动了!");
    }
}
```

【程序 16.13】 定义子类圆桌类程序 RoundTable.java，实现接口 Calculateable。

```
public class RoundTable extends TableInfo implements Calculateable{
    private double r;
    public   RoundTable( int legs,int hight,double r){
        super(legs,hight);
        this.r=r;
    }
    public double getArea(){
        return 3.14 * r * r;
    }
}
```

【程序 16.14】 定义子类方桌类程序 RectangleTable.java，实现接口 Calculateable。

```
public class RectangleTable extends TableInfo implements Calculateable{
    private double len;
    private double width;
    public RectangleTable( int legs, int hight, double len, double width){
        super(legs,hight);
        this.len = len;
        this.width = width;
    }
    public double getArea(){
        return len * width;
    }
}
```

【程序 16.15】 测试类程序 Test.java。

```
public class Test{
    public static void main(String [] args){
        RoundTable t1=new RoundTable(3, 100, 30.0);
        RectangleTable t2=new RectangleTable(4, 100, 40.0, 60.0);
```

```
        System.out.println("圆桌面积" + t1.getArea());
        t1.move();
        System.out.println("方桌面积" + t2.getArea());
        t2.move();
    }
}
```

程序 16.15 的运行结果如图 16.5 所示。

```
D:\program\unit16\16-3\3-1>java Test
圆桌面积2826.0
被人搬动了!
方桌面积2400.0
被人搬动了!
```

图 16.5　程序 16.15 运行结果

从程序的运行结果可以看出，子类 RoundTable 和 RectangleTable 中都没有显式实现接口 Moveable，但是由于其父类 TableInfo 实现了该接口，子类也就继承了这个实现。因此，测试类定义了 RoundTable 类和 RectangleTable 类的对象 t1 和 t2 之后，t1. move() 和 t2. move() 语句其实调用的是其父类 TableInfo 类对 Moveable 接口的实现方法，输出了两行"被人搬动了！"。

16.3.3　进阶训练

【程序 16.16】 形状类进阶 3，程序 15.8 讲到抽象类 MyShape，使用抽象类 MyShape 计算各种形状柱体体积。现在使用接口实现对象多态来计算各种柱体的体积。

程序设计思路分析：

（1）定义接口 Areaable，有一个 getArea()方法。

（2）定义子类 MyCircle、MyRectangle 和 MySquare 实现接口 Areaable，在子类中重写 getArea()方法。

（3）定义柱体类 MyCylinder，属性有两个：底 bottom，类型 Areaable；高 height，类型 double；两个方法，计算柱体体积方法 getVolume()，计算公式＝底面积×高，底面积的计算使用接口对象多态来实现；显示柱体体积方法 display()。

请读者自己设计接口 Areaable，定义三个类 MyCircle、MyRectangle 和 MySquare 实现接口 Areaable，定义类 MyCylinder，给出测试类 Test，定义 Areaable 对象 a，分别赋给对象 a 不同的实例，计算不同样式柱体的体积，显示计算的体积。需要说明的是，这个例子从问题上看，柱体的底是一个形状，使用抽象类更恰当。

16.4　拓 展 知 识

16.4.1　接口讨论

在讨论接口之前，先来看一条简单的 Java 语句：double y ＝ Math.sin(x)。这条语句的功能非常简单,就是调用 Java 基础类库方法计算 sin(x) 的值,赋给双精度变量 y。其他语言也有类似的函数,大家已经很习惯使用这些函数来计算正弦函数值。如果仔细研究这个函数,你还可以得到哪些启示呢?

几乎所有的 Java 程序员都只关心如何使用这个方法来计算数值 x 的正弦函数值。可以查看 JavaAPI 方法的定义格式：public static double sin(double a)。程序员根据函数定义的参数和返回值来使用这个方法,几乎没有程序员关注这个方法是如何实现的。可以把这个方法理解为对内封装了方法的具体实现,对外提供了一个访问接口:

```
public static double sin(double a)
```

前面讲到类的封装,将类的属性和实现细节封装起来。同时还需要提供一些 public 方法允许其他类访问。这些 public 方法可以看作是广义的接口。通过上面讲述可以看出,程序设计中广义的接口就是对外提供的可以访问的方法。例如程序 16.17 定义了 Student 类,对外提供了一个广义的接口——display() 方法。构造方法用于实例化对象,属于特殊的方法,不视作接口。

【程序 16.17】 定义学生类程序 Student.java。

```java
public class Student{
    private String name;
    private int age;
    private double grade;
    public Student(String name, int age, double grade){
        this.name = name;
        this.age = age;
        this.grade = grade;
    }
    public void display(){
        System.out.println("姓名=" + name);
    }
}
```

在实际的程序设计中,每个类都有一些对外提供的可以使用的方法,是否可以将这些方法提取出来单独进行定义呢? 答案是肯定的,提取后的公共方法就是前面讲到的接口,例如程序 16.17 中的 display() 方法就可以提取出来,定义成一个接口,如程序 16.18 所示。

【程序 16.18】 定义显示接口程序 Displayable.java。

```java
public interface Displayable{
    public void display();
}
```

提取出来的接口就是 Java 语言中定义的接口,可以称之为狭义接口,在具体实现类中实现这些接口。提取接口后,可以有效实现对外提供服务和对内实现功能的分离。接口 Displayable 中定义了对外提供的服务方法 display(),同时在实现接口 Displayable 的 Student 类中,完成 display()方法的具体实现。

16.4.2　接口应用

程序 16.18 中定义好接口后,就可以在程序中使用这个接口了,例如下面的程序段给出了如何应用接口来设计程序。

```
Displayable da;
da = new …;
da.display();
```

应用接口设计程序,需要先定义接口 Displayable 对象 da;接下来将一个实例传递给 da,这个实例是实现接口 Displayable 的具体实现类的实例;语句 da.display()调用实现接口 Displayable 的具体类的 display()方法。同样也可以使用接口来实现多态,代码段如下:

```
public void displayInfo(Displayable da){
    da.display();
}
```

上述这段代码具体显示的内容取决于传递给这个方法的是哪个实现类的实例,不同的实例显示的内容不同。Java 程序设计中经常应用接口来实现多态。在软件设计阶段定义好接口以及哪些类需要实现这个接口,具体到每个接口如何实现,需要到实现阶段再完成。

Java 中总共有三种引用类型:类、接口和数组。类是第一种引用类型,可以在程序中定义类,定义这个类的对象,进行实例化得到实例。接口是第二种引用类型,可以在程序中定义接口,定义这个接口的对象,对象指向实现这个接口类的实例。第三种引用类型是数组,参见第 5 章中的应用实例。

下面讨论继承、组合与接口之间的关系。一般来说继承有两个好处,一个是代码复用,另一个是父类和子类的类型同一化处理,方便实现对象多态。实际的软件开发中建议使用组合来实现代码重用。使用接口来实现类型同一化处理。并进一步将组合与接口合并使用达到复用和类型同一化处理的效果。避免使用继承是为了回避继承自身的问题,例如脆弱的基类问题,具体内容可以参考有关资料。

16.4.3　接口的增强

前面讲的接口内容都是 Java 8 以前版本的语法。Java 8 和 Java 9 中对接口做了增强,允许增加静态方法和默认方法的实现。例如程序 16.19 中定义的接口。

【**程序 16.19**】　带方法实现的接口程序 Displayable.java。

```
public interface Displayable{
    public void display();
    public static void printHello(){
        System.out.println("Hello Interface!");
    }
    public default void printHi(){
        System.out.println("Hi, Interface!");
    }
}
```

静态方法使用关键字 static 定义，可以直接使用接口调用，调用程序代码如下：

```
Displayable. printHello();
```

默认方法使用关键字 default 定义，需要实现接口，具体的默认方法可以重写，也可以不重写，但需要重写 display()方法，实现接口的类程序代码如下：

```
public class DisplayClass implements Displayable{
    public void display(){}
}
```

定义 DisplayClass 对象实例，调用默认的方法 printHi()，程序代码如下：

```
new DisplayClass().printHi();
```

在 Java 8 中，静态方法和默认方法都必须是 public 的，到了 Java 9 去除了这个限制，可以定义为 private。关于静态方法和默认方法的应用实例在此不再给出，感兴趣的读者可以查阅相关资料。这一章学习了新的关键字 interface、implements、default，如表 16-1 中粗体列出。剩余关键字将在后面讲解。

表 16-1　Java 关键字

assert[***]	finally	native	synchronized	transient
catch	**implements**	package	throw	try
default	import	strictfp[**]	throws	volatile
enum[****]	**interface**			

16.5　实 做 程 序

1. 定义 Person 类的子类教师类 Teacher 和工人类 Worker，分别实现接口 Moveable。要点提示：

（1）教师类 Teacher 实现接口 Moveable，显示"在讲台上走动"；

（2）工人类 Worker 实现接口 Moveable，显示"在车间走动"。

2. 定义 Person 类的子类教师类 Teacher 和工人类 Worker，分别实现接口 Soundable。接口 Soundable 定义如下：

```
public interface Soundable{
    public void sound ();
}
```

教师类 Teacher 和工人类 Worker 实现 sound()方法，分别显示"正在讲课！"和"噪音太大听不清楚！"。要点提示：

（1）教师类 Teacher 实现接口 Soundable，实现 sound()方法，显示提示"正在讲课！"；

（2）工人类 Worker 实现接口 Soundable，实现 sound()方法，显示提示"噪音太大听不清楚！"。

3. 为接口 Calculateable 增加一个 getPerimeter()方法用于计算桌子的周长。修改程序 16.13 中的圆桌类 RoundTable 和程序 16.14 中的方桌类 RectangleTable，新增 getPerimeter()方法的实现代码。要点提示：

（1）在接口 Calculateable 中增加一个 getPerimeter()方法；

（2）在圆桌和方桌实现类中实现 getPerimeter()方法。

4. 定义接口 Payable，包含计算电话话费的方法 pay()。定义电话类 Phone，包括属性号码 code。定义手机类 MobilePhone 继承 Phone 类，包含属性有通话时间 time，话费单价 price，上网费 internetFee，短信费用 messageFee。定义固定电话类 Telephone 也继承 Phone 类，包括属性有通话时间 time，话费单价 price 和月租费 monthlyFee。在手机类和固定电话类分别实现 Payable 接口计算话费。话费计算方法：

（1）手机类话费＝通话时间×话费单价＋上网费用＋短信费用。

（2）固定电话话费＝通话时间×话费单价＋月租费。

要点提示：

（1）定义接口 Payable，定义一个 pay()方法；

（2）在手机类和固定电话类中实现接口 Payable。

5. 在实做程序 15.3 的基础上修改，设计两个接口，接口 Eatable 有一个方法吃 eat()，接口 Shoutable 有一个方法叫 shout()。设计宠物猫类 Cat 和宠物狗类 Dog 分别实现两个接口，重写对应的接口方法。定义类 Person，有一个饲养宠物方法 feed(Eatable ea)，一个听声音方法 hear(Shoutable sa)。设计测试类 Test，利用宠物对象多态，显示饲养不同宠物和听到不同宠物的叫声。

6. 在实做程序 15.4 的基础上，设计一个接口 Crossable，有一个判断与线段相交的方法 intersect(LineSeg ls)。具体的圆类、长方形类、正方形类中实现接口 Crossable。测试类 Test 中利用接口对象多态，实现不同形状与线段的相交判断。

7. 定义学生班级类 ClassStudent，属性 size，类型 int，表示学生人数；属性学生数组，类型 ArrayList，每个数据元素是一个学生类对象，学生类实现基础类库中的接口 Comparable，重写比较方法 compareTo()，实现学生成绩的比较。定义测试类 Test，实现学生数据按照学生成绩进行排序功能，显示排序后的结果。提示：参见 21.2.3 小节。

第17章

异 常 处 理

学习目标

- 理解为什么要引入异常处理机制；
- 理解什么是异常处理机制以及异常处理机制用途；
- 掌握应用异常处理机制来设计健壮程序的方法。

17.1 示 例 程 序

17.1.1 程序异常实例

在程序 10.4 中，类 MobilePhone 的 print()方法定义如程序 17.1 所示。这个程序前面已经执行过，能够得到正确的结果。下面来详细分析这个程序，看看这个程序是否存在着隐患，或者说在某种情况下可能出错？想象一下，如果对象 owner 为空值 null，这时候程序运行结果会如何？

【程序 17.1】 手机类程序 MobilePhone.java 中 print()方法程序段。

```
public void print(){
    System.out.println("手机号码:" + code);
    owner.display();
}
```

修改程序 10.5 中的学生类 Student 的构造方法，将 owner 对象修改为 null，修改后的代码如程序 17.2 所示。

【程序 17.2】 修改学生类程序 Student.java 的构造方法程序段。

```
public Student(String name, int age, double grade, MobilePhone myPhone){
    this.name = name;
    this.age = age;
    this.grade = grade;
    this.myPhone = myPhone;
    this.myPhone.setOwner(null);
}
```

测试类没有改变,修改后的程序运行结果会是什么样的？读者自己可以先分析程序,猜一猜运行结果会是什么？实际情况是,程序编译成功,而运行时报错,运行结果如图 17.1 所示。

```
D:\program\unit17\17-1\1-1>javac Test.java

D:\program\unit17\17-1\1-1>java Test
姓名：张三
手机号码：13811111111
Exception in thread "main" java.lang.NullPointerException
        at MobilePhone.print(MobilePhone.java:20)
        at Test.main(Test.java:6)
```

图 17.1 修改后程序的运行结果

从错误提示可以看出,这个错误是个空指针错误,出错的位置是 MobilePhone 类的第 20 行,也就是 print()方法中的语句：owner.display()。出现这个错误的原因是对象 owner 设置为空,这时再调用对象的方法就报错了。

为了让这个程序能够更好地运行,在程序设计时,除了需要考虑正常情况下程序如何执行,还需要考虑到异常情况下程序应该如何进行处理,例如上例中对象为空的情况。Java 提供了异常处理机制,用来处理各种非正常情况。增加异常处理后的 print()方法如程序 17.3 所示。

【程序 17.3】 修改后的手机类 MobilePhone.java 程序段,在 print()方法中增加了异常处理。

```java
public void print(){
    System.out.println("手机号码:" + code);
    try{
        owner.display();
    }
    catch(NullPointerException e){
        System.out.println("机主为空,程序出错!!");
    }
}
```

修改后的运行结果如图 17.2 所示。

```
D:\program\unit17\17-1\1-2>javac Test.java

D:\program\unit17\17-1\1-2>java Test
姓名：张三
手机号码:13811111111
机主为空，程序出错!!
```

图 17.2 处理异常后程序的运行结果

在异常处理结构中,将可能出现问题的程序段写在 try 后面的大括号中,例如程序 17.3 中的语句：

```
owner.display()
```

关键字 catch 后面的小括号中列出了需要处理的异常类对象，程序 17.3 中处理了空指针异常 NullPointerException 类对象 e，这是 Java 基础类库中已经定义好的一个异常类，直接使用这个类就可以了。接着大括号里面是异常处理过程，本例只是显示出现异常的原因，实际应用中可以根据需要设计相应的异常处理程序。

有了异常处理后，程序可以正常执行了，并能够根据实际需求对出现异常的地方进行处理，显示提示信息"机主为空，程序出错！！"，避免了程序运行中报出系统错误。

17.1.2 受检异常

上节例子中的异常称为运行时异常，只有在程序运行出错时才会抛出异常。还有一类是在编译期间就进行检查的异常，称为受检异常。假设在学生类中增加一个方法，从文件中 student.txt 中读取信息方法 getInfo() 方法，如程序 17.4 所示。

【程序 17.4】   在学生类 Student.java 中添加 getInfo() 方法的程序段。

```java
public void getInfo(){
    int ch;
    FileInputStream ins = new FileInputStream("student.txt");
    while((ch = ins.read()) != -1){
        System.out.print((char)ch);
    }
}
```

类 Student 程序前面添加导入语句：import java.io.FileInputStream。导入 FileInputStream 类是因为类 Student 中用到了这个类。此时编译程序，报出编译错误如图 17.3 所示。

```
D:\program\unit17\17-1\1-3>javac Test.java
.\Student.java:22: 未报告的异常 java.io.FileNotFoundException；必须对其进行捕捉
或声明以便抛出
            FileInputStream ins = new FileInputStream("student.txt");
                                  ^
.\Student.java:23: 未报告的异常 java.io.IOException；必须对其进行捕捉以便
抛出
            while((ch = ins.read()) != -1){
                        ^
2 错误
```

图 17.3   受检异常报错

仔细研读图 17.3 中的错误提示，共计有两个错误。这两个错误都提示需要在程序中捕获并处理异常，两个异常分别是类 FileNotFountException 异常和类 IOException 异常。处理异常类的方法就是像上面一样捕获异常，并进行处理。Student 类增加异常处理后代码段如程序 17.5 所示。

【程序 17.5】   修改学生类 Student.java 程序段，在 getInfo() 方法中进行异常处理。

```
public void getInfo(){
    int ch;
    try{
        FileInputStream ins = new FileInputStream("student.txt");
        while((ch = ins.read()) != -1){
            System.out.print((char)ch);
        }
    }
    catch(FileNotFoundException e){
        System.out.println("未找到文件,请重试!");
    }
    catch(IOException e){
        System.out.println("文件 I/O 错误!");
    }
}
```

程序中增加了两个异常的处理,再次编译,程序正确通过。关于文件操作的实例程序会在第 22 章中介绍,本例只是说明如何处理异常。

17.2　相 关 知 识

17.2.1　异常处理结构

程序中的语句大体可以划分成两大类:第一类是完成用户需要的功能,例如输入数据、显示结果等;另一类是一些特殊情况的处理,比如说输入的年龄应该是数字,如果输入了字符会怎么样? 程序是否还能够继续执行,还是直接报错结束? 作为用户,当然希望程序给出错误提示后能够继续执行。这就需要在程序中设计相应的功能来处理这些异常的情况,把处理异常情况的语句就称为异常处理语句。在 Java 程序设计语言中提供异常处理结构,可以把正常功能处理语句和异常处理语句分隔开来,放到不同地方,异常处理结构如下:

```
try{
    正常功能处理语句块;
}
catch(异常类 e1){异常处理语句 1}
…
catch(异常类 en){异常处理语句 n}
finally{一定执行语句}
```

上面 try 部分的"正常功能处理语句块"是完成用户功能的一组 Java 语句,语句块中包括可能引发异常的方法调用。Java 语言中将常见的每一类错误都被定义为一个异常类,每一个 catch 部分捕获一类异常,例如定义异常类对象 e1,后面是这个异常的处理语句。try 部分的语句块中包含多少个可能发生的异常,后面都需要捕获相应的异常进行处理。JavaAPI 文档中详细列出了 Java 基础类库中每个类的方法定义中会抛出什么样的异常，例如程序 17.5 中用到类 FileInputStream 对象 ins 的 read()方法，这个方法在基础类库中定义如下：

```
public int read() throws IOException
```

方法 read()定义中给出了 IOException 类异常，表示这个方法在执行过程中可能会抛出 IOException 类异常对象。因此使用这个方法的程序中就需要捕获和处理 IOException 类异常，如程序 17.5 所示。捕获异常代码段如下：

```
catch(IOException e){
    System.out.println("文件 I/O 错误!");
}
```

最后的 finally 部分是完成最终的处理. 不管是否发生异常，这部分语句都一定会执行，常用于完成资源释放，程序安全退出等操作。

17.2.2　常见异常类

Java 程序设计语言在基础类库中定义了常见异常情况处理的异常类，常见异常类如图 17.4 所示。

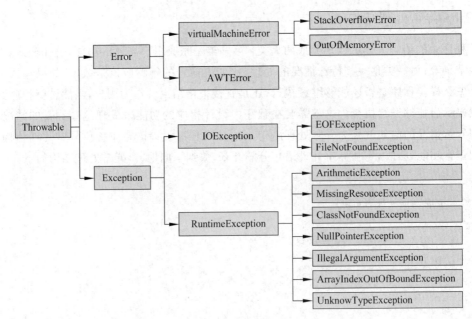

图 17.4　Java 异常类树

Java 异常类树中，所有的异常类都有一个共同的祖先 Throwable(可抛出)。它有两个重要的子类：Exception(异常)和 Error(错误)。Error(错误)是程序无法处理的错误，表示运行应用程序出现严重的问题。这些错误一般与代码编写者的程序关系不大,是表示代码运行时 JVM(Java 虚拟机)出现的问题。Exception(异常)是程序本身需要处理的异常。这些异常需要编写相应的异常处理程序进行处理。具体 Java 基础类库中哪个类的哪些方法抛出了哪些异常,可以参见 JavaAPI 文档。

17.3　训　练　程　序

除了使用 Java 基础类库提供的异常类之外,用户设计程序时,也可以根据需要来定义自己的异常类。自定义异常类一般都是 Exception 类的子类,下面给出一个例子来说明自定义异常类的过程。定义除数为零的异常,编写程序抛出这个异常,并显示结果。

17.3.1　程序分析

自定义异常类 DividedException,它继承了类 Exception。DividedException 类中定义了两个构造方法,一个是无参数的构造方法,另一个是有参数的构造方法,都是使用基类的构造方法 super(String),定义异常的名字为给定的 message,或者是使用默认的字符串“dividedException”。

自定义异常的处理方法,与基础类库中定义的异常一样,都需要在 catch 部分进行捕获和处理。当程序出现异常后,一般有两种处理方法:第一种就是前面讲到的处理方法,在 try 语句的 catch 部分捕获处理;第二种方法是在方法中不处理,直接抛给调用这个方法的方法进行处理。例如程序 17.3 定义的异常也可以在调用方法中处理。

定义类 ExceptionDemo,包括 display()和 divide()方法。divide()方法的定义中增加抛出异常定义 throws DividedException,定义语句为:

```
public int divide(int i, int j) throws DividedException
```

表示方法执行时可能会抛出 DividedException 类的异常。关键字 throws 表示抛出异常的意思。在 divide 方法中增加语句:

```
throw new DividedException("被零除")
```

这条语句抛出一个 DividedException 类异常对象实例。注意,divide()方法中不需要处理异常 DividedException,而是在调用 display()方法中来处理这个异常。

17.3.2　参考程序

【程序 17.6】　自定义异常类程序 DividedException.java。

```
public class DividedException extends Exception{
    DividedException(){
        super("dividedException");
    }
    DividedException(String message){
```

```
        super(message);
    }
}
```

【**程序 17.7**】 定义异常类程序 ExceptionDemo.java，实现两个数字相除，并捕获处理异常。

```java
import java.util.Scanner;
public class ExceptionDemo{
    public void display(){
        Scanner sc = new Scanner(System.in);
        int i = sc.nextInt();
        int j = sc.nextInt();
        int k = 0;
        try{
            k = divide(i, j);
        }
        catch(DividedException e){
            System.out.println("Exception is: " + e);
        }
        finally{
            System.out.println("k = " + k);
        }
    }
    public int divide(int i, int j) throws DividedException{
        if(j == 0){
            throw new DividedException("被零除");
        }
        return i/j;
    }
}
```

【**程序 17.8**】 测试类程序 Test.java。

```java
public class Test{
    public static void main(String [] args){
        ExceptionDemo ed = new ExceptionDemo();
        ed.display();
    }
}
```

程序 17.8 的运行结果如图 17.5 所示。

程序 17.7 中用到了两个关键字 throws 和 throw，用于定义异常和抛出异常。关键字

```
D:\program\unit17\17-3\3-1>javac Test.java

D:\program\unit17\17-3\3-1>java Test
6
0
Exception is: DividedException: 被零除
k = 0
```

图 17.5 程序 17.8 运行结果

throws 是定义方法时使用,声明该方法可能抛出的异常,用于方法的声明语句中。例如程序 17.7 中定义 divide() 方法,该方法可能抛出 DividedException 类异常,代码如下:

```
public int divide(int i, int j) throws DividedException{
    …
}
```

而关键字 throw 是一个语句,用于抛出一个异常对象实例。程序 17.7 中抛出了一个 DividedException 类异常的实例,代码如下:

```
if(j == 0){
    throw new DividedException("被零除");
}
```

从上面讲解可以知道,throw 语句用在方法体内,实际抛出一个异常实例,由方法体内的语句处理;而 throws 语句用在方法声明后面,表示该方法可能抛出这一类异常,由该方法的调用者来处理,捕获这个异常。定义中的 throws 说明有出现异常的可能或者倾向,而 throw 是把可能变成了现实。

运行程序 17.8,当除数输入 0 时抛出一个自定义 DividedException 类对象,在调用方法 display() 中捕获异常,并处理这个异常。处理结果显示提示信息"被零除"。

17.3.3 进阶训练

【程序 17.9】 前面讲解了圆类 MyCircle,有两个属性,圆心和半径;圆心是 MyPoint 类型,半径是 double 类型。有一个构造方法 MyCircle(MyPoint center, double r)。调用构造方法 MyCircle 时如果实参 r 的数值小于 0,需要报告半径小于零的异常。自己设计异常类实现可以报告半径异常的圆类。

程序设计思路分析:

(1) 定义异常类 RadiusInvalidException,继承异常类 Exception。设计两个构造方法,一个无参构造方法,一个构造方法带有一个 String 类型参数;

(2) 定义圆类 MyCircle,该类的构造方法可能会抛出 RadiusInvalidException 类异常,方法定义如下:public MyCircle() throws RadiusInvalidException{…};

(3) 构造方法实现程序中判断如果 r<0,则抛出异常 RadiusInvalidException 类对象;

（4）定义测试类，输入圆的圆心和半径，半径为负数时显示异常。

请读者自己实现异常类 RadiusInvalidException，实现圆类 MyCircle。设计测试类 Test，输入半径，定义 MyCircle 对象并进行实例化，测试抛出异常结果。有兴趣的读者可以在此基础上继续修改 MyCircle 类，增加设置属性半径方法 setR() 抛出 RadiusInvalidException 异常，并在测试类 Test 进行测试。

17.4　拓 展 知 识

17.4.1　异常处理讨论

程序运行过程中可能会出现各种异常，当出现异常时，一定要有相应的异常处理程序进行处理，否则可能出现报系统错误或者是死机等严重情况。例如第 3 章中程序 3.4 的异常处理，程序需要对输入数据进行异常处理，如果输入的数据有问题，不应该直接抛出一个 Java 系统的异常，而是应该给出提示信息，最好是让用户再次输入等。因此要求程序要捕获所有可能出现的异常，并编写相应的异常处理程序进行处理。包括自定义的异常也需要处理。

有人很喜欢使用 Exception 类对象捕获异常，或者是不对异常做任何处理。尤其是刚开始学习 Java 程序设计的人更是如此，例如下面程序段。

```
try{
    ...
}
catch(Exception e){    }
```

程序段中异常处理部分为空，这样会带来很多问题。当出现异常时，由于没有处理代码，软件没有任何提示和反应，但运行结果不正确，这样会让用户无所适从，更有甚者可能出现死机的情况。这样的软件用户体验很差，应该是程序设计者极力避免的情况。另一个问题是捕获了 Exception 类异常，由于常见的异常类都是 Exception 类的子孙类，因此使用 catch(Exception e) 几乎可以捕获所有常见的异常，没有区分究竟是出现了哪一类异常。正确的做法是针对不同的异常分别进行处理，如下面程序段所示。

```
try{
    ...
}
catch(XxxxxException e){
    ...
}
catch(XyyyyException e){
    ...
}
```

```
catch(XzzzzException e){
    ...
}
```

根据 catch 语句捕获的异常不同,分别进行处理。每个异常的处理包括两个部分:显示异常的提示信息,这个部分越详细越好;另一部分是进行异常处理的程序。

17.4.2 防御性编程

程序设计中经常会从外部输入数据,可能来自键盘、网络、文件甚至数据库,这些输入的数据可能存在问题。此外编写程序时也可能会用到别人的程序或者是操作系统的资源,这些程序也可能存在问题。为了保证自己的程序能够正确运行,就需要对来自程序之外的数据和程序进行必要的处理,滤掉可能的错误,称为防御性编程。

最常见的外部输入数据问题是来自键盘的不合法输入数据,例如程序 3.4 中输入非数字字符情况。其他的数据输入方式也存在类似情况。异常处理机制为防御性编程提供了一种有效的手段,通过捕获各种输入数据异常来处理输入数据问题。调用别人的方法时也需要捕获定义的各种异常,并对异常进行处理,这样可以防止程序出现不可控的问题。

防御性编程是从软件使用者的角度,而不是软件开发的角度来看待如何提高软件的可用性。当用户使用软件的时候出现了问题,会希望软件能够给出尽可能详细的信息,说明出现了什么问题,应该如何处理这个问题;同时还希望软件不要没有响应或者宕机,而是能够从错误中恢复出来,改正存在的问题后可以继续运行。例如,修改学生年龄,如程序 17.10 所示。

【程序 17.10】 测试类程序 Test.java,修改学生的年龄。

```java
import java.util.Scanner;
public class Test{
    public static void main(String [] args){
        Student s = new Student("张三", 23, 74);
        Scanner sc = new Scanner(System.in);
        int age = sc.nextInt();
        s.setAge(age);
        s.display();
    }
}
```

在正常情况下运行程序,从键盘输入一个年龄值,程序显示学生姓名和年龄,程序的运行结果如图 17.6 所示。

如果输入的数据有问题,例如输入年龄为 2b1,这时程序运行就会报错了。运行结果如图 17.7 所示。

任何用户都不希望使用软件的过程中由于操作失误而弹出系统错误,这就需要对用

```
D:\program\unit17\17-4\4-1>javac Test.java

D:\program\unit17\17-4\4-1>java Test
21
学生姓名：张三
学生年龄：21
```

图 17.6　程序 17.10 运行结果

```
D:\program\unit17\17-4\4-1>java Test
2b1
Exception in thread "main" java.util.InputMismatchException
        at java.util.Scanner.throwFor(Scanner.java:840)
        at java.util.Scanner.next(Scanner.java:1461)
        at java.util.Scanner.nextInt(Scanner.java:2091)
        at java.util.Scanner.nextInt(Scanner.java:2050)
        at Test.main(Test.java:6)
```

图 17.7　程序 17.10 运行结果

户输入数据进行处理，处理程序如程序 17.11 所示。

【程序 17.11】　测试类程序 Test.java，对输入的错误数据进行异常处理。

```
import java.util.Scanner;
import java.util.InputMismatchException;
public class Test{
    public static void main(String [] args){
        Student s = new Student("张三", 23, 74);
        Scanner sc = new Scanner(System.in);
        int age = 0;
        try{
            age = sc.nextInt();
        }
        catch(InputMismatchException ime){
            System.out.println("输入数据格式错误！");
        }
        s.setAge(age);
        s.display();
    }
}
```

运行程序，再次输入年龄为 2b1，运行结果如图 17.8 所示。

```
D:\program\unit17\17-4\4-2>javac Test.java

D:\program\unit17\17-4\4-2>java Test
2b1
输入数据格式错误！
学生姓名：张三
学生年龄：0
```

图 17.8　程序 17.11 运行结果

程序 17.11 不再报出系统异常错误,而是给出提示,这样用户感觉会好很多。但是程序输入错误数据后给出提示就结束了,更好的处理方式应该是让程序报错后,能够允许用户输入新的数据,而不是退出,修改后的程序如程序 17.12 所示。

【程序 17.12】 测试类程序 Test.java,对输入的错误数据进行异常处理并允许用户再次输入。

```java
import java.util.Scanner;
import java.util.InputMismatchException;
public class Test{
    public static void main(String [] args){
        Student s = new Student("张三", 23, 74);
        int age = 0;
        while (age == 0){
            age = input();
        }
        s.setAge(age);
        s.display();
    }
    public static int input(){
    int age = 0;
    Scanner sc = new Scanner(System.in);
    try{
        age = sc.nextInt();
    }
    catch(InputMismatchException ime){
        System.out.println("输入数据格式错误!");
    }
    return age;
    }
}
```

重新编译运行程序,再次输入年龄为 2b1,给出错误提示,再次输入年龄 21,显示正确结果,如图 17.9 所示。

```
D:\program\unit17\17-4\4-3>javac Test.java

D:\program\unit17\17-4\4-3>java Test
2b1
输入数据格式错误!
21
学生姓名:张三
学生年龄:21
```

图 17.9 程序 17.12 运行结果

每次输入年龄,判断是否合法,如果不合法就会报错,这时年龄的数值仍然是初始值

0。在 main()方法中判断读入的年龄是否为 0，为 0 表示有错误，再次输入，直到正确为止。经过修改后的程序 17.12，对于错误的输入给出错误提示，并等待用户再次输入正确数值。与程序 17.10、程序 17.11 相比，程序 17.12 用户的体验会更好一些。防御性编程是提高软件质量的有效手段，可以提高 Java 程序的健壮性，建议读者自己编写程序时应用防御性编程。

自 Java 7 之后，Java 增加了新的语法：try-with-resources 语句，该语句可以确保语句执行完毕后，每种资源都被自动释放。有关该语句的详细使用方法自己查看相关资料，不再详述。这一章学习了新的关键字 try、catch、finally、throw、throws，如表 17-1 中粗体列出。剩余关键字将在后面讲解。

表 17-1　Java 关键字

assert***	**finally**	package	**throw**	**try**
catch	import	strictfp**	**throws**	volatile
enum****	native	synchronized	transient	

17.5　实 做 程 序

1. 在第 16 章中，程序 16.12～程序 16.14 定义了桌子类、圆桌类和方桌类，在子类圆桌和方桌实现了接口 Calculateable 的 getArea()方法。修改程序如下：

（1）自定义异常 AreaException，表示计算面积出现异常。

（2）定义接口方法 getArea()抛出异常 public double getArea() throws AreaException。

（3）在实现类中具体抛出异常，例如圆桌半径小于 0，则抛出异常 AreaException，同样可以定义方桌的宽大于长则报异常。

2. 实做程序 16.4 中定义了接口 Payable，包含计算电话话费的方法 pay()。手机类定义中增加计算话费异常，如果话费小于 0 则抛出异常。要点提示：

（1）自定义一个异常类，表示话费小于 0 的异常；

（2）计算话费时如果小于 0 则抛出异常，在测试类中处理异常。

3. 在第 9 章 9.2 节中定义了一个方法 CheckName()，用来检查给定的 name 字符串是否合法。给使用这个方法的 setName()方法增加一个自定义异常 IllegalNameException，当名字不合法时抛出这个异常实例。要点提示：

（1）自定义一个异常类 IllegalNameException，表示名字不合法异常；

（2）在测试类中处理异常。

4. 定义数组 ta，有 size 个元素，编写程序访问 ta[size]元素，看看报什么异常。修改程序捕获相应异常。再次测试，查看结果。

5. 编写程序输入一个整数 a，实际输入时输入字符，看看报什么异常。修改程序捕获相应异常。再次测试，查看结果。

6. 定义三角形类 MyTriangle，有三个属性 a、b、c，表示三个边长，类型为 double。定义构造方法,有三个参数,给三个对象属性赋值,抛出异常 TriangleSideInvalidException。构造方法中判断三个边长是否构成三角形,不能构成报异常 TriangleSideInvalidException 类对象。自己定义异常类 TriangleSideInvalidException,编写测试类 Test,测试该异常。

7. 在实做程序 9.12 的基础上设计一个简单银行账户类 Account,定义类 Account 的构造方法 Account (double balance),如果参数 balance 为负值,则抛出异常 InvalidAccountBalance 类对象。取款方法 double get(double balance),如果参数 balance 不在 0 和属性 balance 之间,则抛出异常 InvalidAccountBalance 类对象。设计测试类,构造账户 Account 对象,调用 get()方法,抛出异常。

第 18 章

包结构设计

学习目标

- 了解什么是包；
- 掌握包结构和应用包管理程序的方法；
- 理解包结构的用途。

18.1 示 例 程 序

18.1.1 按包组织程序

在前面各章节的例子中，每次用到的类程序都放在同一个目录下。随着应用程序越来越大，相应地文件就会越来越多，就需要对文件分门别类进行组织和管理，Java 语言提供包结构来解决这一问题。Java 程序是按照包进行组织的，例如第 17 章程序，可以将类 Person、类 Student 和类 Teacher 组织到包 people 中，而把手机类 MobilePhone 组织到另外一个包 phone 中。放入 people 包后的 Student 类如程序 18.1 所示。

【程序 18.1】 放入 people 包中的学生类 Student.java。

```
package people;
public class Student extends Person{
    private double grade;
    public Student(String name, int age, double grade){
        super(name, age);
        this.grade = grade;
    }
    public void display(){
        super.display();
        System.out.println("学生成绩:" + grade);
    }
}
```

学生类 Student 代码的前面增加一个包定义语句：package people。概念上该语句将类 Student 定义在包 people 中。在程序存储时，需要创建一个 people 目录，把 Student 类对应的文件 Student.java 放到 people 目录中。目录结构如图 18.1 所示。

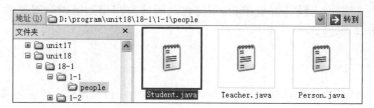

图 18.1　包对应的目录结构

将类放到包中,使用时就需要先引入包中的这个类。像以前使用基础类库中的类一样需要导入,测试类 Test 中需要先导入前面定义的类 Student,测试类 Test 如程序 18.2 所示。

【**程序 18.2**】　测试类程序 Test.java,导入 people 包中的 Student 类。

```java
import people.Student;
public class Test{
    public static void main(String [] args){
        Student s = new Student("张三", 23, 86);
        s.display();
    }
}
```

导入包语句 import people.Student 指示导入包 people 中的类 Student。该语句的作用是告诉程序后面用到的类 Student 位于 people 包中,这样可以让编译程序找到对应的类。导入后 Student 类就可以使用了。将测试类 Test.java 与子目录 people 放在同一目录下,如图 18.2 所示。

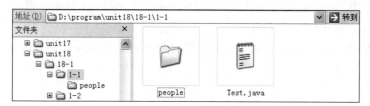

图 18.2　测试类所在目录

在测试类 Test.java 所在的目录编译运行程序,编译运行测试类,程序运行结果如图 18.3 所示。需要说明的是,Student 类在 people 包中,而包 people 需要与 Test.java 文件在同一个目录下,这样才能正确进行编译。

```
D:\program\unit18\18-1\1-1>javac Test.java

D:\program\unit18\18-1\1-1>java Test
姓名:张三
学生成绩:86.0
```

图 18.3　程序 18.2 运行结果

使用包之前需要先设计好包结构，不同包之间的类在相互引用时需要使用 import 语句显式导入所需要的类。

18.1.2　导入手机类

学生类中可能会用到其他包的类，例如手机类 MobilePhone，这样就需要在学生类中导入对应的包，修改后类 Student 如程序 18.3 所示。

【程序 18.3】　学生类程序 Student.java，导入 phone 包中的 MobilePhone 类。

```java
package people;
import phone.MobilePhone;
public class Student extends Person{
    private double grade;
    private MobilePhone phone;
    public Student(String name, int age, double grade, MobilePhone phone){
        super(name, age);
        this.grade = grade;
        this.phone = phone;
    }
    public void display(){
        super.display();
        System.out.println("学生成绩" + grade);
        phone.print();
    }
}
```

参考学生类 Student 定义手机类 MobilePhone 类，放在包 phone 中。修改后的手机类 MobilePhone 如程序 18.4 所示。

【程序 18.4】　放入 phone 包中的手机类程序 MobilePhone.java。

```java
package phone;
import people.Student;
public class MobilePhone{
    private String brand;
    private String code;
    private Student owner;
    public MobilePhone(String brand, String code){
        this.brand = brand;
        this.code = code;
    }
    public Student getOwner(){
        return owner;
    }
```

```
    public void setOwner(Student owner){
        this.owner = owner;
    }
    public void print(){
        System.out.println("手机号:" + code);
    }
}
```

【程序 18.5】 测试类程序 Test.java。

```
import people.Student;
import phone.MobilePhone;
public class Test{
    public static void main(String [] args){
        MobilePhone phone = new MobilePhone("SAMSUNG", "13811111111");
        Student s = new Student("张三", 23, 86, phone);
        s.display();
    }
}
```

程序 18.5 的运行结果如图 18.4 所示。

```
D:\program\unit18\18-1\1-2>javac Test.java

D:\program\unit18\18-1\1-2>java Test
姓名:张三
学生成绩86.0
手机号: 13811111111
```

图 18.4 程序 18.5 运行结果

导入手机类的过程与导入普通的基础类库过程是一样的。需要说明一点,程序运行时导入的类是编译后的 class 文件,而不是源文件。由于目前所有的源文件与 class 文件都在一个目录下,因此需要注意区分。读者自己可以试试,如果把源程序移到别的目录下程序可以正常执行,但是如果将 class 文件移走了,程序执行就会报错。

18.2 相 关 知 识

18.2.1 包定义

Java 语言中使用关键字 package 来定义包,定义格式如下:

package 包名;

这条语句要求放在源程序的第一条语句,指示源程序所在包。package 是关键字,用来说明这条语句是包定义语句。包名是用符号"."分隔的包结构名。例如程序 18.1 中包定义语句 package people,指示包名为 people。再比如第 17 章中使用的类 Scanner 所在的包名为 java.util。

包对应的系统实现是目录,例如包名为 people 表示对应的程序放到 people 目录下。而包名 java.util 是两层目录结构,表示源程序放在 java 目录下的 util 子目录下。包结构可以表示任意多层目录结构,一般软件设计中包结构的层级常见为 3 到 6 层。

源程序如果没有定义包,Java 源程序编译后的 class 文件位置就是程序执行的当前位置。例如第 17 章第 1 节的程序都在目录 D:\program\unit17\17-1\1-1 下面,因此当前位置就是 D:\program\unit17\17-1\1-1。如果定义了包结构,程序的当前位置就是顶层包所在位置。例如前面类 Student 中定义了包 package people,Student 源程序和 class 文件放在 D:\program\unit18\18-1\1-1\people 目录下,而当前目录为 D:\program\unit18\18-1\1-1\。因此执行程序是在 D:\program\unit18\18-1\1-1\目录中,如图 18.5 所示。

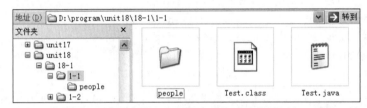

图 18.5　程序执行的目录

如果按照包结构来组织源程序,编译程序时就要根据需要使用不同的编译命令。例如程序 18.5 的编译命令如图 18.6 所示。直接编译需要执行的程序 Test.java,所需要的相关类由编译器自动找到并进行编译。

```
D:\program\unit18\18-1\1-2>javac Test.java
```

图 18.6　包结构编译命令

如果只希望编译某一个包下的 Java 源文件,则可以使用命令来指定编译的目录,如图 18.7 所示,这个命令编译 people 包下所有的 Java 源程序文件,编译后的文件保存在people 目录中。

```
D:\program\unit18\18-1\1-2>javac people\*.java
```

图 18.7　编译指定包命令

使用上面两种方法进行编译时,都是将编译后的 class 文件与 Java 源文件放在同一个目录下。使用图 18.4 所示的运行命令可以运行程序。

特别强调的是,Java 程序中应用包结构时需要做两件事,第一个就是源程序中使用package 语句定义包名;第二个是建立相应的目录将对应的 class 文件保存在这个目录下,注意目录名需要与包名一致。

18.2.2 其他包中类的引用

Java 程序中可以导入某个包中的类,引入包使用语句 import,语句定义格式如下:

import 包名.类名;

在源程序中,如果用到其他包中的类就需要引入,例如第 17 章的程序 17.7 中引入了 Java 基础类 Scanner,语句如下:

```
import java.util.Scanner
```

除了可以引入 Java 基础类,也可以引入自己定义的类,例如程序 18.5 测试类 Test 中,引入了自己定义的两个类,语句如下:

```
import people.Student;
import phone.MobilePhone;
```

Java 允许一次引入一个包中的所有类,例如:import java.util.* 表示引入 util 目录下的所有类,这种写法给程序设计者带来了方便。但是建议大家不要使用这种方法,而是列出所有需要引入的类。因为一次引入整个包时,虚拟机需要搜索这个目录下的所有类,找到引用的那个类,降低运行效率。更重要的问题是,如果一次引入多个包,而恰巧这些包中有重名的类,系统就会出问题。还有一点就是从程序的可读性考虑,如果明确指示引入哪个包中的哪个类可以方便阅读者找到引入的类在哪个包中,程序可读性比较好。例如下面程序段:

```
import test.input.*;
import test.output.*;
import test.process.*;
…
MyData md = new MyData();
…
```

程序中用到了类 MyData,很难搞清楚这个类在哪个包下。为了弄清楚类 MyData 是哪个包下的类就需要查看 test 目录下的 input、output 和 process 子目录,看看是哪个目录下有这个类。这给程序阅读带来了极大的不便。

18.3 训 练 程 序

参考 18.1 节中给出的程序,在此基础上增加一个 table 包,里面有桌子类 TableInfo,属性有腿数 legs 和高度 hight,以 TableInfo 类为父类,继承得到方桌类和圆桌类,方桌类要求新增属性长和宽,圆桌类新增属性半径。将 table 包与 people 包放在同一目录下。

包 people 中增加教师类，给教师增加一个办公桌属性，办公桌可以是圆桌或者方桌。测试类中显示教师信息和办公桌信息。

18.3.1 程序分析

新建一个目录 table，将桌子类和它的子类放到这个目录中。桌子类和它的子类中定义包为 table。教师类中增加一个属性办公桌 officeTable，类型是桌子 TableInfo，将来具体的实例可以是桌子，也可以是方桌或者圆桌。教师类构造方法中增加桌子参数用于初始化办公桌属性。

18.3.2 参考程序

在目录 table 下创建一个 TableInfo 类，如程序 18.6 所示。

【程序 18.6】 放入 table 包中的桌子类程序 TableInfo.java。

```java
package table;
public class TableInfo{
    int legs;
    int height;
    public  TableInfo(int legs,int height){
        this.legs = legs;
        this.height = height;
    }
    public void print(){
        System.out.println("桌子腿数:" + legs);
    }
}
```

在目录 table 下创建一个桌子的子类—方桌类 RectangleTable，如程序 18.7 所示。同样可以创建子类圆桌类，在此略去。

【程序 18.7】 放入 table 包中的方桌类程序 RectangleTable.java。

```java
package table;
public class RectangleTable extends TableInfo{
    double side;
    public  RectangleTable(int legs,int height,double side){
        super(legs, height);
        this.side = side;
    }
    public void print(){
        super.print();
        System.out.println("方桌边长:" + side);
    }
}
```

定义一个教师类 Teacher,增加一个办公桌属性,教师类位于 people 包下,修改后的程序如程序 18.8 所示。

【程序 18.8】 放入 people 包中的教师类程序 Teacher.java。

```java
package people;
import table.TableInfo;
public class Teacher extends Person{
    private double salary;
    private TableInfo officeTable;
    public Teacher(String name, int age, double salary, TableInfo officeTable){
        super(name, age);
        this.salary = salary;
        this.officeTable = officeTable;
    }
    public void display(){
        System.out.println("工资:" + salary);
        officeTable.print();
    }
}
```

【程序 18.9】 测试类程序 Test.java。

```java
import people.Teacher;
import table.TableInfo;
import table.RectangleTable;
public class Test{
    public static void main(String [] args){
        TableInfo table = new TableInfo(4, 76);
        Teacher t = new Teacher("李老师", 33, 3423, table);
        t.display();
        table = new RectangleTable(4, 87, 40);
        t = new Teacher("张老师", 43, 6423, table);
        t.display();
    }
}
```

程序 18.9 的运行结果如图 18.8 所示。

```
D:\program\unit18\18-3\3-1>javac Test.java

D:\program\unit18\18-3\3-1>java Test
工资:3423.0
桌子腿数:4
工资:6423.0
桌子腿数:4
方桌边长:40.0
```

图 18.8 程序 18.9 运行结果

测试类中导入了三个类：people. Teacher 类、table. TableInfo 类和 table. RectangleTable 类，每个类都带有包名指示该类所在位置。

18.4　拓　展　知　识

18.4.1　Java 基础类库包

为了方便 Java 程序设计，Oracle(SUN)公司提供了 Java 程序设计语言基础类库，程序设计者可以在自己程序中引用相关的包和类。Java 的核心类库都放在 java 包及其子包的下面，Java 扩展的许多类都放在了 javax 包及其子包下面。常用的包如表 18-1 所示。

表 18-1　常用 Java 基础类库包

包	描　　述
java.lang	包括一些基本的 Java 类，系统默认导入的包，用户不需要导入可以直接使用
java.util	包括一些常用的工具类，例如编码、解码、向量、堆栈等数据结构和工具
java.io	包括常用的输入输出操作类，文件操作类和各种数据流操作类
java.net	包括网络编程操作的基础类，socket、HTTP 和 URL 等
java.sql	数据库操作包，包括数据库连接、数据库结构操作和数据操作等
java.awt	图形包，Java 显示图形界面需要的各种容器和控件等
javax.swing	轻量级 swing 图形包，显示图形界面需要的各种容器和控件等

感兴趣的读者可以下载 JavaAPI 的源码，安装 JDK 时候可以选装源码。自己看看 Java 设计者是如何组织包结构的，这样可以提高组织包结构的能力。JavaAPI 是按照应用的类别来组织包结构的，每个包下可以是类或者子包。程序设计的时候如果不知道这些基础类在哪个包中，可以查查相关资料或者到网上搜索，也可以使用 JavaAPI 文档进行查找。例如第 17 章中用到的类 FileInputStream，如果想知道这个类位于哪个包中，可以直接打开 JavaAPI 文档，找到类 FileInputStream 的说明文档，说明文档的最前面给出了该类所在的包，如图 18.9 所示。第一行的 java.io 指示该类位于包 java.io 中。

```
java.io
Class FileInputStream
```

图 18.9　查找包名示例

包 java.lang 中的类不需要引入可以直接使用，由系统自动默认导入。例如前面程序中一直使用的类 java.lang.System，就不需要在程序中导入。

18.4.2　包的设计

Java 语言中包名是标识符,从语法上说只要是符合要求的标识符都可以作为包名,但从规范上说,应该使用有意义的单词作为包名。一般包名全部都是小写英文字符。例如,本章程序中用过的包名 people 和 phone,Java 语言基础类库中的包名 java 和 util 等等。

有时候需要在网上运行 Java 程序,因此包名的设计很重要,应该考虑尽量不要与其他人的包名重复,避免出现问题。常用的方法是将包名分成单位域名加上自己设计包名两个部分。一般把单位域名倒过来作为前面的包名,例如某个单位域名是 ncist.edu.cn,可以设计包名为 cn.edu.ncist。后面的包名可以根据具体的功能和设计划分来命名。

下面给出一个实际程序示例,实现角色管理和菜单管理这两个简单的功能。包结构的设计时,包名的第一部分使用变形的域名 cnedu.ncist,第二部分则基于设计进行考虑,主要考虑程序功能和程序结构两个部分。首先按照功能划分,分成 authmenu 和 authrole 两个包。每个包下面再按照结构进行划分,分成业务服务包 service 和前端请求处理包 web。包结构设计如图 18.10 所示。

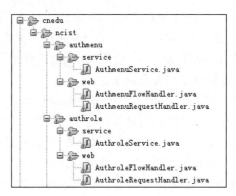

图 18.10　包结构示例

按照图 18.10 给出的包结构,每个功能的 web 包和 service 包下定义具体的实现类,例如类 AuthmenuService 在包 cnedu.ncist.authmenu.service 中。类 AuthmenuService 中定义包名语句如下:

```
package cnedu.ncist.authmenu.service;
```

读者经常会看到全限定名(Fully Qualified Name),是指带完整包名的类名称,例如上面给出的类 AuthmenuService 的全限定名为 cnedu.ncist.authmenu.service.AuthmenuService。

这一章学习了新的关键字 package、import,如表 18-2 中粗体列出。至此我们学习了 Java 语言的主要内容,剩下的关键字不再详细讲解,这里给出简单的说明。

表 18-2　Java 关键字

assert***	import	package	synchronized	volatile
enum****	native	strictfp**	transient	

关键字 assert，称为"断言"，是 Java 1.4 中新增的一个关键字，Java 开发中使用很少；关键字 enum 用于定义枚举类型，Java 程序设计中经常用到；关键字 native，说明其修饰的方法是一个原生方法，方法是使用其他语言实现的；关键字 strictfp，精确浮点，strictfp 关键字可应用于修饰类、接口或方法；关键字 synchronized，用于多线程代码块同步，是多线程编程非常重要的关键字；关键字 transient 用于对象序列化；关键字 volatile，用于多线程同步，是轻量级的 synchronized。

18.5　实做程序

1. 参考程序 18.1 和程序 18.2，在包 people 中定义一个工人类 Worker，测试类中使用这个类，显示提示信息。要点提示：

（1）Worker 类中定义包 people；

（2）工人类定义一个 display()方法，显示工人信息。

2. 参考程序 18.6～程序 18.9，设计一个 table 包，包中定义桌子类 TableInfo、方桌类 RectangleTable 和圆桌类 RoundTable。建立 Worker 类与桌子类之间的关联，设计测试类显示 Worker 和桌子的提示信息。要点提示：

（1）桌子类 TableInfo 中定义 print()方法，显示提示信息；

（2）桌子类的子类重写 print()方法，显示各自不同的提示信息；

（3）工人类 Worker 定义一个 TableInfo 类属性办公桌，构造方法中初始化；

（4）工人类 Worker 的显示方法 display()中显示桌子信息。

3. 在实做程序 14.4 基础上定义温度包 temp，将前面写的温度类，摄氏温度类，华氏温度类，Weather 类放入 temp 包中。定义测试类，显示天气。

4. 在实做程序 14.6 基础上定义图形类包 shape，将前面写的圆类，矩形类等图形类放入该包中。定义测试类，并显示图形信息。

第 19 章

简单框架设计

学习目标
- 了解什么是框架;
- 掌握应用继承和多态来实现简单框架的过程;
- 理解框架的工作原理。

19.1 示 例 程 序

19.1.1 简单框架

框架定义了一组类,一组接口,以及它们之间相互的关系,通过继承类或实现接口可以继承某些类间的关系,从而把不同的子类关联起来。例如,下面的程序 19.1 和程序 19.2 定义了 Person 类、电话类 Phone,这两个类之间的关系通过 buy()方法联系到一起。

【**程序 19.1**】 Person 类程序 Person.java。

```
package people;
import phone.Phone;
public class Person{
    private String name;
    private int age;
    public Person(String name, int age){
        this.name = name;
        this.age = age;
    }
    public void display(){
        System.out.println("姓名 =" + name);
    }
    public void buy(Phone phone){
        display();
        phone.print();
    }
}
```

Person 类中定义了一个 buy(Phone phone)方法,该方法有一个参数是 Phone 类对象

phone。电话类 Phone 定义如程序 19.2 所示。

【程序 19.2】　Phone 类程序 Phone.java。

```java
package phone;
public class Phone{
    private String brand;
    private String code;
    public Phone(String brand, String code){
        this.brand = brand;
        this.code = code;
    }
    public void print(){
        System.out.println("电话号码 = " + code);
    }
}
```

Person 类中定义了方法 buy(Phone phone)，把 Person 类和 Phone 类的对象联系起来。两个类的子类也就继承了这些关系。定义 Student 类继承 Person 类，代码如程序 19.3 所示。

【程序 19.3】　Person 类的子类程序 Student.java。

```java
package people;
public class Student extends Person{
    private double grade;
    public Student(String name, int age, double grade){
        super(name, age);
        this.grade = grade;
    }
}
```

Student 类继承了 Person 类，也继承了 Person 类的方法 buy(Phone phone)。定义 MobilePhone 类继承 Phone 类，代码如程序 19.4 所示。

【程序 19.4】　Phone 类的子类程序 MobilePhone.java。

```java
package phone;
import people.Person;
public class MobilePhone extends Phone{
    private Person owner;
    public MobilePhone(String brand, String code){
        super(brand, code);
    }
```

```
    public Person getOwner(){
        return owner;
    }
    public void setOwner(Person owner){
        this.owner = owner;
    }
}
```

【**程序 19.5**】　测试类程序 Test.java。

```
import people.Person;
import people.Student;
import phone.Phone;
import phone.MobilePhone;
public class Test{
    public static void main(String [] args){
        Phone phone = new MobilePhone("HUAWEI", "13811111111");
        Person s = new Student("张三", 23, 86);
        s.buy(phone);
    }
}
```

程序 19.5 的运行结果如图 19.1 所示。

```
D:\program\unit19\19-1\1-1>javac Test.java

D:\program\unit19\19-1\1-1>java Test
姓名 =张三
电话号码 = 13811111111
```

图 19.1　程序 19.5 运行结果

下面详细说明程序 19.5 的执行过程：

（1）测试类中先定义了电话类 Phone 对象 phone，赋给 phone 对象一个子类 MobilePhone 对象实例；

（2）定义了 Person 类对象 s，赋给对象 s 一个学生类 Student 对象的实例；

（3）执行语句 s.buy(phone)，调用了 s 对象方法 buy()。由于对象 s 的实例是类 Student 对象实例，因此需要调用 Student 类的方法 buy(Phone phone)；

（4）类 Student 的方法 buy(Phone phone)是继承自 Person 类；

（5）buy(Phone phone)方法中定义的参数是 Phone 类的对象，传递给方法的实参是 MobilePhone 对象实例；

（6）执行 buy(Phone phone)方法中的 display()方法，显示学生姓名“张三”，如图 19.1 所示；

（7）执行 buy(Phone phone)方法中的 phone.print()方法，由于实参是 MobilePhone

对象实例，因此调用 MobilePhone 类的 print()，该方法继承自 Phone 类，显示电话号码如图 19.1 所示。

可以仔细分析这个程序，程序中没有定义 Student 类与 MobilePhone 类之间的关系，但两个类之间的关系是从父类那里继承下来的，这就是一个最简单的框架。

19.1.2　增加功能

子类中可以重写父类的方法，这样就可以按照子类程序设计者的希望来执行方法，达到增加框架功能的目的。例如，可以改写 Phone 类的 print()方法和 Person 类的 display()方法，类 Person 中增加获取 name 属性的方法，代码段如下。

```
public String getName(){
    return name;
}
```

Phone 类中增加获取电话号码的方法如下。

```
public String getCode(){
    return code;
}
```

Student 类中重写方法 display()，程序如下。

```
public void display(){
    System.out.println("学生姓名 =" + getName());
}
```

MobilePhone 类中重写方法 print()，程序如下。

```
public void print(){
    System.out.println("手机号码 = " + getCode());
}
```

还是使用程序 19.5 作为测试类 Test 程序，程序的运行结果如图 19.2 所示。

```
D:\program\unit19\19-1\1-2>javac Test.java

D:\program\unit19\19-1\1-2>java Test
学生姓名 =张三
手机号码 = 13811111111
```

图 19.2　增加功能的运行结果

在上面程序中，Student 类重写了 Person 类的 display()方法，Person 类对象实例 s 的实例是 Student 对象实例，因此调用的是 Student 类的显示方法 display()。

上面的程序展示了一个简单框架,Person 类和 Phone 类和购买关系 buy()方法是一个简单框架。使用者可以继承这两个类,例如 Student 类和 MobilePhone 类,同时也继承了类间关系,将 Student 类和 MobilePhone 类关联起来,实现学生类对象购买手机的过程。程序同时提供了两个插入点,允许子类中分别重写 Person 类的 display()方法和 Phone 类的 print()方法,这两个方法是框架预留给使用者的两个程序插入点,通过重写这两个方法,框架使用者可以完成自己希望做的工作。

19.2　相　关　知　识

19.2.1　多态与框架

前面详细介绍了什么是多态,简单地说就是一个对象执行的方法与传给这个对象的实例相关,实例不同执行的方法不同。例如定义一个对象 p,调用 p.display(),对象 p 具体执行的是哪一个类的 display()方法,要由运行时候看传递给对象 p 的实例来确定。对象 p 可能有三种情况:第一种情况 p 是普通类对象,传递给 p 的实例可以是对象 p 的实例或者是对象 p 子孙类的实例;第二种情况 p 是抽象类,传递给 p 的实例是对象 p 子孙类的实例;第三种情况 p 是接口对象,传递给 p 的实例可以是实现这个接口的类或其子孙类实例。具体实例参见第 14 章、第 15 章和第 16 章中的例子。

框架程序与之前编写的程序有明显的不同,前面章节给出的程序都是传统程序,主要特点是后写的程序调用先写的程序。假设有 sin(a) 和 display() 两个方法,其中计算正弦函数 sin(a)是 Java 语言已经在 Math 类定义好的方法,定义格式如下:

```
public static double sin(double a)
```

而 display()方法是程序员自己编写的一个方法,定义如下:

```
public void display(){
    System.out.println("正弦函数值 =" + Math.sin(1.2));
}
```

display()方法中调用了 Java 基础类库已有的 Math 类中函数 sin(a)来实现自己的功能。而框架程序中,后写的程序可以插入到先写的框架程序中执行。例如上面例子中的框架包括 Person 类、Phone 类和两个类之间的购买关系,这个框架是先写好的程序。后写的程序 Student 类和 MobilePhone 类分别继承 Person 类和 Phone 类就可以了。使用框架程序 Student 类对象实例可以购买 MobilePhone 类对象实例,执行 Student 实例中的 display()方法和 MobilePhone 类实例的 print()方法。这样后写的 Student 类、MobilePhone 类就可以放到已有的框架中执行,从而实现了先写的框架调用后写程序。

19.2.2　依赖关系

仔细研究框架程序,基础的框架程序 Person 类里面有一个非常重要的方法:

```
public void buy(Phone phone)
```

这个方法把 Person 类和 Phone 类联系到一起，这两个类之间的关系就是第三种类间关系—依赖关系。Person 类依赖 Phone 类，如图 19.3 所示。

图 19.3　Person 类与 Phone 类依赖关系

当子类继承 Person 类时，buy(Phone phone)方法可以被继承下来，成为子类的方法。同样，传递给这个方法的参数也可以是 Phone 子孙类的实例。通过这种方法 Person 类和 Phone 类的依赖关系也就被继承下来，从而实现了一个人购买电话的框架。不同类型的人只要继承类 Person，就可以购买任意类型的电话了（Phone 子孙类对象）。例如程序 19.5 中的程序段：

```
Phone phone = new MobilePhone("HUAWEI", "138111111111");
Person s = new Student("张三", 23, 86);
s.buy(phone);
```

学生类 Student 对象的实例就可以购买一个 MobilePhone 对象实例。在实际的框架应用中，框架使用接口或者抽象类定义，等到使用框架的时候再继承抽象类，实现相应的接口。

19.3　训 练 程 序

参考 19.1 节中的框架程序，自己设计一个简单的 Java 框架，框架对常见的计算机处理问题过程进行抽象。处理过程分成三步：第一步输入、第二步进行处理、第三步输出。将这个过程抽象成一个简单框架，并应用这个简单的框架完成求和功能，输入两个数，求和并显示结果。

19.3.1　程序分析

这个应用程序首先需要设计一个框架。先分析一下，框架需要完成的工作应该有三项，分别是输入数据、数据处理和显示结果。

首先看输入数据，由于不知道实际应用中需要输入哪些数据，也不知道这些数据是从键盘输入、文件读入还是数据库中读取，因此可以设计一个抽象的输入接口。同样，设计抽象的处理接口和抽象的输出接口。

输入的数据需要进行保存，具体应用需要输入什么类型的数据是未知的，具体输入多少数据也是未知的，因此需要使用更通用的数据结构来存储这些数据。数据的处理结果也同样需要进行保存。本例中使用 Map 类型数据存储输入数据和处理结果数据，有关 Map 数据结构将在第 21 章中具体说明。

有了上面的框架,就可以设计具体的实现类来实现输入接口,输入两个数据;实现处理接口,完成求和功能;实现输出接口,显示计算结果。最后设计测试类将实现类的实例传递给框架,显示运行结果。

19.3.2　参考程序

根据前面的分析,先来设计框架类程序。这个框架是一个自定义的简单框架,实现了计算机处理问题的过程,如程序 19.6 所示。

【程序 19.6】　框架类程序 MyFrame.java。

```java
import java.util.Map;
public class MyFrame{
    public void run(Inputable ia, Processable pa, Outputable oa){
        Map inputMap = ia.input();
        Map resultMap = pa.doProcess(inputMap);
        oa.output(resultMap);
    }
}
```

框架类 MyFrame 中只有一个 run()方法。run()方法有三个参数,分别是输入接口、处理接口和输出接口类型对象。方法中定义了计算机处理问题的过程,调用输入接口 Inputable 对象 ia 的 ia.input()方法,将输入数据存放到 inputMap 中。调用处理接口 Processable 对象 pa 的 pa.doProcess(inputMap)方法,对 inputMap 中数据进行处理,将得到结果保存到 resultMap 中。最后调用输出接口 Outputable 对象 oa 的 output (resultMap)方法,输出 resultMap 结果。

框架类 MyFrame 定义了一个抽象的处理过程,这个处理过程分成三步:第一步是调用输入接口方法输入数据;第二步是调用处理接口方法完成数据处理;第三步是调用输出接口方法输出结果。具体的输入接口如程序 19.7 所示,处理接口如程序 19.8 所示,输出接口如程序 19.9 所示。

【程序 19.7】　输入接口程序 Inputable.java。

```java
import java.util.Map;
public interface Inputable{
    public Map input();
}
```

【程序 19.8】　处理接口程序 Processable.java。

```java
import java.util.Map;
public interface Processable{
    public Map doProcess(Map m);
}
```

【**程序 19.9**】　输出接口程序 Outputable.java。

```
import java.util.Map;
public interface Outputable{
    public void output(Map m);
}
```

程序 19.6～程序 19.9 四个程序定义了一个简单的处理过程框架。下面应用框架来实现求和功能，定义三个实现类：加法输入类，加法处理类和加法输出类，三个实现类分别实现输入接口、处理接口和输出接口。加法输入类如程序 19.10 所示。

【**程序 19.10**】　加法输入类程序 AddInput.java。

```
import java.util.Map;
import java.util.HashMap;
public class AddInput implements Inputable{
    public Map input(){
        Map inputMap = new HashMap();
        inputMap.put("PARA1", new Integer(10));
        inputMap.put("PARA2", new Integer(20));
        return inputMap;
    }
}
```

输入类 AddInput 实现了接口 Inputable，重写 input()方法，为了简化程序直接将两个整数放到输入结果 inputMap 对象中，读者可以自己修改这段程序从键盘读入数据或者从其他渠道得到数据。相加操作的实现类如程序 19.11 所示。

【**程序 19.11**】　加法处理类程序 AddProcess.java。

```
import java.util.Map;
import java.util.HashMap;
public class AddProcess implements Processable{
    public Map doProcess(Map m){
        Map resultMap = new HashMap();
        Integer a = (Integer)m.get("PARA1");
        Integer b = (Integer)m.get("PARA2");
        Integer c = a + b;
        resultMap.put("RESULT", c);
        return resultMap;
    }
}
```

加法处理类实现了接口 Processable，重写它的 doProcess(Map m)方法，完成加法运算,把结果放到 resultMap 对象中。输出结果实现类如程序 19.12 所示。

【程序 19.12】 加法输出类程序 AddOutput.java。

```java
import java.util.Map;
public class AddOutput implements Outputable{
    public void output(Map m){
        Integer c = (Integer)m.get("RESULT");
        System.out.println("result ="  + c.toString());
    }
}
```

加法输出类实现了接口 Outputable,重写它的 output(Map m)方法,简单显示相加结果。最后在测试类中调用框架,显示结果,测试类如程序 19.13 所示。

【程序 19.13】 测试类程序 Test.java。

```java
public class Test{
    public static void main(String [] args){
        MyFrame mf = new MyFrame();
        mf.run(
            new AddInput()
            , new AddProcess()
            , new AddOutput()
            );
    }
}
```

程序 19.13 的运行结果如图 19.4 所示。

```
D:\program\unit19\19-3\3-1>javac Test.java

D:\program\unit19\19-3\3-1>java Test
result =30
```

图 19.4   程序 19.13 运行结果

下面详细说明程序 19.13 的执行过程。

(1) 测试类中先定义了框架类 MyFrame 对象 mf;

(2) 调用对象 mf 的 run()方法,该方法定义如下:

```java
public void run(Inputable ia, Processable pa, Outputable oa)
```

(3) 实例化一个 AddInput 类对象,并将实例作为实参传递给形参 Inputable 接口对象 ia;同样实例化一个 AddProcess 类对象,并将实例作为实参传递给形参 Processable 接口对象 pa;再实例化一个 AddOutput 类对象,并将实例作为实参传递给形参 Outputable 接口对象 oa;

（4）执行对象 mf 的 run()方法，调用接口 ia 的 input()方法，由于传递给该参数的实参是 AddInput 类对象实例，因此执行 AddInput 类的 input()方法，得到输入数据 10 和 20；

（5）执行 AddProcess 类的 doProcess()方法，完成两个数相加，结果保存到 resultMap 中；

（6）执行 AddOutput 类的 output()方法，显示相加结果，如图 19.4 所示。

19.4　拓　展　知　识

19.4.1　框架设计

在第 6 章中讲到，如果有一段程序完成相对独立的功能就需要提取出来，形成一个单独的方法。为了提高提取后方法的通用性，需要给方法设计不同的参数，根据参数的数据不同得到不同的处理结果。通过方法提取可以把多个相似的程序段提取成一个方法，实现代码重用。

这个思想也可以推广一下，如果程序设计中，有很多处理流程都相近或者是相似，是否可以把这些处理流程的公共部分提取出来？答案是肯定的。提取后的通用处理流程就是框架。框架包括一组包、多个类和接口，是高度重用的软件半成品，用于解决某一类的问题。

一般框架包括一些业务流程控制类，各种接口和抽象类。使用框架的应用软件可以继承这些抽象类，实现接口，完成具体业务流程。框架结构如图 19.5 所示。

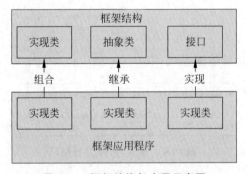

图 19.5　框架结构与应用示意图

图 19.5 上半部分是框架，框架包括实现类、抽象类和接口，多数框架都有这三个部分，至少有实现类和接口两个部分。例如 19.3 节的框架就包括一个框架流程控制类 MyFrame 和三个接口 Inputable、Processable、Outputable。这三个接口是相似的业务流程中操作的抽象。框架中的流程控制类完成相似流程的处理过程。

图 19.5 的下半部分是使用框架的应用程序，需要实现框架中的接口，继承框架中的抽象类，并重写其中的抽象方法。例如 19.3 节中的具体应用程序加法运算，就设计了输入类 AddInput、加法操作类 AddProcess 和输出类 AddOutput，分别实现了输入接口 Inputable、处理接口 Processable 和输出接口 Outputable。测试类中定义框架类

MyFrame 对象 mf,调用 mf 的 run()方法完成加法功能。

19.4.2　框架设计讨论

框架用于解决同一类应用中的相似处理流程的代码复用问题。刚开始编写程序的时候遇到这类问题基本上采用粘贴复制代码的方法,通过不断复制和修改现有代码来实现相似流程的处理功能。但随着时间的推移,程序变的越来越大,这时如果想对流程做一些修改就很麻烦了,需要修改以前所有复制过的代码,对程序员来说这个工作是痛苦的。更痛苦的是修改过程可能会引入错误,程序修改越多出错的可能性越大。

如果能够对这些相似流程进行分析,抽取出流程中的不变部分,抽象出相应的接口,设计成框架就可以有效解决这一问题。例如 19.3 节中的输入接口 Inputable 就是输入过程抽象。不同的问题输入数据和过程可能千差万别,例如加法操作需要输入两个数,登录操作需要输入用户名和密码,计算学生平均成绩则需要输入学生的成绩。他们的共同之处是获取数据,因此抽象成一个输入接口。抽象的接口得到的输入数据也应该是抽象的,原因是不知道具体数据的格式,数据的个数等,因此使用一个抽象的数据类型 Map 来保存数据。不管是什么样的输入数据都保存在 Map 对象中。而把具体变化的部分保留到对应实现类中实现,经过抽象的类图如图 19.6 所示。

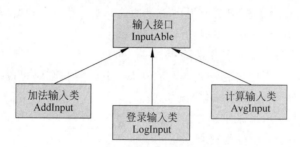

图 19.6　实现输入接口的类

抽象后输入接口 Inputable 实现了框架与具体的业务处理过程的分离,抽象后数据类型 Map 实现类框架数据与具体的业务数据的分离。因此可以设计出通用的框架。

同样,也可以抽象出不变的处理接口 Processable 和不变的输出接口 Outputable。这些接口是稳定不变的,就可以基于这些接口来设计框架,得到框架类 MyFrame。这样得到的框架就可以实现各种类型数据的输入、处理和输出。

框架设计首先会用到抽象原则,分离公开接口和接口具体实现,接口对外开放,接口的实现类完成实现细节的封装。框架设计中还会用到依赖翻转原则(Dependency Inversion Principle,DIP),让框架依赖稳定的接口。其他的原则还有单一职责原则(Single Responsibility Principle,SRP)、开闭原则(Open-Closed Principle,OCP)、里氏替代原则(Liskov Substitution Principle,LSP)和接口分离原则(Interface Segragation Principle,ISP)等。

19.5　实 做 程 序

1. 修改 19.1 节程序，给手机类 MobilePhone 增加两个子类，智能手机 SmartPhone 和普通手机 OrdinalPhone，各自增加一个属性，应用 19.1 节的框架实现学生购买智能手机程序。要点提示：

（1）SmartPhone 类继承 MobilePhone 类，增加一个属性微信号码，修改显示方法，增加显示微信号码；

（2）OrdinalPhone 类继承 MobilePhone 类，增加一个属性型号，修改显示方法，增加显示型号；

（3）参考 19.1 节测试类程序，定义 SmartPhone 类和 OrdinalPhone 类对象实例，购买对应手机。

2. 在第 1 题程序的基础上，增加教师类 Teacher 继承 Person，应用框架实现教师购买普通手机程序。要点提示：

（1）Teacher 类继承 Person 类；

（2）Teacher 类对象调用 buy()方法实现购买。

3. 应用 19.3 节设计的框架实现用户登录功能，输入用户名和密码，判断是否与给定用户名和密码一致，显示是否登录成功。要点提示：

（1）输入实现类保存用户名和密码；

（2）处理实现类判断用户名和密码是否正确，用户名和密码可以分别使用一个设定的字符串。例如，用户名 zhangsan，密码 123；

（3）输出实现类显示登录结果：登录成功或者失败，显示提示字符串；

（4）参考程序 19.13 编写测试类。

4. 应用 19.3 节设计的框架实现计算平均成绩功能，输入多个学生成绩，计算平均成绩，显示平均成绩。要点提示：

（1）输入实现类输入所有学生成绩；

（2）处理实现类计算平均成绩；

（3）输出实现类显示平均成绩；

（4）参考程序 19.13 编写测试类。

第 20 章

带配置文件的框架

学习目标
- 了解 Java 反射机制的工作原理；
- 应用配置文件动态配置框架实现类；
- 理解配置框架中实现类的思路。

20.1 示 例 程 序

20.1.1 装入 Person 类

在第 19 章第 1 节中实现了简单的框架，应用这个框架时需要给框架传递相应的实例。例如程序 19.5 中测试类的 Student 类实例和 MobilePhone 类实例。这些类的实例化过程是写在程序中的，能否把它们设计的再灵活一些呢？例如，有一天想使用 Teacher 类的实例来替换 Student 类的实例，而又不想修改和重新编译程序是否可以做到呢？答案是肯定的。这就用到了 Java 提供的反射机制。新建一个测试类 TestNew，如程序 20.1 所示。

【程序 20.1】 装入类程序 TestNew.java。

```
import java.lang.reflect.Method;
public class TestNew{
    public static void main(String args[]) {
        String className = "people.Person";
        String methodName = "display";
        try {
            Class para[] = new Class[0];
            Object ob[] = new Object[0];
            Class theObject = Class.forName(className);
            Object theInst=(Object)theObject.newInstance();
            Method theMethod=theObject.getMethod(methodName,para);
            Object returnObject=theMethod.invoke(theInst,ob);
        } catch (Throwable e) {
            System.err.println(e);
        }
    }
}
```

在本章之前的所有程序中，当程序用到某一个类时，Java 虚拟机会负责装入该类。程序 20.1 完成了用户自己装入指定类的功能。语句：

```
Class theObject = Class.forName(className);
```

负责装入由变量 className 指定的类，参数 className 指定要装入类的类名，是带包名的全限定名，例如 "people.Person"。语句定义了 Class 类的对象 theObject，指向装入的 people.Person 类的 Class 实例。语句：

```
Object theInst=(Object)theObject.newInstance();
```

定义一个 Object 类对象 theInst，theObject.newInstance() 调用 Person 类的无参构造方法，得到一个 Person 类的实例，赋给对象 theInst。语句：

```
Method theMethod=theObject.getMethod(methodName,para);
```

定义了 Method 类对象 theMethod，调用 getMethod（methodName，para）得到 Person 类的 display() 方法，para 定义了 display() 方法的参数，这里面定义为空数组，表示没有参数。语句：

```
Object returnObject=theMethod.invoke(theInst,ob);
```

完成调用 Person 类的 display() 方法功能。为了让程序能够正确运行，需要对 people 包中的 Person 类进行修改，修改后的 Person 类如程序 20.2 所示。

【程序 20.2】　修改后的 Person 类程序 Person.java。

```
package people;
public class Person{
    private String name;
    private int age;
    public Person(){
    }
    public Person(String name, int age){
        this.name = name;
        this.age = age;
    }
    public String getName(){
        return name;
    }
    public void setName(String name){
        this.name = name;
    }
    public int getAge(){
        return age;
    }
```

```
    public void setAge(int age){
        this.age = age;
    }
    public void display(){
        System.out.println("姓名 =" + name);
    }
}
```

上面的 Person 类中增加了无参的构造方法,并且为了方便对 Person 类的属性进行访问,定义了所有属性的置取方法。程序 20.1 的运行结果如图 20.1 所示。

```
D:\program\unit20\20-1\1-1>java TestNew
姓名 =null
```

图 20.1　程序 20.1 运行结果

程序 20.1 中 TestNew 类 main()方法中的语句等价于下面两条语句:

```
Person p = new Person();
p.display();
```

为什么不简单使用这两条语句,而要大费周章地写一大堆语句来实现呢? 仔细对比两段程序,程序 20.1 中类名和方法名都是作为一个字符串出现的,而后面的语句是将 Person 类和 display()方法都定义为标识符,直接写到程序中。前面写法可以提高程序的灵活性,例如可以考虑把类名和方法名作为参数传过来进行处理。

20.1.2　显示名字

程序 20.1 和程序 20.2 成功地实例化了 Person 类,调用了它的方法 display(),但是显示的名字为空。如果想显示一个人的名字就需要调用属性设置方法,设置属性 name 的值,修改后 TestNew 类如程序 20.3 所示。

【程序 20.3】 显示姓名的程序 TestNew.java。

```java
import java.lang.reflect.Method;
public class TestNew{
    public static void main(String args[]) {
        String className = "people.Person";
        String methodName = "display";
        try {
            Class theObject = Class.forName(className);
            Object theInst=(Object)theObject.newInstance();
            Class zs[] = new Class[1];
            zs[0]=String.class;
```

```
            Method setZs=theObject.getMethod(new String("setName"), zs);
            Object zsPara[] = new Object[1];
            zsPara[0] = new String("张三");
            Object returnObject=setZs.invoke(theInst,zsPara);
            Class para[] = new Class[0];
            Object ob[] = new Object[0];
            Method theMethod=theObject.getMethod(methodName,para);
            returnObject=theMethod.invoke(theInst,ob);
        } catch (Throwable e) {
            System.err.println(e);
        }
    }
}
```

程序 20.3 中的语句：

```
Class zs[] = new Class[1];
```

定义一个 Class 数组，用来存储方法的形参，由于要访问的 setName()方法只有一个参数，因此定义数组长度为 1。语句：

```
zs[0]=String.class;
```

用于指定第一个形参为 String 类型。语句：

```
Method setZs=theObject.getMethod(new String("setName"), zs);
```

得到方法名为 setName()，方法参数放在 zs 中。语句：

```
Object zsPara[] = new Object[1];
```

定义一个 Object 数组，用来存放 setName()方法的实参，数组长度为 1，表示只有一个实参。语句：

```
zsPara[0] = new String("张三");
```

定义第一个实参的数值为："张三"。语句：

```
returnObject=setZs.invoke(theInst,zsPara);
```

调用 setName()方法，调用方法使用的实参存放在数组 zsPara 中。程序 20.3 其他部分与前面例子相同，运行结果如图 20.2 所示。

```
D:\program\unit20\20-1\1-2>java TestNew
姓名 =张三
```

图 20.2　程序 20.3 运行结果

20.2　相关知识

20.2.1　反射机制

反射机制是 Java 程序设计语言的特色之一,它允许用户自己模拟 Java 虚拟机来装入一个类,初始化一个类,查看类的属性和方法,并调用其中的方法。恰当地应用 Java 的这一功能在实际应用中可以设计出更有威力的程序。

对于一个类的构造函数、属性和方法,java.lang.Class 提供四种独立的反射调用,以不同的方式来获得构造函数、属性和方法的信息。这些调用都使用统一的格式。下面是用于查找构造函数的四个反射调用:

- Constructor getConstructor(Class[] params),获得使用指定参数类型的公共构造函数对象。
- Constructor[] getConstructors(),获得类的所有公共构造函数,得到一个构造函数对象的数组。
- Constructor getDeclaredConstructor(Class[] params),获得使用指定参数类型的构造函数对象。
- Constructor[] getDeclaredConstructors(),获得类的所有构造函数,得到一个构造函数对象的数组。

获得类的属性信息的反射调用与获取构造函数的调用不同,参数类型数组中可以使用属性的名字,四个用于查找属性的反射调用是:

- Field getField(String name),获得参数 name 所指定的公有属性。
- Field[] getFields(),获得类的所有公有属性,得到的属性放到一个 Field 数组中。
- Field getDeclaredField(String name),获得一个类中声明的名字为 name 的属性。
- Field[] getDeclaredFields(),获得一个类中声明的所有属性,得到的属性放到一个 Field 数组中。

四个用于获得方法的反射调用:

- Method getMethod(String name,Class[] params),使用特定的参数类型,获得指定名称的公有方法。
- Method[] getMethods(),获得类的所有公有方法,返回的方法放到一个 Method 数组中。
- Method getDeclaredMethod(String name,Class[] params),使用特定的参数类型,获得类声明的指定方法。
- Method[] getDeclaredMethods(),获得类声明的所有方法,返回的方法放在一个 Method 数组中。

使用反射机制获取一个类的信息需要三步:

(1) 获得想操作的类的 java.lang.Class 对象;

(2) 调用诸如 getDeclaredMethods() 的方法,以取得该类中定义的所有方法和属性的列表；

（3）使用反射的 API 来操作这些信息。

使用反射机制可以对类进行动态调用，使用这种方法可以编写更复杂的框架程序。下一节将给出一个例子，结合到框架，可以把程序类名和方法名作为参数配置到一个文件中，通过解析配置文件就可以运行相应的方法。还可以通过修改配置文件，增加新的类和方法的调用，这个类可以在以后的任何时候编写，最终实现了程序的动态配置。

20.2.2 反射机制应用

反射机制用到一个特殊的 Class 类，它是包 java.lang 中的类，用于封装被装入到 Java 虚拟机中的类或者接口信息。当一个类或接口被装入 Java 虚拟机，就会产生一个与之关联的 Class 类对象，可以通过这个 Class 对象对被装入类的详细信息进行访问。

程序 20.3 中用到了两种方法获取某一个类所对应的 Class 对象。第一种方法使用 Class 类的 forName()方法得到一个 Class 对象，例如语句：

```
Class theObject = Class.forName(className)
```

第二种方法是使用.class 的方式，例如语句：

```
zs[0]=String.class
```

String.class 返回与 String 类对应的 Class 对象。反射机制用到的另一个类就是 Field 类，代表类的属性。程序 20.3 不需要访问装入类的属性，因此没有用到这个类。反射机制还用到了 Method 类用来代表装入类的方法，用到 Constructor 类代表装入类的构造方法。

20.3 训 练 程 序

程序 20.1 将需要用到的类名和方法名都放在了程序的字符串变量中。为了提高灵活性可以把这些字符串放到配置文件中，使用配置文件读取程序将需要的字符串读到程序中。

20.3.1 程序分析

首先需要定义一个配置文件 framework.cfg，配置文件包括多行，每一行配置一个参数，具体配置多少个参数根据需要来确定，参数配置格式为：

参数名 = 参数值

本例中需要配置三个参数，类名、方法名和人名，参数名字定义为 class、method 和 name。接着需要定义一个类来解析配置文件，将配置文件的参数值读取出来。解析文件核心是从配置文件中读取三行，将每行对应的参数值解析后保存在对象的属性中。

修改程序 20.3，定义一个配置文件，将所有需要的配置信息保存在配置文件中，程序从配置文件读取相关配置信息，达到灵活配置的目的。

20.3.2　参考程序

【**程序 20.4**】　配置文件 framework.cfg。

```
class = people.Person
method = display
name = 张三
```

【**程序 20.5**】　解析配置文件类程序 FrameworkConfig.java。

```java
import java.io.FileReader;
import java.io.BufferedReader;
import java.io.IOException;
public class FrameworkConfig{
    private String fileName;
    private String className;
    private String methodName;
    private String theName;
    public FrameworkConfig(String fileName){
        this.fileName = fileName;
    }
    public String getClassName(){
        return className;
    }
    public String getMethodName(){
        return methodName;
    }
    public String getTheName(){
        return theName;
    }
    public void parse(){
        try{
            FileReader fr = new FileReader(fileName);
            BufferedReader br = new BufferedReader(fr);
            String content = br.readLine();
            className = getConfigValue("class", content);
            content = br.readLine();
            methodName = getConfigValue("method", content);
            content = br.readLine();
            theName = getConfigValue("name", content);
        }
        catch(IOException e){
            System.out.println("I/O 错误");
```

```
        }
    }
    public String getConfigValue(String theKey, String content){
        String theValue = "";
        String [] result = content.split("=");
        String newKey = result[0];
        newKey = newKey.trim();
        if(theKey.equals(newKey)){
            theValue = result[1];
            theValue = theValue.trim();
        }
        return theValue;
    }
}
```

【程序 20.6】 修改后的测试类程序 TestNew.java。

```
import java.lang.reflect.Method;
public class TestNew{
    public static void main(String args[]) {
        String className = "";
        String methodName = "";
        String theName = "";
        FrameworkConfig fc = new FrameworkConfig("framework.cfg");
        fc.parse();
        className = fc.getClassName();
        methodName = fc.getMethodName();
        theName = fc.getTheName();
        try {
            Class theObject = Class.forName(className);
            Object theInst=(Object)theObject.newInstance();
            Class zs[] = new Class[1];
            zs[0]=String.class;
            Method setZs=theObject.getMethod(new String("setName"), zs);
            Object zsPara[] = new Object[1];
            zsPara[0] = new String(theName);
            Object returnObject=setZs.invoke(theInst,zsPara);
            Class para[] = new Class[0];
            Object ob[] = new Object[0];
            Method theMethod=theObject.getMethod(methodName,para);
            returnObject=theMethod.invoke(theInst,ob);
        } catch (Throwable e) {
```

```
            System.err.println(e);
        }
    }
}
```

程序 20.6 的运行结果如图 20.3 所示。

```
D:\program\unit20\20-3\3-1>java TestNew
My name =张三
```

图 20.3　程序 20.6 运行结果

使用配置文件提高了程序的灵活性，如果想把 Person 换成其他类，不需要重新编译程序，只需要修改配置文件，将装入的类名改为 Student，配置文件如程序 20.7 所示。

【程序 20.7】 修改后的配置文件 framework.cfg。

```
class = people.Student
method = display
name = 张三
```

为了方便调试程序，给出学生类的源程序。注意，需要单独编译类 Student 对应的 Java 程序，编译后的结果 Student.class 文件保存在 people 目录下。

【程序 20.8】 学生类程序 Student.java。

```
package people;
public class Student extends Person{
    private double grade;
    public Student(){
    }
    public Student(String name, int age, double grade){
        super(name, age);
        this.grade = grade;
    }
    public void display(){
        System.out.println("学生姓名 =" + getName());
    }
}
```

再次运行程序 20.6，运行结果如图 20.4 所示。

```
D:\program\unit20\20-3\3-2>java TestNew
学生姓名 =张三
```

图 20.4　程序 20.6 运行结果

从图 20.4 可以看出，在没有修改程序 20.6 的情况下，修改配置文件将装入类修改为 Student，则执行 Student 类对象的 display()方法。程序 20.5 的配置文件解析程序涉及到文件的操作，读者可以参见第 22 章的关于 I/O 操作内容。

20.4 拓 展 知 识

20.4.1 反射机制讨论

反射机制被广泛地用于那些需要在运行时检测或修改程序行为的程序中，例如单元测试工具和各种 Java 框架。这是一个相对高级的特性，如果想用好它就需要语言基础非常扎实。反射机制是一种非常强大的技术，可以让应用程序做一些几乎不可能做到的事情。同时反射机制也带来了一些问题：

首先，Java 反射机制破坏了 Java 的封装性，通过反射机制可以看到一个 Java 类所有的属性和方法，而封装是 Java 语言的基本特征，也是 Java 安全的必要保证。因此应用反射机制可能带来安全上的问题。

其次，失去了类型检查带来的好处。Java 是强类型语言，编译时对所有类型进行检查，可以及时发现各种潜在的错误。而反射机制使得很多编译时可以发现的错误推迟到运行时才表现出来，影响程序的健壮性。另外使用反射机制使得程序代码变的冗长难读，不方便程序阅读和修改。

最后就是性能的问题。反射包括了一些动态类型，所以 JVM 无法对这些代码进行优化。因此，反射操作的效率要比那些非反射操作低得多。根据有些人的测试结果，执行时间是普通代码的几倍到几十倍，具体与使用的软硬件环境相关。因此应该避免在经常执行代码或对性能要求很高的程序中使用反射。

可以简单做个总结，在那些必需的场合可以使用反射技术，以便设计出功能强大的程序。但是一定要小心，除非必要，尽量不要使用。

20.4.2 配置文件

第 20.3 节中用到的配置文件是简单的文本文件，配置文件的解析程序也是自己写的一个简单的文件读取处理类。实际应用中更多是使用 XML 文件作为配置文件。XML（eXtensible Markup Language）意为可扩展标记语言，它已经被软件开发行业中大多数程序员和厂商选择作为数据传输的载体。最初的 XML 语言仅仅是意图用来作为 HTML 语言的替代品而出现的，但是随着该语言的不断发展和完善，XML 现在已经成为一种通用的数据交换格式，它的平台无关性、语言无关性、系统无关性给数据集成与交互带来了极大的方便。例如程序 20.7 给出的配置文件 framework.cfg 可以修改为如下的 XML 配置文件。

```
<?xml version="1.0" encoding="UTF-8"?>
<DemoFrame>
```

```
        <Item name="class">people.Student</Item>
        <Item name="method">display</Item>
        <Item name="name">张三</Item>
    </DemoFrame>
```

对于 XML 本身的语法知识与技术细节需要阅读相关的文献。XML 基本的解析方式有两种，一种是 SAX，另一种是 DOM。SAX 是基于事件流的解析，DOM 是基于 XML 文档树结构的解析。常用的解析软件包有四个：第一个是 DOM 生成和解析 XML 文档，第二个是 SAX 生成和解析 XML 文档，第三个是 DOM4J 生成和解析 XML 文档，第四个是 JDOM 生成和解析 XML。目前常用的 Java 解析软件包是 DOM4J。

20.4.3　注解

最新的 Java 框架广泛使用了 Java 注解，为了方便读者学习最新的 Java 框架的使用，下面简单介绍一下注解。注解（Annotation）又称 Java 标注，从 Java 5 开始引入，是一种注释机制。

Java 注解用于为 Java 代码提供元数据。作为元数据，注解不直接影响代码执行。Java 定义了一套注解，共有 7 个，3 个在 java.lang 中，剩下 4 个在 java.lang.annotation 中。其中作用于代码的注解有：

（1）@Override，检查该方法是否是重写方法。如果发现其父类，或者是引用的接口中并没有该方法时，会报编译错误；

（2）@Deprecated，标记过时方法。如果使用该方法，会报编译警告；

（3）@SuppressWarnings，指示编译器去忽略注解中声明的警告。

作用在其他注解的注解有 4 个：

（1）@Retention，标记这些注解怎么保存；

（2）@Documented，标记这些注解是否包含在用户文档中；

（3）@Target，标记这个注解是哪种 Java 成员；

（4）@Inherited，标记这个注解是继承于哪个注解类。

从 Java 7 开始，又增加了 3 个注解：

（1）@SafeVarargs，Java 7 开始支持，忽略任何使用参数为泛型变量的方法或构造函数调用产生的警告；

（2）@FunctionalInterface，Java 8 开始支持，标识一个匿名函数或函数式接口；

（3）@Repeatable，Java 8 开始支持，标识某注解可以在同一个声明上使用多次。

不同的 Java 注解的作用不同，需要深入了解可以查阅相关资料。总体来说注解可以给编译器提供信息，编译器可以利用注解来检测出错误或者警告信息，打印出日志；软件工具可以用来利用注解信息来自动生成代码、文档或者做其他相应的自动处理；某些注解可以在程序运行时接受代码的提取，自动做相应的操作。

目前常见的第三方 Java 应用框架都有注解的应用，对注解的基础知识有一个初步的了解有助于学习和应用这些框架。

　　最后对第二篇做一个简单总结，第二篇从类开始，介绍对象，对象实例化过程；讲解构造方法，重构方法，静态属性和方法；讲解类的关联关系，类的泛化与继承，对象多态；介绍抽象类和接口的设计，异常处理结构，包结构；最后利用对象多态设计简单的框架，利用反射机制实现框架的应用类的配置装入。第二篇重点是类的概念和类的封装，难点是对象多态的机制和实现应用。

20.5　实做程序

　　1. 在实做程序 19.1 基础上，修改配置文件内容，配置电话类 Phone 的子类 MobilePhone 完成需要的功能，显示电话号码。要点提示：

　　（1）在原有程序基础上修改配置文件；

　　（2）参考程序 20.5 设计配置文件解析文件；

　　（3）修改测试程序，从配置文件中得到实现类 MobilePhone；

　　（4）使用反射机制装入类执行类 MobilePhone 的方法显示电话号码。

　　2. 修改第 19 章训练程序，增加配置文件来配置需要实现功能的具体实现类，包括加法输入类、加法处理类和加法输出类。要点提示：

　　（1）在原有程序基础上增加配置文件；

　　（2）参考程序 20.5 设计配置文件解析文件；

　　（3）修改测试程序，从配置文件中得到实现类；

　　（4）使用反射机制装入类执行。

　　3. 在实做程序 19.3 基础上，增加配置文件，将用户登录实现类保存到配置文件中，包括输入类、处理类和输出类。设计测试类输入用户名和密码，显示登录结果。

　　4. 在实做程序 19.4 基础上，增加配置文件，将计算平均成绩实现类保存到配置文件中，包括输入类、处理类和输出类。设计测试类输入学生成绩，显示平均成绩。

第三篇

Java 应用开发

第三篇的主要任务是在前两篇的基础上学习如何应用 Java 语言开发规模更大一点的程序，来解决一些实际应用的问题。本篇共计六个单元。前五个单元从学生成绩排序开始讲起，介绍基本的排序方法和应用集合类提供的排序方法实现排序；接下来介绍如何把学生的信息保存起来，分别实现了保存到文件和保存到数据库这两种方法，并实现了存储后的数据读取和修改；为了能够更直观地显示学生的信息和成绩，提供了图形界面的学生成绩管理；最后提供了基于网络应用的客户机/服务器结构的学生成绩管理，并改进为多线程的学生成绩查询。这五个单元的内容既相互独立，又相互关联，层层推进，最后完成一个具有一定实用价值的学生成绩管理系统，实做程序部分采用类似编程技能实现了一个基于网络应用的客户机/服务器结构的教师信息管理系统。最后一个单元针对 Java 8 新引入的函数式编程、流式编程等新特性重新改写了实例中的部分程序。

本篇通过以做带学的方式进行学习，先给出一个学习任务，然后是完成这个任务的程序和实现过程。读者可以自己按照书上的实例完成这个任务，得到结果后如果还对程序有疑问，后面给出了代码解释。读者完全清楚程序的实现过程后，可以按照书上要求对现有程序进行扩充，以便测试自己是否已经真的掌握这个程序的要领。

希望读者完成本篇的学习后，已经能够进入到 Java 的世界，可以自己独立应用 Java 语言编写程序解决一些简单的实际应用问题。本书所列内容只涉及到常用的 Java 语言的部分，希望读者学完本书后能够逐步学会利用 Java 的 API 文档和网上的资源进行自主学习其他所需的知识。

第 21 章　学生成绩排序输出
第 22 章　学生信息保存
第 23 章　图形界面成绩管理
第 24 章　网上学生成绩查询
第 25 章　多用户查询学生成绩
第 26 章　基于新特性的重构和扩展

第 21 章 学生成绩排序输出

学习目标

- 了解 Java 集合类的主要接口和类,了解集合类的主要用途;
- 能够应用数组和 ArrayList 实现冒泡排序;
- 能够应用 Collections 类实现自动排序;
- 能够应用 HashMap 实现通用输出功能;
- 掌握基于 Java 类库的编程方法。

21.1 开发任务

本章完成两个开发任务。第一个开发任务是实现一个班级学生按照成绩从低到高排序,并按照排序结果输出学生信息。假定一个班级有 5 名学生,程序运行效果如图 21.1 所示。这个任务将给出三种不同的方法分别实现:第一种方法使用对象数组存储学生信息,使用冒泡排序算法实现排序;第二种方法使用 List 存储学生信息,使用冒泡排序算法进行排序;第三种方法利用 Comparator 接口和 Collections 类,实现自动排序。

第二个开发任务是实现一个通用的数据输出方法,能够对学生成绩和教师工资两种不同类型的数据使用同一个方法进行输出,程序运行效果如图 21.2 所示。

```
D:\program\unit21\21-2\2-1>java Test
原始顺序:
姓名: 张三      成绩: 67.0
姓名: 王五      成绩: 78.5
姓名: 李四      成绩: 98.0
姓名: 赵六      成绩: 76.5
姓名: 孙七      成绩: 90.0

数组冒泡排序结果:
姓名: 张三      成绩: 67.0
姓名: 赵六      成绩: 76.5
姓名: 王五      成绩: 78.5
姓名: 孙七      成绩: 90.0
姓名: 李四      成绩: 98.0
```

图 21.1　成绩排序功能

```
D:\program\unit21\21-2\2-7>java Test
排序前顺序:
工资:7860.0       姓名:林老师
工资:8240.0       姓名:朱老师
工资:12030.0      姓名:刘老师
工资:9430.0       姓名:宋老师
工资:10200.0      姓名:陈老师

教师排序结果:
工资:7860.0       姓名:林老师
工资:8240.0       姓名:朱老师
工资:9430.0       姓名:宋老师
工资:10200.0      姓名:陈老师
工资:12030.0      姓名:刘老师
```

图 21.2　通用输出功能

21.2　程序实现及分析

要实现学生成绩的排序，需要从两个方面来考虑如何设计程序。第一个方面是选择数据存储方式，就是用什么样的数据结构来存储需要排序的数据；第二个方面是选择什么样的排序方法，选择不同则实现程序也有所不同。下面给出三种常见的实现方法。

21.2.1　数组排序

第一种方法是采用对象数组的方式来存储学生对象，定义一个班级类，每个班中有多个学生，使用数组来保存班级中的学生。选择冒泡排序算法实现班级中学生按照成绩从低到高进行排列。通过以上分析可以看出需要定义学生类 Student 和班级类 StudentClass 来实现这个功能。

1. 程序实现

【**程序 21.1**】　编写 Student 类，用于封装学生基本信息。

```java
public class Student{
    private String name;
    private int age;
    private double grade;
    public Student(String name, int age, double grade){
        this.name = name;
        this.age = age;
        this.grade = grade;
    }
    //此处省略置取方法
}
```

程序 Student.java 定义了学生类 Student，学生类是一个值对象类，包括学生基本信息和置取方法，作为存储学生数据的对象使用。

【**程序 21.2**】　编写班级 StudentClass 类，创建班级，实现排序和输出功能。

```java
public class StudentClass{
    private Student[] stus;
    private int size;
    public StudentClass(){
        size = 0;
        stus = null;
    }
    public void createClass() {
        String names[] = { "张三", "王五", "李四", "赵六", "孙七" };
```

```
    double grades[] = { 67, 78.5, 98, 76.5, 90 };
    int ages[] = { 17, 18, 18, 19, 17 };
    size = names.length;
    stus = new Student[size];
    for (int i = 0; i < size; i++) {
        stus[i]   = new Student(names[i], ages[i], grades[i]);
    }
}
public void sort(){
    Student temp;
    //冒泡排序
    for (int i = 0; i < size - 1; i++) {
        for (int j = 1; j < size - i; j++) {
            if(stus[j-1].getGrade()>stus[j].getGrade()){
                                                //比较两个成绩的大小
                temp = stus[j-1];
                stus[j-1] = stus[j];
                stus[j] = temp;
            }
        }
    }
}
public String output() {
    StringBuilder studentInfo = new StringBuilder();
    for (int i = 0; i < size; i++) {
        studentInfo.append("姓名:" + stus[i].getName() + "\t 成绩:"
            + stus[i].getGrade() + "\r\n");
    }
    return studentInfo.toString();
}
}
```

班级类定义两个私有属性：

数组 stus，元素类型 Student，用来保存班级中的学生。

人数 size，类型 int，用来保存一个班级中学生的人数。

班级类定义了三个方法：

创建班级方法：createClass()。

排序方法：sort()。

输出方法：output()。

创建班级方法 createClass()中定义了三个数组 names、grades 和 ages，分别存放一个班级 5 名学生的姓名、成绩和年龄信息。获取 names 数组的长度作为班级人数，根据班级人数创建班级 stus，使用前面定义的三个数组的信息初始化 stus 的属性。定义三个数组 names、grades 和 ages 的目的是给出程序运行所需的学生数据，实际应用中这些数据可以从键盘、网络或者数据库读入。

排序方法 sort() 使用冒泡排序算法，根据各个 Student 对象的 grade 属性值大小将 stus 数组的元素从小到大进行排序。冒泡排序是一种简单的排序算法。它的处理逻辑是，算法每次比较相邻的两个元素，如果前面元素大就进行交换，通过不断交换实现排序。数值大的元素会像气泡一样经过交换慢慢向上"冒泡"到顶端，因此称为冒泡算法。

输出方法 output() 将班级学生数组中需要输出的学生信息拼接成字符串返回。方法中用到了一个类 StringBuilder，该类用于操作字符串，是效率比较高的实用字符串操作类，本例中使用 StringBuilder 类对象 studentInfo 的 append() 方法来完成字符串的拼接操作。

【程序 21.3】 测试类程序 Test.java。

```java
public class Test {
    public static void main(String[] args){
        //创建班级对象
        StudentClass sClass = new StudentClass();
        //给班级添加学生
        sClass.createClass();
        //排序前输出
        System.out.println("原始顺序:");
        System.out.println(sClass.output());
        //冒泡排序
        sClass.sort();
        //排序后输出
        System.out.println("数组冒泡排序结果:");
        System.out.println(sClass.output());
    }
}
```

编译和运行程序 21.3 测试类 Test，学生姓名和成绩数据的原始顺序和排序结果如图 21.3 所示。

```
D:\program\unit21\21-2\2-1>javac Test.java

D:\program\unit21\21-2\2-1>java Test
原始顺序:
姓名:张三        成绩:67.0
姓名:王五        成绩:78.5
姓名:李四        成绩:98.0
姓名:赵六        成绩:76.5
姓名:孙七        成绩:90.0

数组冒泡排序结果:
姓名:张三        成绩:67.0
姓名:赵六        成绩:76.5
姓名:王五        成绩:78.5
姓名:孙七        成绩:90.0
姓名:李四        成绩:98.0
```

图 21.3　数组冒泡排序

2. 代码分析

程序从测试类 Test 的 main()方法开始执行,执行过程如下:

(1) 定义班级类 StudentClass 对象 sClass,并进行实例化;

(2) 调用对象 sClass 的 createClass()方法,使用方法中给定的班级中 5 个学生数据创建 5 个学生对象,添加到班级对象 sClass 中;

(3) 调用对象 sClass 的 output()方法,显示排序前班级中的学生信息,如图 21.3 的上半部分,显示了班级原始的学生顺序;

(4) 调用对象 sClass 的 sort()方法,对班级中的学生按照成绩属性 grade 进行排序,注意排序后的学生对象还是保存在对象 sClass 的属性 stus 中;

(5) 调用对象 sClass 的 output()方法,显示排序后班级中的学生信息,如图 21.3 的下半部分所示。

main()方法依次调用对象 sClass 的方法,通过准备原始数据、输出原始数据、进行冒泡排序、输出排序结果,最终实现所要求的排序功能。

3. 改进和完善

本例中使用数组来保存 Student 对象,利用冒泡排序算法实现了学生成绩排序功能,完成了任务一。但是,这种实现方法有两个不足:第一个是使用数组来存储班级中学生信息,当学生人数发生变化时,程序变动较大;第二个问题就是实现方法没有充分体现 Java 语言的特色。

下面详细说明第一个不足。假设班级新增加了一个学生,上面的程序创建班级时,已经将班级人数设定为 5,所以很难给班级增加新的学生。要解决这个问题,当然可以创建数组时,将数组长度预先设定为一个比较大的数字(比如 100),这样可以应付学生数量不超过 100 时的需要。但是这个数字的选择并不容易。选小了会导致存储空间不够,选大了又会浪费。另外,如果要减少一个学生,处理起来也会比较烦琐。读者可以尝试编程实现增加或减少一个学生,再重新排序的功能,体会一下具体会带来哪些麻烦。

事实上,Java 基础类库中已经编写了大量的类,直接应用这些基础类就可以解决编程中遇到的很多常见问题。学习 Java 编程,首先就要熟悉这些基础类库。完成开发任务时应该尽可能使用 Java 类库中已有的类,只有找不到合适的类时,才需要自己编写代码去实现。

回到刚才提到的问题,即如果班级中学生数量不确定,Java 类库中有没有可用的类来解决这个问题呢? 答案是肯定的。可以使用 Java 中的集合类来处理这个问题。

21.2.2　List 排序

Java 语言提供了 List 接口,List 是元素可以重复的线性表。它的一个具体的实现类是 ArrayList,是长度可变的数组,可以对数组中的元素随机访问、插入和删除。因此可以定义 ArrayList 类对象来存放班级中的若干个学生对象,然后利用冒泡排序算法实现按成绩排序功能。

1. 程序实现

学生类程序 Student.java 不变,不再列出。程序 StudentClass.java 中存储学生的数据结构由对象数组变成了 ArrayList 对象，对应的创建班级、排序和输出的方法也都做了改变，修改后的程序如程序 21.4 所示。

【程序 21.4】 修改后的班级 StudentClass 类，实现创建班级、排序和输出功能。

```java
import java.util.List;
import java.util.ArrayList;
public class StudentClass{
    private List<Student> stuList;
    private int size;
    public StudentClass(){
        size = 0;
        stuList = null;
    }
    public void createClass() {
        String names[] = { "张三", "王五", "李四", "赵六", "孙七" };
        double grades[] = { 67, 78.5, 98, 76.5, 90 };
        int ages[] = { 17, 18, 18, 19, 17 };
        size = names.length;
        stuList = new ArrayList<Student>();
        Student temp;
        for (int i = 0; i < size; i++) {
            temp = new Student(names[i], ages[i], grades[i]);
            stuList.add(temp);
        }
    }
    public void sort(){
        Student temp;
        //冒泡排序
        for (int i = 0; i < size; i++) {
            for (int j = 1; j < size - i; j++) {
                if (stuList.get(j-1).getGrade()>stuList.get(j).getGrade()) {
                    temp = stuList.get(j-1);
                    stuList.set(j-1, stuList.get(j));
                    stuList.set(j,temp);
                }
            }
        }
    }
    public String output() {
        StringBuilder studentInfo = new StringBuilder();
        for (Student stu : stuList) {
            studentInfo.append("姓名:" + stu.getName()
                + "\t 成绩:"+ stu.getGrade() + "\r\n");
```

```
        }
        return studentInfo.toString();
    }
}
```

由于存储学生信息的数据机制变了，因此存储学生信息的班级类 StudentClass 属性也需要修改。班级类 StudentClass 定义两个私有属性：stuList 和 size。

定义 List 接口对象 stuList 来保存班级中的学生，定义中用到了泛型，就是<>中给出的类型。上例中定义的 List 对象元素是 Student 类型。Java 集合类基本都支持泛型，例如后面用到的比较器接口 Comparator<Student>，本章 21.3.5 小节将对泛型进行讲解。另一个属性 size 没有变化。类中同样定义了三个方法，三个方法名字没有变化，但具体实现程序变了。

创建班级的方法 createClass()同样定义了三个数组 names、grades 和 ages，存放 5 名学生的姓名、成绩和年龄信息。获取 names 数组的长度作为班级人数，根据班级人数创建班级对象 stuList 的实例，实例类型为 ArrayList。应用 ArrayList 的方法 add()将创建的学生对象添加到班级中。

排序方法 sort()还是采用冒泡排序算法，根据 Student 对象的 grade 属性值大小将数组元素进行从小到大的排序。排序过程是一样的，主要不同是使用到了 ArrayList 的两个方法：

public E get(int index)：从 ArrayList 对象中获取第 index 个元素。

public E set(int index，E element)：将元素 element 插入到 ArrayList 对象中的第 index 个位置上。

使用这两个方法完成交换两个学生，并最终实现排序。输出方法 output()将班级学生数组中需要输出的学生信息拼接成字符串返回。方法处理过程没有变，只是每个学生信息从 ArrayList 对象中读取。方法中用到循环语句：

```
for (Student stu : stuList)
```

这是 Java 语言中的一种新的循环语句，定义一个学生类 Student 对象 stu，循环访问 stuList 中的每一个元素放到 stu 中进行处理。这个语句等价的 for 循环语句：

```
for (int i=0; i< stuList.size(); i++){
    Student stu = stuList.get(i);
    …
}
```

测试类 Test 程序没有改变，编译和运行测试类程序 Test.java，班级原始的学生成绩数据和排序结果如图 21.3 所示。

比较程序 21.2 和程序 21.4，班级类 StudentClass 的存储方式由对象数组变成了 ArrayList 对象，各个方法的实现细节也发生了变化，但是方法的签名（就是方法头）没有改变,因此测试类 Test 不需要做任何修改。从这个例子可以看出类 StudentClass 很好地封装了实现细节,并对外提供了稳定的接口,不因自己的实现细节修改而影响到相关的程序,这正是封装的妙处。

下面来看看如果想给班级添加一个学生,是否可以方便地实现,又应该如何实现。首先需要修改班级类 StudentClass,添加一个增加学生方法 add()。然后需要修改测试类,添加一个学生,显示结果。StudentClass 类的 add()方法程序段如程序 21.5 所示。

【程序 21.5】 修改班级类 StudentClass,增加 add()方法。

```
public void add(Student s){
    stuList.add(s);
    size = stuList.size();
}
```

add()方法实现给班级添加一个学生的功能,参数 Student 类对象 s 代表要添加的学生,调用 ArrayList 类的 add()方法将学生添加到班级中,最后修改班级人数 size。修改测试类 Test,给班级添加一个学生,如程序 21.6 所示。

【程序 21.6】 修改后的测试类程序 Test.java。

```
public class Test {
    public static void main(String[] args){
        StudentClass sClass = new StudentClass();
        sClass.createClass();
        //增加一个学生
        sClass.add(new Student("董十", 18, 80));
        System.out.println("原始顺序:");
        System.out.println(sClass.output());
        sClass.sort();
        System.out.println("数组冒泡排序结果:");
        System.out.println(sClass.output());
    }
}
```

编译、运行程序 21.6,添加一个学生后的原始学生顺序以及排序后的结果如图 21.4 所示。

2. 代码分析

下面分析图 21.4 结果的执行过程:

(1) 定义班级类 StudentClass 对象 sClass,并进行实例化;

(2) 调用对象 sClass 的 createClass()方法,给班级对象 sClass 中加入 5 个学生,使用 ArrayList 的 add()方法完成添加;

(3) 调用对象 sClass 的 add()方法,给现有的班级对象 sClass 增加一个学生,本例可以很方便地增加一个学生;

```
D:\program\unit21\21-2\2-3>javac Test.java

D:\program\unit21\21-2\2-3>java Test
原始顺序：
姓名：张三        成绩：67.0
姓名：王五        成绩：78.5
姓名：李四        成绩：98.0
姓名：赵六        成绩：76.5
姓名：孙七        成绩：90.0
姓名：董十        成绩：80.0

数组冒泡排序结果：
姓名：张三        成绩：67.0
姓名：赵六        成绩：76.5
姓名：王五        成绩：78.5
姓名：董十        成绩：80.0
姓名：孙七        成绩：90.0
姓名：李四        成绩：98.0
```

图 21.4　List 排序结果

（4）调用对象 sClass 的 output()方法，显示排序前班级中的学生信息，如图 21.4 的上半部分所示，显示了班级原始的学生顺序；

（5）调用对象 sClass 的 sort()方法，使用冒泡排序算法对班级中的学生按照成绩 grade 属性进行排序；

（6）调用对象 sClass 的 output()方法，显示排序后班级中的学生信息，如图 21.4 的下半部分所示。

使用 Java 提供的基础类 ArrayList 来存储班级信息，可以方便地实现班级人数的增减，也使得程序更有 Java 味道。班级类 StudentClass 中学生定义为 List 接口对象 stuList，后面再给这个对象一个实现 List 接口的实现类 ArrayList 实例 stuList ＝ new ArrayList<Student>()。这样设计程序的好处是提高程序的通用性。这种写法在 Java 程序设计中经常见到，希望读者能够逐步熟悉这样的做法，编写出有 Java 特色的程序。结合上面的程序，读者可以思考一下，如果想要实现从大到小的排序，程序应该如何进行修改？

3. 改进和完善

本例中使用更加通用的数据结构 ArrayList 类来描述一个班级的学生信息，方便地实现了增加一个学生的功能。由于增加功能是由 ArrayList 的 add()方法提供的，实现者不需要考虑增加学生的具体实现细节，提高了编写程序的效率。同时使用 ArrayList 来存储一个班级的学生信息具有更好的通用性，List 对象可以存放学生，也可以存放教师，或者其他的内容。提高了数据描述的一致性。

下面再来看看排序功能是不是也有现成的类可以使用呢？答案仍然是肯定的。可以使用一个工具类来实现学生成绩排序功能。

21.2.3　List 自动排序

Java 基础类库中提供了实现排序功能的类与接口，可以使用 Collections 类和 Comparator 接口实现自动排序功能。在现有程序的基础上使用 Java 基础类库提供的排序方式实现自动排序。

【**程序 21.7**】 编写 StudentComparator 类，实现一个学生比较器 Comparator。

```java
import java.util.Comparator;
public class StudentComparator implements Comparator<Student> {
    public int compare(Student student1, Student student2) {
        double grade1,grade2;
        grade1 = student1.getGrade();
        grade2 = student2.getGrade();
        if (grade1>grade2){
            return  1;
        }else if (grade1<grade2){
            return -1;
        }else{
            return 0;
        }
    }
}
```

程序 StudentComparator.java 实现了 Comparator<T>接口，给出了排序依据。接口 Comparator<T>的 compare(T o1，T o2)方法比较两个排序参数，根据第一个参数小于、等于或大于第二个参数分别返回负整数、零或正整数。这个返回值作为排序的依据，本例中比较两个学生成绩根据大于、等于和小于，返回 1、0 和-1，表示将实现从小到大排序。如果比较结果返回-1、0 和 1，则实现从大到小的排序。排序方法 sort()中调用比较器实现排序功能，如程序 21.8 所示。

【**程序 21.8**】 修改 StudentClass 类，使用比较器实现排序算法。

```java
public void sort(){
    StudentComparator sc = new StudentComparator();
    Collections.sort(stuList, sc);
}
```

班级类 StudentClass 的 sort（）方法中，创建一个比较器 StudentComparator 类对象 sc，然后使用 Collections 类的静态方法 sort()实现排序，sort()方法有两个参数，分别是班级学生列表 stuList 和排序依据对象 sc，使用 sc 中定义的排序规则给 stuList 排序。测试类 Test 没有改变，如程序 21.3 所示。编译和运行程序，班级原始的学生成绩数据顺序和排序结果如图 21.5 所示。

2. 代码分析

从上例可以看出，修改类 StudentClass 的实现过程没有影响到 Test 类。Test 类的 main()方法中，依次调用 StudentClass 类对象的方法，通过准备原始数据、输出原始数据、进行自动排序、输出排序结果，最终验证了能够使用比较器实现排序。程序中不再关心具体排序算法，而是通过提供排序依据，直接使用 Java 类库中已有的排序功能。

```
D:\program\unit21\21-2\2-4>javac Test.java

D:\program\unit21\21-2\2-4>java Test
排序前顺序：
姓名：张三        成绩：67.0
姓名：王五        成绩：78.5
姓名：李四        成绩：98.0
姓名：赵六        成绩：76.5
姓名：孙七        成绩：90.0

排序结果：
姓名：张三        成绩：67.0
姓名：赵六        成绩：76.5
姓名：王五        成绩：78.5
姓名：孙七        成绩：90.0
姓名：李四        成绩：98.0
```

图 21.5　自动排序结果

Java 提供了两种比较器，分别是 Comparator 接口和 Comparable 接口。上面程序中使用 Comparator 接口实现比较器，实现接口的 compare( )方法，使用 Collections 类的 sort( )方法完成排序功能。另外一种比较器是使用 java.lang 包中的 Comparable 接口，可以用于对象之间比较大小。如果对某一个类的两个对象进行比较，定义这个类时需要实现 Comparable 接口，重写类的 compareTo( )方法。例如程序 21.9 实现了一个能够比较大小的学生类 Student。

【程序 21.9】　实现比较器的学生类 Student.java 部分代码。

```java
public class Student implements Comparable<Student>{
    private String name;
    private int age;
    private double grade;
    //此处省略构造方法和置取方法
    public int compareTo(Student student) {
        double grade1,grade2;
        grade1 = this.getGrade();
        grade2 = student.getGrade();
        if (grade1>grade2){
            return  1;
        }else if (grade1<grade2){
            return -1;
        }else{
            return 0;
        }
    }
}
```

在班级类中定义排序方法 sort( )，实现代码如下：

```
public void sort(){
    Collections.sort(stuList);
}
```

　　Student 类实现了 Comparable 接口，compareTo( )方法中定义了比较大小的规则。这样 Student 的对象就是可以比较大小的对象。定义 Student 类的 List，使用 Collections 类的 sort( )方法进行排序。

　　使用 Comparator 接口和 Comparable 接口实现自动排序的两种方法各有优劣。用 Comparable 接口比较简单，只要定义类时实现 Comparable 接口，其对象可以直接比较大小。但是如果最初设计类的时候没有考虑到比较大小的需求，就需要修改源代码。用 Comparator 接口的好处是不需要修改源代码，而是另外实现一个比较器，当某个对象需要作比较的时候，把比较器和对象一起使用。另外在 Comparator 接口里面可以实现一些通用的比较逻辑，不足之处是额外引入了一个新的比较器类。

3. 改进和完善

　　在使用 Java 集合类存储学生对象的基础上，使用 Java 基础类库提供的比较方法实现排序。除了 ArrayList 可以用来代替数组存放多个对象外，Java 还提供了其他的集合类实现类似的功能。就排序而言，TreeSet 利用自平衡的排序二叉树来保存元素，也可用于实现排序功能。例如，可以使用 TreeSet 存放学生对象，实现自动排序功能，参与排序的类需要实现 Comparable<T>接口作为排序依据。

21.2.4　通用输出

　　现在开始完成第二个任务。在程序 21.4 中，StudentClass 类的 output( )方法实现了将班级中所有学生的信息拼接成字符串。如果还有与学生类 Student 和班级类 StudentClass 类似的教师类 Teacher 和学院类 College，这时就需要考虑设计统一的输出。定义教师类 Teacher 如程序 21.10 所示，学院类 College 如程序 21.11 所示。

1. 程序实现

【**程序 21.10**】　编写 Teacher 类，用于封装教师基本信息。

```
public class Teacher {
    private String name;
    private int age;
    private double salary;
    public Teacher(String name, int age, double salary){
        this.name = name;
        this.age = age;
        this.salary = salary;
    }
    //此处省略置取方法
}
```

【**程序 21.11**】 编写学院类 College，创建学院教师，实现教师按工资排序和输出功能。

```java
import java.util.List;
import java.util.ArrayList;
import java.util.Collections;
public class College{
    private List<Teacher> teachList;
    private int size;
    public College(){
        size = 0;
        teachList = null;
    }
    public void createCollege() {
        String names[] = { "林老师", "朱老师", "刘老师", "宋老师", "陈老师" };
        int ages[] = { 26, 28, 40, 32, 38 };
        double salarys[] = { 7860.0, 8240.0, 12030.0, 9430.0, 10200.0 };
        size = names.length;
        teachList = new ArrayList<Teacher>();
        Teacher temp;
        for (int i = 0; i < size; i++) {
            temp = new Teacher(names[i], ages[i], salarys[i]);
            teachList.add(temp);
        }
    }
    public void sort(){
        TeacherComparator sc = new TeacherComparator();
        Collections.sort(teachList, sc);
    }
    public String output() {
        StringBuilder teachInfo = new StringBuilder();
        for (Teacher t : teachList) {
            teachInfo.append("姓名:" + t.getName()
                + "\t工资:" + t.getSalary() + "\r\n");
        }
        return teachInfo.toString();
    }
}
```

【**程序 21.12**】 编写 TeacherComparator 类，实现一个教师比较器 Comparator。

```java
import java.util.Comparator;
public class TeacherComparator implements Comparator<Teacher> {
```

```
        public int compare(Teacher t1, Teacher t2) {
            //读取第一个教师工资
            double salary1 = t1.getSalary();
            //读取第二个教师工资
            double salary2 = t2.getSalary();
            //根据教师工资比较设置比较器
            if (salary1 > salary2){
                return  1;
            }else if (salary1 < salary2){
                return -1;
            }else{
                return 0;
            }
        }
    }
```

【程序 21.13】 编写测试类程序 Test.java。

```
public class Test {
    public static void main(String[] args){
        College jsj = new College();
        jsj.createCollege();
        System.out.println("排序前顺序:");
        System.out.println(jsj.output());
        jsj.sort();
        System.out.println("教师排序结果:");
        System.out.println(jsj.output());
    }
}
```

程序 21.13 的运行结果如图 21.6 所示。

```
D:\program\unit21\21-2\2-6>javac Test.java

D:\program\unit21\21-2\2-6>java Test
排序前顺序:
姓名: 林老师    工资: 7860.0
姓名: 朱老师    工资: 8240.0
姓名: 刘老师    工资: 12030.0
姓名: 宋老师    工资: 9430.0
姓名: 陈老师    工资: 10200.0

教师排序结果:
姓名: 林老师    工资: 7860.0
姓名: 朱老师    工资: 8240.0
姓名: 宋老师    工资: 9430.0
姓名: 陈老师    工资: 10200.0
姓名: 刘老师    工资: 12030.0
```

图 21.6 教师数据输出

教师类 Teacher 是参考学生类 Student 设计的,只是有一个属性不同而已。学院类 College 是参考班级类 StudentClass 设计的,二者相似。同样参考比较器 StudentComparator 设计了另一个比较器 TeacherComparator。图 21.6 给出的运行结果也相似,显示学院原始教师顺序和按照工资从低到高的排序结果。

对比图 21.5 和图 21.6 可以看出,都是对原来数据进行排序,排序后输出。班级类中定义了 output()方法输出学生信息,学院类中定义了 output()方法输出教师信息。能否定义一个通用的输出方法,完成任务二的要求呢?下面给出修改后的班级类 StudentClass 如程序 21.14 所示,修改学院类如程序 21.15 所示,增加应用程序类如程序 21.16 所示,最后给出测试类如程序 21.17 所示。

【**程序 21.14**】　修改 StudentClass 类,删除 output()方法,增加 formatStudent()方法。

```java
public List<Map<String, String>> formatStudent() {
    List fClass = new ArrayList<Map<String, String>>();
    Map stu;
    for (Student s : stuList) {
        stu = new HashMap<String, String>();
        stu.put("姓名", s.getName());
        stu.put("成绩", new Double(s.getGrade()).toString());
        fClass.add(stu);
    }
    return fClass;
}
```

formatStudent()方法用于格式化班级学生的数据,为统一的信息输出做好准备。格式化后的数据保存在 List 对象 fClass 中,该对象的每一个元素都是 Map 类型对象,每个 Map 对象是实现 Map 接口的 HashMap 类实例,以“键(key)-值(value)”对的方式存放多组元素。定义 HashMap<String,String>用来指定 Map 中 key 和 value 都是 String 类型。可以通过调用 HashMap.put(Object key, Object value)方法,向其中添加“key-value”对。该方法将需要输出的信息重新格式化后保存到 ArrayList 对象 fClass 中,方便后面使用。

【**程序 21.15**】　修改 College 类,删除 output()方法,增加 formatTeacher()方法。

```java
public List<Map<String, String>> formatTeacher() {
    List fCollege = new ArrayList<Map<String, String>>();
    Map teacher;
    for (Teacher t : teachList) {
        teacher = new HashMap<String, String>();
        teacher.put("姓名", t.getName());
        teacher.put("工资", new Double(t.getSalary()).toString());
        fCollege.add(teacher);
```

```
        }
        return fCollege;
    }
```

formatTeacher()方法实现的功能与 formatStudent()方法相似，用于格式化教师的数据，不再详细说明。

【程序 21.16】 编写输出工具类 DisplayUtils.java。

```
import java.util.List;
import java.util.Map;
public class DisplayUtils{
    public static String display(List<Map> conList){
        StringBuilder strResult = new StringBuilder();
        for (Map<String, String> map : conList) {
            for (Map.Entry entry : map.entrySet()) {
                strResult.append(entry.getKey() + ":"
                    + entry.getValue()+ "\t" );
            }
            strResult.append("\r\n");
        }
        return strResult.toString();
    }
}
```

通用的输出方法在各个类中都一样，需要提取出来，放到工具类中。因此定义一个工具类 DisplayUtils，包含静态方法 display()。该方法有一个参数 List<Map> conList，保存需要输出的信息，该参数的格式与 formatStudent()方法、formatTeacher()方法生成的要输出的数据格式相同。display()方法定义为一个静态方法，主要考虑工具类 display()方法用于生成一个字符串，不需要实例。

【程序 21.17】 编写测试类程序 Test.java。

```
import java.util.List;
public class Test {
    public static void main(String[] args){
        List lst;
        College jsj = new College();
        jsj.createCollege();
        System.out.println("排序前顺序:" );
        lst = jsj.formatTeacher();
        System.out.println(DisplayUtils.display(lst));
        jsj.sort();
```

```
        System.out.println("教师排序结果:");
        lst = jsj.formatTeacher();
        System.out.println(DisplayUtils.display(lst));
    }
}
```

程序 21.17 的运行结果如图 21.7 所示。

```
D:\program\unit21\21-2\2-7>java Test
排序前顺序:
工资:7860.0        姓名:林老师
工资:8240.0        姓名:朱老师
工资:12030.0       姓名:刘老师
工资:9430.0        姓名:宋老师
工资:10200.0       姓名:陈老师

教师排序结果:
工资:7860.0        姓名:林老师
工资:8240.0        姓名:朱老师
工资:9430.0        姓名:宋老师
工资:10200.0       姓名:陈老师
工资:12030.0       姓名:刘老师
```

图 21.7　统一的数据输出

2. 代码分析

程序从测试类 Test 的 main() 方法开始执行,执行过程如下:

(1) 定义学院 College 对象 jsj,并进行实例化;

(2) 调用对象 jsj 的 createCollege() 方法,将给定的教师数据添加到学院类 College 中;

(3) 调用对象 jsj 的 formatTeacher() 方法,格式化学院教师的信息,结果保存到 lst 中;

(4) 调用 DisplayUtils 类的 display() 方法,显示保存在 lst 中的数据,显示结果如图 21.7 上半部分所示;

(5) 对学院教师进行排序,显示排序后结果,过程与学生排序类似。

至此完成了通用的输出功能。读者可以自己尝试修改 Test 类,生成班级学生,格式化学生信息,同样可以调用 DisplayUtils 类的 display() 方法进行显示。

21.3　集合相关类库

Java 语言的设计者对编程中经常需要用到的数据结构和算法进行抽象,定义了一些规范(接口)和实现(接口的实现类)。这些数据结构和算法统称为 Java 集合框架(Java Collection Framework)。使用 Java 语言编程时,程序员不需要考虑这些数据结构和算法的实现细节。只要基于这些类创建对象,使用对象来实现一些常用功能,这样可以提高编程效率。

集合相关的接口和类位于 java.util 包中,主要类型有 List、Set 和 Map。它们的基本任务是存放对象，更准确地说是存放对象的引用。图 21.8 是简化的集合类结构图，其中包含了常用的集合类和相关接口。

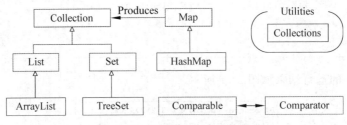

图 21.8　简化的集合类结构图

集合框架中定义的接口和实现类，实现了常见的数据结构。集合类对外提供了公共的访问接口，对内封装了实现类的细节和一些常用的算法。

21.3.1　Collection 与 Collections

Java 基础类库中提供了集合接口 Collection 和一个实用类 Collections。接口 Collection 提供了对集合对象进行基本操作的通用接口方法，Java 类库中有很多具体的实现。Collection 接口的意义是为各种子接口和对应的实现类提供了统一的操作方式。集合类 Collections 是一个包装类，包含有各种有关集合操作的方法，是一个工具类。

Collection 接口是 List 接口和 Set 接口的父接口，通常情况下不被直接使用。它仅表示一组对象的集合，并不指定对象的存放次序和能否包含重复元素。Collection 接口定义了一些通用的方法，可以实现对集合的基本操作，这些方法对 List 和 Set 通用。Collection 接口的主要方法见表 21-1。

表 21-1　Collection 接口的主要方法

方 法 声 明	功 能 简 介
add(E obj)	将指定的对象添加到该集合中
remove(Object obj)	将指定的对象从该集合中移除。返回值为 boolean 型，如果存在指定的对象则返回 true，否则返回 false
contains(Object obj)	用来查看在该集合中是否存在指定的对象。返回值为 boolean 型，如果存在则返回 true，否则返回 false
size()	用来获得该集合中存放对象的个数。返回值为 int 型，为集合中存放对象的个数
iterator()	用来序列化该集合中的所有对象。返回值为 Iterator<E> 型，通过返回的 Iterator<E> 型实例可以遍历集合中的对象
toArray()	用来获得一个包含所有对象的 Object 型数组

Collections 是一个集合公用类，其中提供了对集合中元素进行诸如排序、复制、查找和填充等一些非常有用的操作，常见方法见表 21-2。

表 21-2　Collections 类的常用方法

方 法 声 明	功 能 简 介
static boolean addAll(Collection c, T... elements)	将所有指定元素添加到指定的 collection 中
static void sort(List<T> list)	根据元素的自然顺序对指定列表做升序排序
static void sort(List<T> list, Comparator <? super T> c)	根据指定比较器产生的顺序对指定列表进行排序

程序 21.8 的 sort()方法中使用 Collections 的 sort()方法实现了按学生成绩排序,代码如下:

```
Collections.sort(stuList, sc);
```

同样使用 Collections 类的 addAll()方法可以将学生数组中的所有学生一次放到一个 List 中,代码如下:

```
public static ArrayList<Student> createStudentList() {
    Student[] stus = new Student[size];
    ArrayList<Student> stuList = new ArrayList<Student>();
    Collections.addAll(stuList,stus);
    return stuList;
}
```

使用 Collections.addAll(stuList,stus)语句就可以实现原来需要使用循环来实现的添加多个对象功能。将数组 stus 中的元素,一次都添加到 ArrayList 类的 stuList 中。

21.3.2　List 与 ArrayList

List 接口继承了 Collection 接口,其中的元素会按照加入的顺序有序存放,并允许出现重复的元素。可以根据元素的索引(元素的位置)访问元素。List 接口在 Collection 接口的基础上增加了一些方法,见表 21-3。

表 21-3　List 接口增加的主要方法

方 法 声 明	功 能 简 介
public boolean add(E element)	将参数 elememt 指定的对象添加到 List 的尾部
public E get(int index)	得到 List 中 index 位置处节点中的对象
public E set(int index, E element)	将 List 中 index 位置节点中的对象 element 替换为参数 element 指定的对象,返回被替换的对象

ArrayList 是常用的 List 接口实现类,是一个大小可变的数组。每个 ArrayList 对象都有一个容量,该容量是指用来存储元素的数组的大小。随着向 ArrayList 中不断添加元素,其容量会自动增长。例如,程序 21.4 中定义 List 对象,用来存放多个 Student 对

象，部分代码如下：

```
public class StudentClass{
    ...
    private List<Student> stuList;
    ...
    public void createClass() {
        stuList = new ArrayList<Student>();
        Student temp;
        for (int i = 0; i < size; i++) {
            temp = new Student(names[i], ages[i], grades[i]);
            stuList.add(temp);
        }
    }
}
```

定义 List 对象 stuList 用来保存班级中的学生，创建班级时给对象 stuList 一个 ArrayList 类的实例。调用 List 的 add()方法将学生添加到班级中。可以使用以下代码来操作 stuList 对象中的元素：

```
Student temp = stuList.get(j-1);
...
stuList.set(j,temp);
```

用 stuList.get(j-1) 取出 stuList 中的第 j-1 个元素放到对象 temp 中。语句 stuList.set(j,temp) 中使用 temp 对象替换 stuList 中的第 j 个元素。当需要遍历访问 List 中的每一个元素时，一般使用 foreach 循环。例如，输出 stuList 中每个学生成绩信息，可以使用如下代码：

```
for (Student stu : stuList) {
    System.out.println ("姓名:" + stu.getName() + "\t 成绩:"+ stu.getGrade
());
}
```

使用 foreach 循环的好处是自动遍历数组或集合中的每个元素，不需要设置循环条件，语法比较简洁。

21.3.3　Map 与 HashMap

Map 集合用于存储键-值（key-value）数据对，其中的对象都是成对存在的，称作映射。Map 中存储的每组对象由一个键（key）对象和一个值（value）对象组成。通过键对象可以获取到相应的值对象，类似于字典中查找单词一样，因此键对象必须唯一。如果出现两个数据项对应相同的键，那么 Map 中先前的键-值对将被替换。Map 对象需要更多的存储空间时会自动增大容量。Map 接口的主要方法见表 21-4。

表 21-4　Map 接口的主要方法

方 法 声 明	功 能 简 介
public V put(K key, V value)	将键-值对数据存放到 Map 中,返回键所对应的值
public V get(Object key)	返回 Map 中使用 key 作为键的键-值对中的值
publicBoolean containsKey(Object key)	如果 Map 中有键-值对使用了参数指定的键,返回 true,否则返回 false
public int size()	返回 Map 的大小,即其中的键-值对的个数
public Set<Map.Entry<K,V>> entrySet()	返回 Map 中包含的映射关系的 Set 视图

HashMap 是 Map 接口的一个常用实现类,例如,程序 21.14 中将 Student 对象 stu 的姓名和成绩数据以字符串形式分别作为值,用字符串"姓名"和"成绩"分别作为键,存入到一个 Map 对象 stu 中,程序代码如下:

```
Map stu;
stu = new HashMap<String, String>();
stu.put("姓名", s.getName());
stu.put("成绩", new Double(s.getGrade()).toString());
```

定义一个 Map 对象 stu,给对象 stu 一个 HashMap 实例。将学生的姓名保存到 stu 中,键为"姓名",值为使用语句 s.getName()得到的学生姓名字符串。同样把学生的成绩也保存在 stu 中。

程序设计中经常把 Map 和 List 放在一起使用。定义一个 List 数组,数据元素是 Map 类型,前面例子中多次出现,例如程序 21.16 中的代码段:

```
for (Map<String, String> map : conList) {
    ...
}
```

程序设计中经常会用到类似的程序段来处理元素为 Map 类型的 List 数组,可以使用这样的数据结构来描述多个学生,多个教师等。

21.3.4　Set 与 TreeSet

Set 接口也是 Collection 的一种子接口。与 List 不同的是,Set 中存放的元素不能重复。Set 接口中的方法定义和 Collection 接口一致,没有新的方法。TreeSet 是 Set 接口的常用实现类,采用自平衡的排序二叉树存放元素,其中没有重复元素,且按照大小顺序排列存放。

下面给出一个例子,使用 TreeSet 存储班级学生,实现班级学生按照成绩自动排序。首先定义实现 Comparable 接口的 Student,如程序 21.9 所示。定义班级类如程序 21.18

所示,定义测试类如程序 21.19 所示。

【**程序 21.18**】 修改班级类 StudentClass,定义 Set 接口对象 stuSet 存储班级学生。

```java
import java.util.Set;
import java.util.TreeSet;
public class StudentClass{
    private Set<Student> stuSet;
    private int size;
    public StudentClass(){
        size = 0;
        stuSet = null;
    }
    public void createClass() {
        String names[] = { "张三", "王五", "李四", "赵六", "孙七" };
        double grades[] = { 67, 78.5, 98, 76.5, 90 };
        int ages[] = { 17, 18, 18, 19, 17 };
        size = names.length;
        stuSet = new TreeSet<Student>();
        Student temp;
        for (int i = 0; i < size; i++) {
            temp = new Student(names[i], ages[i], grades[i]);
            stuSet.add(temp);
        }
    }
    public String output() {
        StringBuilder studentInfo = new StringBuilder();
        for (Student stu : stuSet) {
            studentInfo.append("姓名:" + stu.getName()
                + "\t 成绩:"+ stu.getGrade() + "\r\n");
        }
        return studentInfo.toString();
    }
}
```

班级类 StudentClass 的实现过程与使用 List 接口对象存储班级学生的实现过程相似,只是省去了排序方法,接口 Set 的实现类 TreeSet 能够根据元素类 Student 实现的比较器,添加学生时,自动完成学生排序。

【**程序 21.19**】 编写测试类程序 Test.java。

```java
public class Test {
    public static void main(String[] args){
        StudentClass sClass = new StudentClass();
```

```
        sClass.createClass();
        System.out.println("创建班级后的学生顺序：");
        System.out.println(sClass.output());
    }
}
```

编译运行程序 21.19，可以看到输出结果已经是按照学生成绩进行排序了。说明存放学生的 stuSet 在添加元素的过程中就实现了排序。

总结一下，实现一个班级的学生按照成绩进行排序，这是一个最常见的程序功能。实现这个功能需要考虑如何存储一个班级的学生，不同的存储方式会影响到排序方法。例如本章中使用对象数组存储时就需要自己设计排序算法，而使用 List 存储时就可以使用 Java 基础类库提供的排序算法。如果对排序没有特殊要求，建议使用 Java 基础类库提供的排序方法实现排序。

21.3.5　泛型

泛型是指参数化的类型，即直到创建对象或调用方法时才去明确的特殊类型。通过使用泛型，把要操作的类型指定为一个参数。这种参数化的类型可以用在类、接口和方法中，分别被称为泛型类、泛型接口和泛型方法。使用泛型的好处包括：编写代码使用集合时就限定了元素的类型，保证了程序的可读性和稳定性；代码更加简洁、更加健壮。

泛型类是指拥有泛型特性的类。只要在定义类时把类型参数用尖括号括起来，当用户使用泛型类时再指定具体类型即可。类型参数可以随便写为任意标识，习惯上常用 E、K、V 等单个大写字母来表示。例如 ArrayList 的类定义如下：

```
class ArrayList<E>
```

这里的字母 E 就是一个类型参数，表示 ArrayList 中只能用于保存 E 类型的对象。E 所代表的具体类型则由用户在创建 ArrayList 实例时指定。相关的方法中也都用字母 E 代指该类型参数，如：

```
boolean add(E e)
E get(int index)
```

当使用以下代码创建 ArrayList 实例时，参数 E 被指定为 Student，表示 stuList 中只能保存 Student 对象。如果试图放入其他对象，编译时会报错，从而可以在编译期防止将错误类型的对象放置到集合中。

```
ArrayList<Student> stuList = new ArrayList<Student>();
```

泛型接口与泛型类的定义和使用基本相同，也可以只在方法上定义泛型，实现泛型方法。本章前面的例子中大量使用了泛型，读者可以参考前面的例子来理解泛型。其实泛型的使用很简单,只需要按照例子的样子写就可以了。如果将来有特殊需要,你再深入学习。

21.4 实 做 程 序

1. 修改程序 21.2,增加一个 add()方法,允许在原来班级中新增加一个学生。学生信息定义如下:姓名吴九,成绩 80,年龄 18,最后输出排序后的结果。要点提示:

(1) 重新定义一个数组,长度是 size+1(现有数组长度为 size 属性值),将 stus 数组中的前 size 个 Student 对象复制到新数组中;

(2) 根据要增加的学生信息新建一个 Student 对象,并放入新数组中;

(3) 将新数组赋给 stus。

2. 修改程序 21.2 的 sort()方法,实现按照学生成绩从大到小排序。要点提示:

(1) 只需要修改排序算法中的比较条件;

(2) 交换相邻元素的条件修改为小于。

3. 程序 21.7 和程序 21.8 实现了自动排序,修改程序按照学生成绩从大到小排序。要点提示:

(1) 需要修改自动排序的比较器;

(2) 比较器的返回值 1 和 −1 的情况与程序 21.7 相反。

4. 使用 TreeSet 实现教师排序功能,按照教师的工资实现从大到小排序。要点提示,可参考程序 21.18 和程序 21.19 来实现。

5. 生成 10 个 1~100 的随机数,放入数组中并输出。再把数组中大于等于 10 的数字放到一个 ArrayList 对象中并输出。要点提示:生成随机数可使用 java.util.Random 类,具体用法请查阅 API 文档。

6. 给出测试类如下,要求:①实现 countList()方法,返回集合中指定元素出现的次数,如"a":3,"b":3,"c":1,"xxx":0;②实现 findList()方法,返回指定元素在集合中第一次出现的索引,如果没出现过返回−1。

```java
public class Test21_6 {
    public static void main(String[] args) {
        String strs[] = {"a","a","b","b","b","c","a"};
        String str = "b";
        ArrayList<String> sList = new ArrayList<>();
        for (int i=0;i<strs.length;i++){
            sList.add(strs[i]);
        }
        System.out.println("a:"+countList(sList, "a"));
        System.out.println("b:"+countList(sList, "b"));
        System.out.println("c:"+countList(sList, "c"));
        System.out.println("xxx:"+countList(sList, "xxx"));
```

```
            System.out.println(str+"第一次出现的索引是:"+findList(sList, str));
            str = "d";
            System.out.println(str+"第一次出现的索引是:"+findList(sList, str));
        }
```

7. 使用 HashMap 保存历届世界杯冠军信息,并实现以下功能:①用键盘输入一个字符串,表示年份,输出当年的世界杯冠军,如果当年没有举办世界杯,则输出:没有举办世界杯;②用键盘输入一个国家的名字,输出其夺冠的年份列表。如输入"巴西",应当输出:1958 1962 1970 1994 2002;输入"荷兰",应当输出:没有获得过世界杯。附:历届世界杯冠军。

届数	举办年份	冠军	届数	举办年份	冠军	届数	举办年份	冠军
1	1930 年	乌拉圭	8	1966 年	英格兰	15	1994 年	巴西
2	1934 年	意大利	9	1970 年	巴西	16	1998 年	法国
3	1938 年	意大利	10	1974 年	西德	17	2002 年	巴西
4	1950 年	乌拉圭	11	1978 年	阿根廷	18	2006 年	意大利
5	1954 年	西德	12	1982 年	意大利	19	2010 年	西班牙
6	1958 年	巴西	13	1986 年	阿根廷	20	2014 年	德国
7	1962 年	巴西	14	1990 年	西德	21	2018 年	法国

8. 使用 HashMap 保存北京地铁 2 号线车站信息,并实现以下功能:①遍历输出所有车站编号和站名;②用键盘输入上车站和下车站的站名,计算和显示票价和乘车时间。输入站名时要求进行判断,如果该站不存在,提示重新输入,直到站名存在为止。每站需要 2 分钟。

地铁票价计算规则为:①总行程 3 站内(包含 3 站)收费 3 元;②3 站以上但不超过 5 站(包含 5 站)收费 4 元;③5 站及以上的,在 4 元基础上,每多 1 站增加 2 元;④10 元封顶。附:北京地铁 2 号线车站。

编　号	站　名	编　号	站　名	编　号	站　名
1	西直门	7	东四十条	13	和平门
2	积水潭	8	朝阳门	14	宣武门
3	鼓楼大街	9	建国门	15	长椿街
4	安定门	10	北京站	16	复兴门
5	雍和宫	11	崇文门	17	阜成门
6	东直门	12	前门	18	车公庄

9. 双色球规则为：每注投注号码由 6 个红色球号码和 1 个蓝色球号码组成，其中：①红色球号码从 1～33 中选择；②蓝色球号码从 1～16 中选择；③7 个球的顺序随机排列；④同色号码不重复。要求编程实现随机生成一注双色球号码的功能。要点提示可使用 Set 集合存放红色球结果，实现号码不重复的需求。

第 22 章

学生信息保存

学习目标

- 理解 I/O 流和 JDBC 数据库连接的基本概念；
- 掌握应用文件保存学生信息；
- 掌握应用数据库保存学生信息。

22.1 开 发 任 务

第 21 章中给出了班级学生信息的输入、处理和显示。在实际应用中，有时还需要把程序中输入的数据和处理结果都保存起来，方便以后使用。常用的保存数据有两种方法，第一种方法是保存到文件中；第二种方法是保存到数据库中。本章第一个开发任务是将一个班级的学生信息保存到文件中，程序运行结果如图 22.1 所示；第二个开发任务是将一个班级的学生信息保存到数据库中，程序运行结果如图 22.2 所示。

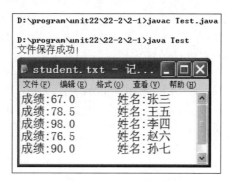

图 22.1 文件保存

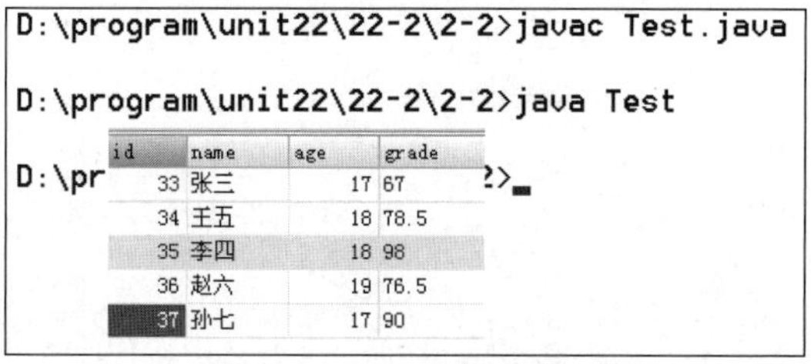

图 22.2 数据库保存

22.2　功能实现及分析

一个班级的学生信息保存在班级类 StudentClass 中，每个班级对象中有一个属性保存学生信息，可以参考程序 21.14 给班级类设计一个方法，格式化输出数据，为实现学生数据保存到文件或者数据库做好准备。

22.2.1　文件保存功能

将班级中的每一个学生的姓名和成绩保存到文件 student.txt 中。学生类没有变化如程序 21.1 所示，班级类如程序 22.1 所示。

1. 程序实现

【程序 22.1】　编写班级 StudentClass 类，创建班级，并进行学生数据格式化。

```java
import java.util.List;
import java.util.ArrayList;
import java.util.Map;
import java.util.HashMap;
public class StudentClass{
private List<Student> stuList;
    private int size;
    public StudentClass(){
        size = 0;
        stuList = null;
    }
    public void createClass() {
        String names[] = { "张三", "王五", "李四", "赵六", "孙七" };
        double grades[] = { 67, 78.5, 98, 76.5, 90 };
        int ages[] = { 17, 18, 18, 19, 17 };
        size = names.length;
        stuList = new ArrayList<Student>();
        Student temp;
        for (int i = 0; i < size; i++) {
            temp = new Student(names[i], ages[i], grades[i]);
            stuList.add(temp);
        }
    }
    public List<Map<String, String>> formatStudent() {
        List fClass = new ArrayList<Map<String, String>>();
        Map stu;
        for (Student s : stuList) {
            stu = new HashMap<String, String>();
```

```
            stu.put("姓名", s.getName());
            stu.put("成绩", new Double(s.getGrade()).toString());
            fClass.add(stu);
        }
        return fClass;
    }
}
```

参考程序 21.15 给班级类 StudentClass 增加一个 formatStudent()方法,格式化班级学生数据,保存到 fClass 对象中,返回的对象 fClass 是一个 ArrayList 数组,每一个元素是一个 Map 类型的数据,保存一个学生的姓名和成绩。

【程序 22.2】　编写文件操作 FileOperation 类,打开文件,保存标准格式数据。

```java
import java.util.List;
import java.util.Map;
import java.io.FileWriter;
import java.io.IOException;
public class FileOperation{
    private FileWriter out;
    public FileOperation(String fileName)throws IOException{
        out = new FileWriter(fileName);
    }
    public void save(List<Map<String, String>> lst)throws IOException{
        for (Map<String,String> m: lst){
            //输出到文件
            for (Map.Entry entry : m.entrySet()) {
                out.write(entry.getKey() + ":"
                    + entry.getValue()+ "\t" );
            }
            out.write("\r\n");
        }
    }
    public void close()throws IOException{
        out.close();
    }
}
```

定义一个文件操作类 FileOperation,完成与文件相关的操作。为了方便文件操作,该类定义了三个方法:

构造方法 FileOperation(),定义一个 FileWriter 对象,关联文件名。

保存文件方法 save(),参数是格式化后的数据,将这些数据保存到文件中。

关闭文件方法 close(),关闭打开的 FileWriter 对象。

Java 中数据输出是通过一种抽象的"流"来实现的。针对不同类型的数据和不同的输出目的地，可以使用不同的"流"对象来实现数据传输。这里使用文件输出流 FileWriter 来实现数据输出。首先创建一个 FileWriter 类对象 out，对象 out 关联到文件 student.txt，输出数据都会保存在文件中。循环遍历 ArrayList 中的每一个 Map 对象，将 Map 对象的键和值使用方法 write()输出到文件中，最后关闭文件输出流。

文件操作中可能会抛出异常，查看 JavaAPI 文档可以知道，FileOperation 类中使用 FileWriter 类的方法抛出 IOException 类异常。由于 FileOperation 类设计成基础文件操作类，不知道具体保存信息是什么，因此类方法中直接抛出了这个异常，等待使用这个类的程序去处理。

【程序 22.3】 编写测试类程序 Test.java。

```java
import java.util.List;
import java.util.Map;
import java.io.IOException;
public class Test {
    public static void main(String[] args){
        List<Map<String, String>> lst;
        StudentClass xg = new StudentClass();
        xg.createClass();
        //格式化学生信息
        lst = xg.formatStudent();
        try{
            FileOperation xgStudent = new FileOperation("student.txt");
            //保存学生信息到文件
            xgStudent.save(lst);
            //关闭文件
            xgStudent.close();
            //显示保存成功提示
            System.out.println("文件保存成功!");
        }
        catch(IOException e){
            System.out.println("IO错误,文件保存失败!");
        }
    }
}
```

编译和运行程序 22.3，运行结果如图 22.3 所示。有一个提示，程序存在不安全的操作。

使用提示的参数再次编译源程序，输入命令：

```
javac -Xlint:unchecked *.java
```

可以看到给出的警告错误，按照提示逐一修改这些错误，重新编译，直到没有图 22.3

```
D:\program\unit22\22-2>cd 2-1

D:\program\unit22\22-2\2-1>javac Test.java
注意: .\StudentClass.java 使用了未经检查或不安全的操作。
注意: 要了解详细信息，请使用 -Xlint:unchecked 重新编译。

D:\program\unit22\22-2\2-1>java Test
文件保存成功！
```

图 22.3　文件保存

中的警告提示，就说明警告错误都已经改好了。有些同学可能会想，警告错误不影响程序运行，为什么还要修改？先看看编译程序为什么会给出警告。警告的意思是程序的写法不安全或者是可能有潜在的问题。编译程序给出警告，告诉程序设计者需要注意这个问题，例如上面程序类型存在不完全一致的情况，因此给出警告提示。既然这些警告预示着可能有潜在错误，因此建议读者调试程序时把所有的警告也都修改正确，尤其是在开发实用软件时，这一点非常重要。

程序运行后输出提示信息"文件保存成功"，打开当前目录下的文件 student.txt，可以看到学生信息已经成功写入文件中，使用记事本打开文件如图 22.4 所示。

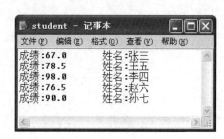

图 22.4　student.txt 文件内容

2. 代码分析

程序从测试类 Test 的 main()方法开始执行，执行过程如下：

（1）定义 List 对象 lst，用于保存格式化后的班级数据；

（2）定义班级类 StudentClass 对象 xg，并进行实例化；

（3）调用对象 xg 的 createClass()方法，使用方法中给定的数据，为班级类 StudentClass 对象 xg 添加学生；

（4）调用对象 xg 的 formatStudent()方法，格式化班级中学生的信息，结果保存到 lst 中；

（5）保存格式化后的学生数据。定义文件操作类 FileOperation 对象 xgStudent，并进行实例化，保存学生数据到文件，最后关闭文件操作类，输出保存成功提示。由于文件操作类中抛出异常 IOException，因此 Test 类中需要捕获和处理这个异常。

3. 改进和完善

实现了文件保存功能后，可以再实现相应的文件读取功能。Java 中的数据输入同样也是通过一种"流"来实现，可以使用 FileReader 这个文件输入流来实现文件读取功能。参考程序 22.2，增加一个 read()方法，实现从文件 student.txt 中读取学生成绩信息，并将读出的信息显示到屏幕上。

使用文件来存储数据只适合存储简单的数据，对于大量的数据或者是经常需要修改的数据可以考虑采用数据库来存储。

22.2.2　数据库保存功能

接着实现第二个任务，将班级的学生信息保存到数据库中。有关数据库的知识，读者可以参考其他的书籍或者文献，在此只是介绍如何实现数据库操作数据的功能。学生类 Student 没有改变不再列出，班级类 StudentClass 增加保存到数据库 saveToDB()方法如程序 22.4 所示，数据库操作类如程序 22.5 所示，数据访问层如程序 22.6 所示，测试类如程序 22.7 所示。

1. 实现步骤

【**程序 22.4**】 修改班级类 StudentClass，添加保存到数据库的 saveToDB()方法。

```java
public void saveToDB(){
    StudentDAO dao = new StudentDAO();
    for (Student s : stuList) {
        dao.insert(s);
    }
}
```

班级类 StudentClass 中添加一个 saveToDB()方法，将班级中学生的信息写入到数据库中。类 StudentDAO 是一个完成学生数据库操作的类，具体定义稍后介绍，类中定义了 insert()方法，负责将一条学生信息写入到数据库中。方法中使用循环语句遍历对象 stuList 中的每个 Student 对象，调用 dao 对象的 insert()方法依次将每个学生信息存放到数据库中。

【**程序 22.5**】 编写数据库操作类 DbOperation，连接数据库、插入数据记录。

```java
import java.sql.Connection;
import java.sql.Statement;
import java.sql.DriverManager;
import java.sql.SQLException;
public class DbOperation{
    public DbOperation(){
    }
    public Connection getConnection()
    throws ClassNotFoundException, SQLException{
        String sDBDriver = "com.mysql.jdbc.Driver";
        String conStr = "jdbc:mysql://localhost:3306/javadb";
        String username = "root";
        String password = "root";
```

```
        Class.forName(sDBDriver);
         Connection conn = DriverManager.getConnection(conStr, username,
password);
        return conn;
    }
    public void update(Connection conn, String sql)throws SQLException{
        Statement st=conn.createStatement();
        st.executeUpdate(sql);
        st.close();
    }
    public void close(Connection conn)throws SQLException{
        conn.close();
    }
}
```

数据库操作类 DbOperation，完成连接数据库、插入数据记录等操作。

方法：public Connection getConnection();

作用是得到数据库连接，即一个 Connection 类对象。要想访问数据库，需要先连接数据库，连接数据库的相关信息保存在 Connection 类对象中。获取连接过程的具体语句：

```
Class.forName(sDBDriver);
```

负责装入由字符串 sDBDriver 指定的类 com.mysql.jdbc.Driver，这个类是 MySQL 数据库的驱动程序。下一条语句：

```
Connection conn = DriverManager.getConnection(conStr,username,password);
```

负责获取数据库连接，conStr 值为使用的连接字符串 jdbc:mysql://localhost:3306/javadb，包括数据库连接方式（jdbc:mysql）、机器的 IP 地址（localhost）、端口号（3306）和数据库名字（javadb）。另外两个参数 username 和 password 的值是连接数据库的用户名和密码，这两个参数是安装数据库时设定的。得到的连接保存在 conn 中返回。

方法：public void update(Connection conn，String sql)

实现对数据表的插入、删除和更新操作。参数 conn 对象保存着打开的数据库连接。参数 sql 存放需要执行的 SQL 语句字符串。方法先创建一个 Statement 对象 st，调用 st 的 executeUpdate(sql)方法，根据参数 sql 中的不同 SQL 语句完成不同的数据库操作。

方法：public void close(Connection conn)

完成关闭连接 conn 的功能。一般一次数据库操作完成后，需要关闭前面打开的连接，为了操作方便单独定义了一个关闭方法 close()。

【程序 22.6】 编写数据库访问类 StudentDAO，保存学生数据。

```
import java.sql.Connection;
import java.sql.SQLException;
```

```
public class StudentDAO{
    public void insert(Student s){
        String sql;
        sql = "insert into student (name,age,grade) values('";
        sql = sql + s.getName();
        sql = sql + "', ";
        sql = sql + s.getAge();
        sql = sql + ", ";
        sql = sql + s.getGrade();
        sql = sql + ")";
        DbOperation db = new DbOperation();
        try{
            Connection con = db.getConnection();
            db.update(con, sql);
            db.close(con);
        }catch(ClassNotFoundException e){
            System.out.println("数据库驱动程序不存在!");
            e.printStackTrace();
        }catch(SQLException e){
            System.out.println("数据库操作错误!");
            e.printStackTrace();
        }
    }
}
```

数据库操作类是一个通用的数据库类,具体要完成某一个对象的数据库操作,需要再提供相应的具体操作类。例如将学生信息保存到数据库中,则定义一个 StudentDAO 类,该类定义一个 insert()方法,实现将一个学生对象信息插入到数据表 student 中。对数据库所有的操作都是通过 SQL 语句来实现的,因此程序中先拼接了一个 SQL 的 insert 语句字符串 sql。接下来定义 DbOperation 类对象 db,获取数据库连接 con,调用 db 对象 update()方法将学生对象信息插入到数据表 student 中,关闭数据库连接。

读者自己可以参考 StudentDAO 类的 insert()方法,实现修改一个学生对象信息的 update()方法,删除一个学生对象 delete()方法。

【程序 22.7】 编写测试类程序 Test.java。

```
import java.util.List;
import java.util.Map;
import java.io.IOException;
public class Test {
    public static void main(String[] args){
        StudentClass xg = new StudentClass();
```

```
        xg.createClass();
        //保存学生信息到数据库
        xg.saveToDB();
    }
}
```

为了运行上述程序,读者需要自行安装配置 MySQL 数据库,并创建实例数据库
javadb 和数据表 student,配置 MySQL 数据库的 JDBC 驱动。

在 MySQL 中运行下面的 create 语句创建实例数据库 javadb:

```
create database javadb
CHARACTER   SET   'utf8'
COLLATE   'utf8_general_ci';
```

然后运行下面的 use 语句选择 javadb 为默认数据库,再使用 create table 语句在该数
据库中创建数据表 student,具体语句如下:

```
use javadb;
create table student (
    id int(11) NOT NULL AUTO_INCREMENT,
    name varchar(10),
    age int(11),
    grade double,
    PRIMARY KEY (id)
)
ENGINE=InnoDB   DEFAULT   CHARSET=utf8;
```

还需要从 MySQL 官网下载 JDBC 驱动文件。将驱动文件 mysql-connector-java-5.1.
39-bin.jar 复制到程序所在目录中。

最后还要配置环境,使用命令“set classpath=％classpath％;mysql-connector-java-
5.1.39-bin.jar”设置 CLASSPATH 环境变量。

需要注意的是,本书的代码是以 MySQL 5.5 为例实现数据库操作。对于不同版本的
MySQL 数据库环境,程序 22.5 中所使用的驱动程序类名(即 sDBDriver 的值)和连接字符串
(即 sconStr 的值)会有所不同,但程序代码没有变化。另外,不同版本的 MySQL 数据库需
要使用的 JDBC 驱动文件也有变化。请读者注意根据所用的 MySQL 版本号选择相应的驱
动程序类名、连接字符串和驱动文件。编译和运行程序 22.7,运行结果如图 22.5 所示。

```
D:\program\unit22\22-2\2-2>javac Test.java

D:\program\unit22\22-2\2-2>java Test

D:\program\unit22\22-2\2-2>
```

图 22.5　数据库保存功能

进入 MySQL 数据库,打开数据库,可以使用 SQL 语句查看学生信息,结果显示学生数据已经成功存入 student 数据表中,如图 22.6 所示。

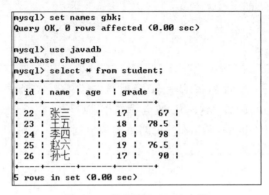

图 22.6   数据表 student 内容

2. 代码分析

程序从测试类 Test.java 的 main()方法开始执行,执行过程如下:

（1）定义班级类 StudentClass 对象 xg,并进行实例化;

（2）调用对象 xg 的 createClass()方法,创建 5 个学生,添加到班级对象 xg 中;

（3）调用对象 xg 的 saveToDB()方法,将班级学生对象保存到数据表 student 中。

这里特别需要注意的是,必须事先正确地安装配置 MySQL 数据库环境和 JDBC 驱动程序,并在正确设置 CLASSPATH 环境变量之后,程序才能正确运行。另外,进入 MySQL 数据库的命令行客户端后,需要先执行"set names gbk"命令正确设置字符集,再执行"use javadb"命令将实例数据库 javadb 设置为当前数据库,最后执行"select * from student"命令查看 student 数据表中存入的数据。

3. 改进和完善

实现了数据库保存功能后,可以继续实现数据的修改和删除功能。并在此基础上进一步实现查询功能,例如查看所有学生成绩或者按姓名查询指定学生的成绩等。数据表中的数据修改使用 SQL 语句中的 update 语句,读者可以修改指定的学生对象的年龄和成绩。参考插入方法 insert(),完成对应 update 语句的拼接,其他操作与 insert()方法相同。数据表中数据删除操作使用 SQL 语句中的 delete 语句,读者可以删除指定的学生对象。删除方法参考插入方法 insert(),完成对应 delete 语句的拼接。数据表中数据查询操作稍复杂一些,有兴趣的读者可以自己查找相关信息或者到网上查找相关程序说明,实现这个功能。

22.2.3　重构程序结构

仔细看看程序 22.4～程序 22.7,这些程序完成了不同的功能。因此可以将这些程序根据实现功能不同进行分类,划分成不同的包,重构后的包结构如图 22.7 所示。

测试类 Test 位于当前目录下,当前目录下还有三个包,包 data 是数据操作包,包 dao 是数据库操作对象包,包 service 是业务服务包。包 data 中包括了所有与数据操作相关

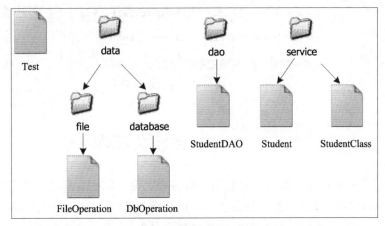

图 22.7　重构后的包结构

的类,下面有两个子包。子包 file 中存放与文件操作相关的类 FileOperation。子包 database 中存放与数据库操作相关的 DbOperation 类。包 dao 是数据访问相关的包,程序中的对象需要保存到数据库中,因此每个数据类都对应一个数据访问类,例如 Student 类对应数据访问类 StudentDAO。业务逻辑包 service 中存放与业务处理相关的类,完成程序需要的功能,例如 Student 类和 StudentClass 类。定义好包结构后,每个类前面需要增加包定义语句,还需要引入用到的包。例如,StudentDAO 类中添加代码段如下:

```
package dao;
import java.sql.Connection;
import java.sql.SQLException;
import service.Student;
import data.database.DbOperation;
```

第一条语句是一条包定义语句:

```
package dao;
```

定义 StudentDAO 类位于包 dao 中,对应的文件 StudentDAO.java 保存到 dao 目录下。另外还增加了两个导入语句:

```
import service.Student;
import data.database.DbOperation;
```

之前这些类都在一个包中,因此不需要导入,但此时已经放到不同包中,因此需要导入 Student 类和 DbOperation 类。读者可以自己尝试完成其他类的包定义语句和引入包语句。编译运行结果如图 22.8 所示。

编译程序 Test.java,编译程序会自动找到引入的包进行编译,运行程序正确,将 5 个学生的信息保存到数据表中。需要说明的是,每次运行这个程序都会把这 5 名学生对象的信息保存一次。

```
D:\program\unit22\22-2\2-3>javac Test.java
D:\program\unit22\22-2\2-3>java Test
D:\program\unit22\22-2\2-3>
```

图 22.8　增加包结构程序结果

22.3　文件操作相关类库

大多数程序的核心功能都是针对数据进行各种处理。数据处理过程中需要对数据进行传输，保存和读取。Java 语言中提供了丰富的基础类库完成这些功能。在逐步学习这些类库用法的基础上，可以直接利用这些类来创建对象，实现所需的功能。

22.3.1　I/O 流

Java 使用 UNIX 中的概念流，将处理和传输的数据视作连续的字节流。流的源端和目的端可以是计算机的内存空间、磁盘文件，或者是 Internet 上的某个 URL。从程序设计者的角度看，根据数据传输的方向，可以将流分为输入流和输出流，如图 22.9 和图 22.10 所示。

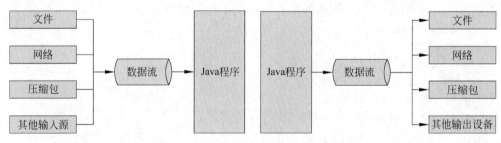

图 22.9　Java 输入流　　　　图 22.10　Java 输出流

Java 语言中与流操作相关的类称为 Java I/O 类，这些类位于 java.io 包中。这些类还可以根据 I/O 流中数据序列的传输单位，分为字节流（Byte Stream）和字符流（Char Stream）。因此 Java 的 I/O 类体系按照上面分成四组流操作类：字节输入流 InputStream，字节输出流 OutputStream，字符输入流 Reader，字符输出流 Writer。

字节输入流 InputStream 是 Java I/O 体系中所有字节输入流的父类。InputStream 类中包含的方法会被所有字节输入流子类继承，常用方法见表 22-1。

表 22-1　InputStream 类常用方法

方 法 声 明	功 能 简 介
public void close()	关闭当前流对象，并释放该流对象占用的资源
public abstract int read()	读取当前流对象中的第一个字节

read()方法是 InputStream 类中最核心的方法,实现从流中读取字节数据。在读取流中的数据时,只能按照流中的数据存储顺序依次进行读取。InputStream 类读取数据的最小单位是字节。另外,read()方法是阻塞方法,当流对象中无数据可读时,read()方法会阻止程序运行,一直等到有数据可以读取为止。它是一个抽象方法,子类中被覆盖,实现具体的数据读取功能。

字节输出流 OutputStream 是 Java I/O 体系中所有字节输出流的父类。字节输出流负责把要输出的数据写出到数据目的端。字节输出流写数据的单位是字节,通常在输出时需要将数据转换为字节数组。OutputStream 类的常用方法见表 22-2。

表 22-2　OutputStream 类常用方法

方 法 声 明	功 能 简 介
public void close()	关闭当前流对象,并释放该流对象占用的资源
public void flush()	将当前流对象的暂存数据强制输出到数据目的端,可用于实现立即输出
public abstract void write(int b)	向流的末尾写出参数 b 的最后一个字节

OutputStream 类中的 write()方法是最核心的方法,其作用是向流的末尾写一个字节数据。数据为参数 b 的最后一个字节,按照方法的执行顺序输出。这是一个抽象方法,子类中会被覆盖,具体实现实际的数据输出。

字符输入流 Reader 是 Java I/O 体系中所有字符输入流的父类。Reader 类和 InputStream 类在功能上是一致的,区别主要在于 Reader 类读取数据的基本单位是字符,例如每一个汉字是一个字符,但却是多个字节。Reader 类中的方法与 InputStream 类似,常用方法见表 22-3。

表 22-3　Reader 类的常用方法

方 法 声 明	功 能 简 介
public void close()	关闭当前流对象,并释放该流对象占用的资源
public abstract int read()	读取当前流对象中的第一个字符

read()方法同样是 Reader 类中最核心的方法,实现从流中读取字符数据。它也是阻塞方法,当流对象中无数据可以读取时,程序会停下来等待,直到有数据可读为止。

字符输出流 Writer 是 Java I/O 体系中所有字符输出流的父类。Writer 类和 OutputStream 类在功能上是一致的,区别主要在于 Writer 类写出数据的基本单位是字符。Writer 类中的方法与 OutputStream 类似,另外也增加了一些其他方法。Writer 类的常用方法见表 22-4。

表 22-4　Writer 类的常用方法

方 法 声 明	功 能 简 介
public abstract void close()	刷新后关闭当前流对象，并释放该流对象占用的资源
public abstract void flush()	将当前流对象中的暂存数据强制输出到数据目的端，可用于实现立即输出
public void write(int c)	向流的末尾写出单个字符，要写出的字符包含在给定参数 c 的低 16 位中
public void write(String str)	将字符串 str 中的字符数据依次写到当前的流对象

　　write()方法是 Writer 类中最核心的方法，将字符数据写出到流中，写出的顺序就是实际数据输出的顺序。

　　在 I/O 操作类中，除了流之外还有与文件相关的操作类。文件的读写操作是程序设计中常见的功能。Java 提供了 FileReader 和 FileWriter 两个专门的类。这两个类分别是 Reader 类和 Writer 类的子类。通过这两个流可以对关联的文件进行读取或写出字符。FileReader 类和 FileWriter 类的构造方法见表 22-5。

表 22-5　FileReader 类和 FileWriter 类的构造方法

方 法 声 明	功 能 简 介
FileReader(String fileName)	创建一个 FileReader 对象，参数 fileName 是要从中读取数据的文件的名称
FileWriter(String fileName)	创建一个 FileWriter 对象，参数 fileName 是要写出数据的文件名称
FileWriter(String fileName, boolean append)	创建一个 FileWriter 对象，参数 fileName 是要向其中写出数据的文件的名称，参数 append 如为 true，则将数据写到文件末尾处，而非文件开始处

　　创建相应的对象之后，使用从 Reader 类继承的 read()方法即可实现读取文件内容，使用从 Writer 类继承的 write()方法即可实现内容写入到文件。

22.3.2　I/O 操作步骤

　　Java 的 I/O 程序主要分成两种：一种是输入程序，从文件或者是网上读取数据，传送给程序；另一种是输出程序，将程序中的数据输出到显示器，或者是输出到文件中。Java 的 I/O 程序都有比较固定的操作步骤，例如程序 22.2 的文件操作类 FileOperation 和程序 22.3 测试类 Test，使用 FileWriter 类实现。常见的输出程序包括以下步骤：

　　（1）导入 Java I/O 类库，导入 java.io 包中的 FileWriter 类；

```
import java.io.FileWriter;
```

（2）创建输出流对象，例如下面代码段中创建一个 FileWriter 类对象 out，关联到当前目录中的文件 student.txt，如果该文件不存在，系统会自动创建文件；

```
FileWriter out = new FileWriter(filename);
```

（3）向流中写入数据，使用 write()方法将需要输出的数据写出到输出流中，Map 类型对象 m 中保存了学生的姓名和成绩，转换成字符串输出；

```
for (Map.Entry entry : m.entrySet()) {
    out.write(entry.getKey() + ":"
    + entry.getValue()+ "\t" );
}
out.write("\r\n");
```

（4）关闭输出流，调用输出流对象的 close()方法关闭输出流，释放占用的资源，回写缓冲区中的内容。

```
out.close();
```

程序 22.2 的文件操作类 FileOperation 和程序 22.3 测试类 Test 就是按照这个步骤实现了向文件中存储学生姓名和成绩功能。使用 FileWriter 的 wirte()方法向流中写入数据后，如果需要立即将数据强制输出到外部的数据目的端，可以通过调用流对象的 flush()方法实现。如果不需要强制输出，则只需要写入结束以后，关闭流对象即可。关闭流对象时，系统会首先将流中未输出到数据源中的数据强制输出，然后再释放该流对象占用的内存空间。对于其他类型的字节输出流和字符输出流来说，只需要创建和连接不同的数据流对象，都是使用 write()方法实现数据输出。

与常见的输出程序步骤相似，输入程序也包括这些步骤，下面以 FileReader 类为例实现文件输入功能，修改后的文件操作类 FileInOperation.java，如程序 22.8 所示。

【程序 22.8】 修改后的文件操作类程序 FileInOperation.java。

```
package data.file;
import java.util.List;
import java.util.Map;
import java.io.FileWriter;
import java.io.FileReader;
import java.io.IOException;
public class FileInOperation{
    private FileReader in;
    public FileInOperation(String fileName)throws IOException{
        in = new FileReader(fileName);
```

```
        }
    public void read()throws IOException{
        int ch;
        ch = in.read();
        while(ch != -1){
            System.out.print("" + (char)ch);
            ch = in.read();
        }
    }
    public void close()throws IOException{
        in.close();
    }
}
```

修改程序 22.3 中的测试类，使用文件操作类 FileInOperation 读取文件 student.txt
中内容，如程序 22.9 所示。

【程序 22.9】 测试类程序 Test.java。

```
import java.util.List;
import java.util.Map;
import java.io.IOException;
import service.StudentClass;
import data.file.FileInOperation;
public class Test {
    public static void main(String[] args){
        try{
            FileInOperation fo = new FileInOperation("student.txt");
            fo.read();
            fo.close();
        }
        catch(IOException e){
            System.out.println("文件出错!");
        }
    }
}
```

常用的 Java I/O 类库实现的读入程序主要步骤与输出程序相同，参看上面的程序
段，以 FileReader 类为例说明，步骤如下：

（1）导入 Java I/O 类库；

（2）创建输入流对象，实现从输入流到外部输入源的连接；

（3）从流中读出数据，使用 read()方法读取流中的一个字符，通过循环可以读取流中
的所有字符，当到达流的末尾时，read()方法的返回值是－1，使用这个返回值用作循环结

束条件;

（4）关闭输入流。

读取其他输入源的操作与读取文件类似,最大的区别在于建立流对象时选择的类不同。输入流对象一旦建立,其读取方法是一样的。Java I/O 体系的这种设计形式,使得只要熟悉该体系中某一个类的使用,就可以触类旁通地学会其他类的使用。

22.4　数据库操作

大多数常见的应用程序都会涉及到数据库操作,将输入数据和处理结果保存到数据库中,从数据库中读取需要处理的数据。Java 语言中提供了多个与数据库操作相关的类,利用这些类可以实现对数据库的操作。

22.4.1　数据库操作

为了简化程序中的数据库存取操作,Java 提供了一套专门用于执行 SQL 语句的 API,称作 JDBC(Java DataBase Connectivity)。JDBC 由一组接口和类组成,可以连接各种关系型数据库,使用 SQL 语句操作数据库,完成对数据库中数据的增、删、改、查四种基本操作。基于 JDBC 编写访问数据库的 Java 程序,屏蔽了不同数据库系统的差异,使得程序员可以无差别地操作不同的数据库,简化了数据库编程。JDBC 原理如图 22.11 所示。

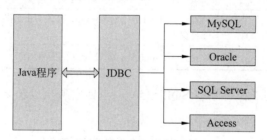

图 22.11　JDBC 原理图

Java 语言中有许多与数据库访问相关的类,存放在包 java.sql 下。下面对常用的几个接口和类进行说明。

Driver 接口提供用来注册和连接支持 JDBC 的驱动程序,每个 JDBC 驱动程序都应该提供一个实现 Driver 接口的类。需要把指定数据库驱动程序或类库加载到 CLASSPATH 中。例如程序 22.5 访问 MySQL 数据库,就需要将数据库厂商提供的实现了 Driver 接口的驱动程序 com.mysql.jdbc.Driver 所在的 jar 包文件 mysql-connector-java-5.1.39-bin.jar 加载到 CLASSPATH 中。加载某一 Driver 类时,它应该创建自己的实例并向 DriverManager 注册该实例,例如语句:

```
Class.forName("com.mysql.jdbc.Driver")
```

语句负责加载和注册 MySQL 数据库的驱动程序。Java 程序通过 DriverManager 建立与驱动程序的连接。常用方法为：

```
static Connection getConnection(String url, String user, String password)
```

该方法试图建立一个给定数据库的连接。DriverManager 会试图从已注册的 JDBC 驱动程序集中选择一个适当的驱动程序。例如语句：

```
String conStr = "jdbc:mysql://localhost:3306/javadb";
String username = "root";
String password = "root";
Connection conn = DriverManager.getConnection(conStr, username, password);
```

三个参数分别是：conStr 是数据库连接字符串，username 是数据库用户名，password 是数据库用户的密码。此方法返回一个指定数据库的连接对象。Connection 接口代表了 Java 程序与数据库之间的连接，用于提供创建语句和管理连接及其属性的方法。常用方法见表 22-6。

表 22-6　Connection 接口的常用方法

方 法 声 明	功 能 简 介
Statement createStatement()	创建一个 Statement 对象，用于将 SQL 语句发送到数据库
PreparedStatement prepareStatement(String sql)	创建一个 PreparedStatement 对象，用于将参数化的 SQL 语句发送到数据库
void close()	释放此 Connection 对象的数据库和 JDBC 资源

Statement 接口用于执行静态 SQL 语句，并返回它所生成结果的对象。常用方法见表 22-7。

表 22-7　Statement 接口的常用方法

方 法 声 明	功 能 简 介
ResultSet executeQuery(String sql)	执行给定的静态 SQL SELECT 语句，返回包含给定查询所生成数据的 ResultSet 对象
int executeUpdate(String sql)	执行给定 SQL 语句

executeUpdate()方法的参数 sql 可能为 insert 语句、update 语句或 delete 语句，而 executeQuery()方法执行 select 语句，返回的查询结果保存在 Result 对象中。

ResultSet 接口用于表示数据库查询返回的结果集，通常通过执行查询数据库的语句生成，其中存放了查询数据库的结果。在 ResultSet 对象中具有指向当前数据行的游标，可以在 while 循环中使用 next()方法来迭代结果集。

```
boolean next() throws SQLException
```

ResultSet 对象中的游标指向结果集的一条记录,该方法将游标从当前位置向前移动一行。ResultSet 游标最初位于第一行之前,第一次调用 next()方法使第一行成为当前行,第二次调用使第二行成为当前行,以此类推。如果新的当前行有效,则返回 true,如果不存在,则返回 false。

22.4.2　数据库操作步骤

在 Java 语言中,使用 JDBC 编程操作数据库的过程一般需要以下步骤,这里以 MySQL 数据库为例说明:

(1) 导入数据库操作需要的包,例如代码:

```
import java.sql.Connection;
import java.sql.Statement;
import java.sql.DriverManager;
import java.sql.SQLException;
```

(2) 加载驱动程序,然后调用 Class 类的 forName()方法加载驱动程序类,加载成功后即可使用该驱动程序与数据库建立连接,实现代码如下:

```
Class.forName("com.mysql.jdbc.Driver");
```

(3) 建立数据库连接,这里通过提供数据库连接字符串、数据库用户名和数据库密码,即可建立数据库连接,例如代码:

```
String sConnStr = "jdbc:mysql://localhost:3306/javadb";
String username = "root";
String password = "mysql";
Connection conn = DriverManager.getConnection(sConnStr,username,password);
```

(4) 创建 Statement 对象,代码如下:

```
Statement st=conn.createStatement();
```

(5) 执行 SQL 语句,完成对数据库操作,代码如下:

```
st.executeUpdate(sql);
```

(6) 处理执行结果,如果有需要处理的查询结果,将查询结果保存。
(7) 关闭数据库连接,释放所占用的资源。

```
conn.close();
```

程序 22.6 中的 StudentDAO 类的 insert()方法就是按照这个步骤实现了向数据库中存储学生成绩信息的功能。

数据库操作中最常用的操作是查询操作，使用 SQL 中的 select 语句完成查询操作。下面给出一个例子，实现从数据表 Student 中查询所有学生的信息。

【程序 22.10】　为数据库操作类 DbOperation 增加 getAll()方法，从数据库 student表中读取学生信息。

```java
public List<Student> getAll(Connection conn, String sql) {
    List<Student> result = new ArrayList<Student>();
    Student temp;
    String name;
    int age;
    double grade;
    try {
        PreparedStatement ps = conn.prepareStatement(sql);
        ResultSet rs = ps.executeQuery();
        while (rs.next()) {
            name = rs.getString("name");
            age = rs.getInt("age");
            grade = rs.getDouble("grade");
            temp = new Student(name, age, grade);
            result.add(temp);
        }
    } catch (SQLException e1) {
        System.err.println(e1);
    }
    return result;
}
```

数据库操作类 DbOperation 中增加 getAll()方法后，就可以方便实现从数据表中读取学生数据。当然这个方法还有点局限，就是只能读取学生类信息。读者有兴趣可以自己设计更加通用的数据库读取程序。核心代码如下：

```java
PreparedStatement pst = con.prepareStatement(sql);
ResultSet rs = pst.executeQuery();
ResultSetMetaData rsmd = rs.getMetaData() ;
while (rs.next()) {
    Map<String, String> record =new HashMap<String, String>();
    for(int i=0; i< rsmd.getColumnCount(); i++){
        String colName = rsmd.getColumnLabel(i+1);
        String colContent = rs.getString(i+1);
```

```
        record.put(colName, colContent);
    }
    list.add(record);
}
```

读者可以自己研读这段代码,弄清楚代码的含义后,使用这段代码替换上面 getAll()
方法,实现更加通用的数据库访问方法。

22.5 实 做 程 序

1. 修改程序 22.1 和程序 22.3,给班级类增加排序功能,保存排序后的结果,按照学生
成绩排序后的结果输出。要点提示:

(1) 在 StudentClass 类中增加一个排序方法,对班级学生进行排序;

(2) 测试类 Test 中先进行排序,保存排序后的结果。

2. 使用 FileReader 编程实现文件读取功能,读出 student.txt 中的保存的学生成绩信
息并进行显示。要点提示,可参考 22.3.2 小节中程序实现。

3. 参考 StudentDAO 类中的 insert()方法实现 update()方法和 delete()方法。要点
提示:

(1) update()方法需要拼接 SQL 中的 update 语句,假设根据学生姓名修改其他
信息;

(2) delete()方法需要拼接 SQL 中的 delete 语句,假设根据学生姓名删除学生。

4. 参考 StudentDAO 类的 getAll()方法增加一个 getByName()方法,根据学生姓名
查找学生信息。要点提示:

(1) 方法定义如下 public Student getByName(String name),返回学生对象;

(2) 使用 getAll()方法实现,取结果集中的第一条数据。

5. 给出测试类,编写 data.file.FileOutOperation 类,wirteLine()方法实现文件写入功
能。使测试类能够正常运行,向 data\user.cfg 文件中写入一行信息并覆盖原有内容。要
点提示:

(1) 可参考程序 22.2,使用 FileWriter 类实现文件写入功能;

(2) 覆盖写文件需要使用 FileWriter(File file, boolean append)构造方法创建
FileWriter 对象,参数 append 值设为 false。

```
import data.file.FileOutOperation;
import java.io.IOException;
public class Test{
    public static void main(String[] args) {
        try {
            FileOutOperation fout = new FileOutOperation("data\\user.cfg");
```

```
            fout.writeLine("123");
            fout.close();
            System.out.print("文件写入成功!");
        } catch (IOException e) {
            System.out.print("file error!");
        }
    }
}
```

6. 给出测试类，编写 data.file.FileInOperation 类，readLine()方法实现读取文件第一行内容的功能。使测试类能够正常运行，读出 data\user.cfg 文件中的第一行内容并输出。要点提示：

（1）可参考程序 22.8，使用 FileReader 类实现文件读取功能；

（2）读取一行文件内容可使用 BufferedReader 类的 readLine()方法，具体用法请查阅 API 文档。

```
import data.file.FileInOperation;
import java.io.IOException;
public class Test{
    public static void main(String[] args) {
        try {
            FileInOperation fin = new FileInOperation("data\\user.cfg");
            System.out.print("data\\user.cfg文件第一行内容:"+fin.readLine());
            fin.close();
        } catch (IOException e) {
            System.out.print("file error!");
        }
    }
}
```

7. 给出测试类，修改 data.file.FileInOperation 类，增加 readLines()方法实现逐行读取文件内容的功能，并将文件内容存入 Arraylist<String>返回。使测试类能够正常运行，逐行读取 data\net.cfg 文件中的内容并输出。

```
import data.file.FileInOperation;
import java.io.IOException;
import java.util.List;
public class Test22_7 {
    public static void main(String[] args) {
        try {
            FileInOperation fin = new FileInOperation("data\\net.cfg");
```

```
            List<String> strs = fin.readLines();
            int i = 0;
            for (String str:strs ){
                i++;
                System.out.println("第"+ i +"行:"+str);
            }
              fin.close();
        } catch (IOException e) {
            System.out.print("file error!");
        }
    }
}
```

8. 给出测试类，编写 data.database.TeacherDAO 类，实现教师信息写入和读取功能：①insert()方法向 teacher 数据表中写入一条记录；②getAll()方法读出数据表中所有记录。在 21.2.4 小节完成的 College 类基础上编写 service.College 类，增加下面三个方法：①saveToDB()方法把 teachList 中的教师信息写入数据库；②addTeacherToDB()方法向数据库中添加一条教师信息；③getFromDB()方法从数据库中读出全部教师信息并存入 teachList 中。增加的 3 个方法都应当基于 TeacherDAO 类来实现相应功能。使测试类能够正常运行，实现向 teacher 数据表写入 College 类中原有的 5 条教师信息、向 teacher 数据表中添加一条教师记录、读取 teacher 数据表中所有教师信息并输出等功能。要点提示：

（1）可参考程序 22.6 和程序 22.10，编写 TeacherDAO 类；

（2）可以直接使用第 21 章实现的 Teacher 类和 DisplayUtils 类；

（3）需要按照 22.2.2 小节的相关说明，配置好数据库环境和 JDBC 驱动，并创建 teacher 数据表。数据库 javadb 中创建 teacher 数据表的语句和测试类程序如下：

```
CREATE TABLE teacher (
    id int(11) NOT NULL AUTO_INCREMENT,
    name varchar(10) DEFAULT NULL,
    age int(11) DEFAULT NULL,
    salary double DEFAULT NULL,
    PRIMARY KEY (id)
) ENGINE=InnoDB AUTO_INCREMENT=15 DEFAULT CHARSET=utf8;
import service.College;
import service.Teacher;
import util.DisplayUtils;
import java.util.List;
public class Test22_8{
    public static void main(String[] args) {
```

```
        List list;
        College jsj = new College();

        jsj.createCollege();
        jsj.saveToDB();
        jsj.addTeacherToDB(new Teacher("吴老师",40,8050));
        jsj.getFromDB();
        System.out.println("输出结果:");
        list = jsj.formatTeacher();
        System.out.println(DisplayUtils.display(list));     }
    }
```

第 23 章

图形界面成绩管理

学习目标

- 掌握常用 Swing 组件和布局管理器的使用；
- 理解 AWT 事件处理机制；
- 能够应用 GUI 编程方法实现图形界面的成绩管理功能。

23.1 开 发 任 务

本章继续完善前面的程序，实现图形界面的成绩管理系统，能够对存储于学生成绩数据库中的学生成绩实现录入、查看、排序和按姓名查询等功能。本章有两个任务，第一个开发任务是实现所需要的图形界面，如图 23.1 所示。

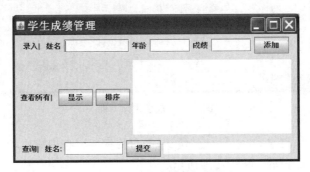

图 23.1 学生成绩管理界面

第二个开发任务是为图界面中的组件增加处理程序，完成所需要的功能。输入姓名、年龄和成绩，单击"添加"按钮，即可将学生信息存入数据库，运行结果如图 23.2 所示。

图 23.2 录入成绩功能

实现学生成绩查看功能，单击界面中间的"显示"按钮，增加按钮处理程序，查询数据库中保存的所有学生信息，将这些信息显示在右侧显示区中，运行结果如图 23.3 所示。单击界面中的"排序"按钮，实现学生成绩排序功能，查询数据库中保存的所有学生信息，按照成绩从低到高排序后显示在右侧显示区中，运行结果如图 23.4 所示。

图 23.3　查看成绩功能

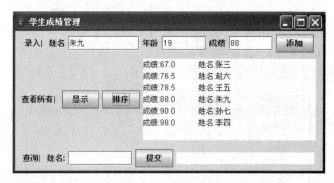

图 23.4　成绩排序功能

　　查询功能中输入姓名，单击"提交"按钮，即可根据姓名查询相应学生的信息并显示在右下侧显示区中，运行结果如图 23.5 所示。

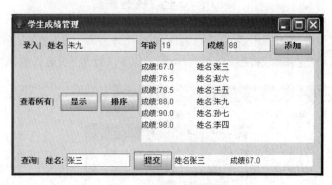

图 23.5　查询成绩功能

23.2 功能实现及分析

23.2.1 图形用户界面

首先实现第一个开发任务所要求的图形界面,如图 23.1 所示。图形界面分成三个区域,上面是输入区,中间是显示区,下面是查询区。图形界面类 StudentManagement 如程序 23.1 所示,该类放在包 view 下。

1. 程序实现

【程序 23.1】 编写程序 StudentManagement.java,实现图形界面。

```java
package view;
import java.awt.BorderLayout;
import javax.swing.JButton;
import javax.swing.JFrame;
import javax.swing.JLabel;
import javax.swing.JPanel;
import javax.swing.JTextArea;
import javax.swing.JTextField;
public class StudentManagement {
private final long serialVersionUID = 1L;
    private JFrame mainFrame;                    //学生管理的主窗口
    private JPanel top;                          //输入区面板,添加学生信息区域
    private JLabel labelTop;                     //标签"录入|"
    private JLabel labelName;                    //标签"姓名"
    private JTextField textName;                 //"姓名"输入框
    private JLabel labelAge;                      //标签"年龄"
    private JTextField textAge;                   //"年龄"输入框
    private JLabel labelGrade;                    //标签"成绩"
    private JTextField textGrade;                 //"成绩"输入框
    private JButton btnAdd;                        //"添加"按钮
    private JPanel middle;                         //显示区面板,显示学生信息区域
    private JLabel labelMiddle;                    //标签"查看所有|"
    private JButton btnShowAll;                    //"显示"按钮
    private JButton btnSortAll;                    //"排序"按钮
    private JTextArea areaShowAll;                 //学生信息显示区
    private JPanel bottom;                         //查询区面板,查询学生信息
    private JLabel labelBottom;                    //标签"查询|"
    private JLabel labelQuery;                     //标签"姓名:"
    private JTextField textQuery;                  //"姓名"输入框
    private JButton btnQuery;                      //"提交"按钮
    private JTextArea areaQuery;                   //查询结果显示区
```

```java
    public StudentManagement(String title){
        mainFrame = new JFrame(title);
    }
    public void run(){
        mainFrame.setBounds(100,100,500,250);      //设置窗口位置大小
        mainFrame.setVisible(true);                //设置窗口可见
        //设置单击关闭按钮的功能为退出程序
        mainFrame.setDefaultCloseOperation(JFrame.EXIT_ON_CLOSE);
        addInput();
        addShowAll();
        addQuery();
        mainFrame.validate();
    }
    private void addInput(){
        top = new JPanel();
        labelTop = new JLabel("录入|  ");
        labelName = new JLabel("姓名");
        labelAge = new JLabel("年龄");
        labelGrade = new JLabel("成绩");
        textName = new JTextField(10);
        textAge = new JTextField(6);
        textGrade = new JTextField(6);
        btnAdd = new JButton("添加");
        top.add(labelTop);
        top.add(labelName);
        top.add(textName);
        top.add(labelAge);
        top.add(textAge);
        top.add(labelGrade);
        top.add(textGrade);
        top.add(btnAdd);
        mainFrame.add(top,BorderLayout.NORTH);
    }
    private void addShowAll(){
        middle = new JPanel();
        labelMiddle = new JLabel("查看所有|  ");
        btnShowAll = new JButton("显示");
        btnSortAll = new JButton("排序");
        areaShowAll = new JTextArea(7,25);
        middle.add(labelMiddle);
        middle.add(btnShowAll);
        middle.add(btnSortAll);
        middle.add(areaShowAll);
```

```
        mainFrame.add(middle,BorderLayout.CENTER);
    }
    private void addQuery(){
        bottom = new JPanel();
        labelBottom = new JLabel("查询|    ");
        labelQuery = new JLabel("姓名:");
        textQuery = new JTextField(9);
        btnQuery = new JButton("提交");
        areaQuery = new JTextArea(1,20);
        bottom.add(labelBottom);
        bottom.add(labelQuery);
        bottom.add(textQuery);
        bottom.add(btnQuery);
        bottom.add(areaQuery);
        mainFrame.add(bottom,BorderLayout.SOUTH);
    }
}
```

　　StudentManagement 类实现了一个图形用户界面,使用 Java 提供的 JFrame 类作为界面的主窗口。窗口中可以放置各种组件,上面程序中放置了 JLabel 标签对象、JTextField 文本框对象、JButton 按钮对象、JTextArea 文本域对象以及 JPanel 面板对象。

　　JLabel 是标签组件,用于显示信息,例如标签 labelTop 显示"录入|"。JTextField 组件是文本框,用于输入信息,例如输入框 textName 用于输入学生姓名。JButton 组件是按钮,用于完成某种操作和功能,例如"添加"按钮 btnAdd,编写相应的处理程序后可以将输入的学生信息添加到数据库中。JTextArea 组件是文本域,用于显示内容较多的文本信息。JPanel 组件是一个面板,本身是透明的,可以把多个组件放到面板上作为一个整体使用,例如面板 top 中有 4 个标签、3 个输入框和 1 个按钮,并把 top 作为整体放到窗口的上部。

　　构造方法 StudentManagement(),实例化 JFrame 类赋给窗口对象 mainFrame。有一个参数 title 是窗口的标题。run()方法负责显示窗口,前 3 条语句分别是设置窗口位置大小,窗口可见和将单击关闭按钮的功能设置为退出程序,接下来 3 条语句依次调用 addInput()、addShowAll() 和 addQuery()方法向窗口中添加 3 个面板,分别是上面的输入区,中间的显示区和下面的查询区。

　　为了能够让窗口中的组件摆放更美观,Java 提供了布局管理器负责摆放组件。JFrame 的默认布局管理器是 BorderLayout 布局管理器。三个方法 addInput()、addShowAll() 和 addQuery()中的最后一句都是向主窗口中添加面板,并指示面板的位置。例如语句:

```
mainFrame.add(top, BorderLayout.NORTH);
```

　　调用 mainFrame 对象的 add()方法表示向主窗口 mainFrame 中添加,参数 top 是添加的面板对象,参数 BorderLayout.NORTH 指示添加位置,屏幕的上方为北。这条语句的功能是将面板 top 添加到主窗口的上部。使用同样的方法把面板 middle 添加到主窗口的中间,面板 bottom 添加到主窗口的下部。

这个例子窗口中需要添加的组件比较多,都写在 run()方法中就太长了。因此根据窗口的 3 个功能区,设计了 3 个私有方法 addInput()、addShowAll()和 addQuery()。每个方法负责一个功能区的组件摆放。每个方法都有一个面板对象,首先将功能区的所有组件摆放到面板上,然后再将面板摆放到主窗口中。

addInput()方法中创建了一个面板对象 top、4 个标签 JLabel 对象、3 个文本框 JTextField 对象和 1 个按钮 JButton 对象。JLabel 对象在实例化时指定了要显示的文本,JTextField 对象实例化时指定文本框的大小,JButton 对象实例化时指定了按钮上要显示的名字。然后调用 top 对象的 add()方法,按顺序把所创建的基本组件依次添加到中间容器中。面板 JPanel 默认的布局管理器是 FlowLayout,添加到面板中的组件会按顺序在面板上从左到右摆放,一行摆放不开转到下一行继续排放。因此可以看到程序中的面板 top 上按照添加的顺序显示排放的组件。

addShowAll()和 addQuery()两个方法的代码结构与 addInput()方法类似。分别布置中间显示区的组件和下面查询区域的组件。这两个方法读者可以自己分析,这里不再详述。

【程序 23.2】 测试类程序 Test.java。

```java
import view.StudentManagement;
public class Test {
    public static void main(String[] args){
        StudentManagement sm = new StudentManagement("学生成绩管理");
        sm.run();
    }
}
```

编译和运行程序 23.2 的运行过程如图 23.6 所示。运行后弹出的图形窗口如图 23.1 所示。

```
D:\program\unit23\23-2\2-1>javac Test.java

D:\program\unit23\23-2\2-1>java Test
```

图 23.6 编译运行程序 23.2

2. 代码分析

程序从测试类 Test 的 main()方法开始执行,执行过程如下:

(1) 程序运行之前需要导入 view 包中的 StudentManagement 类,定义这个类对象 sm,实例化,设置主窗口标题为"学生成绩管理";

(2) 调用对象 sm 的 run()方法,完成主窗口显示功能;

(3) run()方法前 3 条语句设置窗口位置、可见性和关闭按钮;

（4）run()方法接着调用了 addInput()、addShowAll()和 addQuery()三个方法，显示主窗口的三个区域：输入区、显示区和查询区。

3. 改进和完善

程序 23.2 实现了图形用户界面，这个图形界面还不够美观，比如中间的工作区左边有一个提示和两个按钮，这三个组件可以纵向排列，有兴趣的读者可以自己尝试完成这个功能。另外，读者可以根据自己的想法给这个图形界面增加功能，例如增加一个删除学生的按钮等功能。

目前只完成了一个图形界面，界面中的按钮还不能工作，没有实现要求的功能。下面一节将继续完善这个程序。

23.2.2　成绩管理功能

接下来完成第二个任务，为前面实现的图形用户界面的每个按钮增加相应的实现程序。在具体实现程序之前，先将以前的程序进行重构，设计包结构，将完成不同功能的类放在不同包中。包结构如图 23.7 所示。

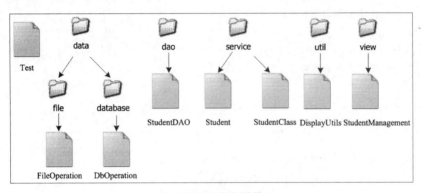

图 23.7　程序包结构

1. 程序实现

【程序 23.3】 修改类 StudentManagement，增加按钮的处理程序，与程序 23.1 相同部分略去。

```
package view;
import java.awt.BorderLayout;
...                                          //导入需要的图形控件
import java.awt.event.ActionEvent;
import java.awt.event.ActionListener;
import dao.StudentDAO;
import service.Student;
import service.StudentClass;
import util.DisplayUtils;
public class StudentManagement implements ActionListener{
```

```java
    private JFrame mainFrame;                          //学生管理的主窗口
    ...                                                //定义图形组件对象
    public StudentManagement(String title){
        mainFrame = new JFrame(title);
    }
    public void run(){
        mainFrame.setBounds(100,100,500,250);      //设置窗口位置大小
        mainFrame.setVisible(true);                //设置窗口可见
        mainFrame.setDefaultCloseOperation(JFrame.EXIT_ON_CLOSE);
        addInput();
        addShowAll();
        addQuery();
        setAction();
        mainFrame.validate();
    }
    private void addInput(){
        //具体实现内容略去
    }
    private void addShowAll(){
        //具体实现内容略去
    }
    private void addQuery(){
        //具体实现内容略去
    }
    private void setAction(){
        btnAdd.addActionListener(this);
        btnShowAll.addActionListener(this);
        btnSortAll.addActionListener(this);
        btnQuery.addActionListener(this);
    }
    public void actionPerformed(ActionEvent e) {
        String inputText = e.getActionCommand();
        if (inputText.equals("添加")) {
            addStudent();
        } else if (inputText.equals("显示")) {
            displayAll();
        } else if (inputText.equals("排序")) {
            sortAll();
        }else if (inputText.equals("提交")) {
            queryStudent();
        } else {
            showError("error");
        }
```

```
    }
    private void addStudent(){
        String name;
        int age;
        double grade;
        try{
            //读取输入的姓名、年龄和成绩
            name = textName.getText();
            age = Integer.parseInt(textAge.getText());
            grade = Double.parseDouble(textGrade.getText());
        }catch (NumberFormatException e){
            showError("输入有错误!");
            return;
        }
        Student student = new Student(name,age,grade);
        StudentDAO sd = new StudentDAO();
        if (sd.insert(student)){
            showMsg("添加成功!");
            displayAll();
        }else{
            showError("添加错误!");
        }
    }
    private void displayAll(){
        StudentDAO sd = new StudentDAO();
        StudentClass xg = sd.getStudentClass();
        String content = DisplayUtils.display(xg.formatStudent());
        areaShowAll.setText(content);
    }
    private void sortAll(){
        StudentDAO sd = new StudentDAO();
        StudentClass xg = sd.getStudentClass();
        xg.sort();
        String content = DisplayUtils.display(xg.formatStudent());
        areaShowAll.setText(content);
    }
    private void queryStudent(){
        String name =  textQuery.getText();
        StudentDAO sd = new StudentDAO();
        Student student = sd.getByName(name);
        if (name != null && name.length()>0){
            String content = showStudent(student);
            areaQuery.setText(content);
```

```
        }else{
            showError("查询条件错误!");
        }
    }
    private String showStudent(Student student){
        String result;
        if (student != null){
            result ="姓名"+student.getName()+"\t 成绩"
                +student.getGrade();
        }else{
            result = "学生不存在!";
        }
        return result;
    }
    private void showError(String errorMsg){
        String dialogTitle = "学生成绩管理";
        JOptionPane.showMessageDialog(mainFrame, errorMsg,
            dialogTitle,JOptionPane.WARNING_MESSAGE);
    }
    private void showMsg(String msg){
        String dialogTitle = "学生成绩管理";
        JOptionPane.showMessageDialog(mainFrame, msg,
            dialogTitle,JOptionPane.INFORMATION_MESSAGE);
    }
}
```

　　StudentManagement 类增加了按钮处理程序，单击按钮就可以完成相应的功能。Java 图形界面开发中采用事件处理机制来响应用户的操作，因此类定义实现了 ActionListener 接口，定义如下：public class StudentManagement implements ActionListener{…}。

　　ActionListener 接口有一个 actionPerformed（ActionEvent e）方法，需要在实现 StudentManagement 类中实现这个方法，用户单击按钮时会调用这个方法。类中 run()方法调用 setAction()方法，这个方法中有 4 条语句，给窗口中的 4 个按钮添加事件监听器。例如语句：btnAdd.addActionListener(this)。给"添加"按钮 btnAdd 增加事件监听器，告诉按钮当有单击动作时，执行本类对象的 actionPerformed()方法。这样就把界面中的按钮与处理程序所在类关联起来。StudentManagement 类中重写了接口 ActionListener 的 actionPerformed()方法，参数 e 指示用户单击的按钮。方法中使用 e.getActionCommand()获取按下按钮的显示名字，并据此判断是哪个按钮按下，执行不同的处理程序。例如"添加"按钮，则执行对应的处理方法 addStudent()。该方法先从三个文本框 textName、textAge、textGrade 中得到输入的学生姓名"朱九"，年龄 19，成绩 88。使用三个输入数据创建一个学生对象 student，调用 StudentDAO 类的 insert()方法，将添加的学生信息保存到数据库中。添加完成后提示"添加成功"，然后显示所有学生的信息。同样，另外三个按钮，显示、排序和提交的实现过程与此相似,读者可以自己分析这个过程。

【**程序 23.4**】 修改数据访问类 StudentDAO,增加获取全班学生的信息方法 getStudentClass()和按名查找方法 getByName()。

```java
package dao;
import java.sql.Connection;
import java.sql.SQLException;
import java.util.List;
import service.Student;
import service.StudentClass;
import data.database.DbOperation;
public class StudentDAO{
    public boolean insert(Student s){
        boolean flag = false;
        String sql;
        sql = "insert into student (name,age,grade) values('";
        sql = sql + s.getName();
        sql = sql + "', ";
        sql = sql + s.getAge();
        sql = sql + ", ";
        sql = sql + s.getGrade();
        sql = sql + ")";
        DbOperation db = new DbOperation();
        try{
            Connection con = db.getConnection();
            db.update(con, sql);
            db.close(con);
            flag = true;
        }catch(ClassNotFoundException e){
            System.out.println("数据库驱动程序不存在!");
            e.printStackTrace();
        }catch(SQLException e){
            System.out.println("数据库操作错误!");
            e.printStackTrace();
        }
        return flag;
    }
    public StudentClass getStudentClass() {
        List<Student> lst = null;
        StudentClass sc = new StudentClass();
        String sql = "select name, age, grade from student";
        DbOperation db = new DbOperation();
```

```
        try{
            Connection con = db.getConnection();
            lst = db.getAll(con, sql);
            db.close(con);
        }catch(ClassNotFoundException e){
            System.out.println("数据库驱动程序不存在!");
            e.printStackTrace();
        }catch(SQLException e){
            System.out.println("数据库操作错误!");
            e.printStackTrace();
        }
        sc.createClass(lst);
        return sc;
    }
    public Student getByName(String name) {
        List<Student> lst = null;
        String sql = "select name, age, grade from student ";
        sql = sql + " where name = '" + name + "'";
        DbOperation db = new DbOperation();
        try{
            Connection con = db.getConnection();
            lst = db.getAll(con, sql);
            db.close(con);
        }catch(ClassNotFoundException e){
            System.out.println("数据库驱动程序不存在!");
            e.printStackTrace();
        }catch(SQLException e){
            System.out.println("数据库操作错误!");
            e.printStackTrace();
        }
        Student s;
        if((lst == null) ||(lst.size() == 0)){
            s = null;
        }
        else{
            s = lst.get(0);
        }
        return s;
    }
}
```

获取全班学生信息的方法 getStudentClass()定义如下：

```
public StudentClass getStudentClass() {…}
```

该方法从数据库读取所有的学生信息，使用 SQL 中的 select 语句实现，Select 语句定义如下：

```
select name, age, grade from student
```

表示从数据表 student 中读取每个学生的姓名、年龄和成绩。

接着定义 DbOperation 类对象 db，获取数据库连接 con，调用 con 的 getAll( )方法读取数据库中所有的学生。

另一个方法是根据姓名读取一个学生信息 getByName(String name)，方法定义如下：

```
public Student getByName(String name) {…}
```

该方法从数据库读取姓名为 name 的学生信息，使用 SQL 中的 select 语句实现，语句如下：

```
select name, age, grade from student where name = '张三'
```

表示从数据表 student 中读取姓名为"张三"的学生姓名、年龄和成绩。接着定义一个 DbOperation 类对象 db，获取连接 con，调用 con 对象 getAll( )方法读取数据库中所有符合条件的学生，如果有学生，则取第一个作为查找结果。

【**程序 23.5**】　编写数据库操作类 DbOperation，增加查找方法 getAll( )。

```java
package data.database;
import java.util.List;
import java.util.ArrayList;
import java.sql.Connection;
import java.sql.Statement;
import java.sql.DriverManager;
import java.sql.SQLException;
import java.sql.PreparedStatement;
import java.sql.ResultSet;
import service.Student;
public class DbOperation{
    public DbOperation(){
    }
    public Connection getConnection()
        throws ClassNotFoundException, SQLException{
        String sDBDriver = "com.mysql.jdbc.Driver";
        String conStr = "jdbc:mysql://localhost:3306/javadb";
        conStr = conStr +"? useUnicode=true&characterEncoding=UTF-8";
        String username = "root";
        String password = "root";
        Class.forName(sDBDriver);
        Connection conn = DriverManager.getConnection(conStr, username,
password);
```

```
        return conn;
    }
    public List<Student> getAll(Connection conn, String sql) {
        List<Student> result = new ArrayList<Student>();
        Student temp;
        String name;
        int age;
        double grade;
        try {
            PreparedStatement ps = conn.prepareStatement(sql);
            ResultSet rs = ps.executeQuery();
            while (rs.next()) {
                name = rs.getString("name");
                age = rs.getInt("age");
                grade = rs.getDouble("grade");
                temp = new Student(name, age, grade);
                result.add(temp);
            }
        } catch (SQLException e1) {
            System.err.println(e1);
        }
        return result;
    }
    public void update(Connection conn, String sql) throws SQLException{
        Statement st=conn.createStatement();
        st.executeUpdate(sql);
        st.close();
    }
    public void close(Connection conn) throws SQLException{
        conn.close();
    }
}
```

获取连接的方法 getConnection 中增加了一条语句：

```
conStr = conStr +"? useUnicode=true&characterEncoding=UTF-8"
```

表示传递给数据库的字符串是采用 UTF-8 编码，主要是为了防止汉字出现乱码。
DbOperation 类中增加了 getAll()方法，定义如下：

```
public List<Student> getAll(Connection conn, String sql) {…}
```

方法执行参数 sql 中的 SQL 语句，查询数据库，返回查询结果。

【程序 23.6】 修改班级类程序 StudentClass.java，增加一个排序方法。

```
public class StudentClass{
    private List<Student> stuList;
    private int size;
    public StudentClass(){
        size = 0;
        stuList = null;
    }
    public void createClass(List<Student> lst) {
        stuList = lst;
        size = lst.size();
    }
    public void createClass() {
        String names[] = { "张三", "王五", "李四", "赵六", "孙七" };
        double grades[] = { 67, 78.5, 98, 76.5, 90 };
        int ages[] = { 17, 18, 18, 19, 17 };
        size = names.length;
        stuList = new ArrayList<Student>();
        Student temp;
        for (int i = 0; i < size; i++) {
            temp = new Student(names[i], ages[i], grades[i]);
            stuList.add(temp);
        }
    }
    public void sort(){
        Student temp;
        //冒泡排序
        for (int i = 0; i < size; i++) {
            for (int j = 1; j < size - i; j++) {
                if (stuList.get(j-1).getGrade()>stuList.get(j).getGrade()) {
                    temp = stuList.get(j-1);
                    stuList.set(j-1, stuList.get(j));
                    stuList.set(j,temp);
                }
            }
        }
    }
    public List<Map<String, String>> formatStudent() {
        List<Map<String, String>> fClass = new ArrayList<Map<String, String>>();
        Map<String, String> stu;
        for (Student s : stuList) {
            stu = new HashMap<String, String>();
            stu.put("姓名", s.getName());
            stu.put("成绩", new Double(s.getGrade()).toString());
```

```
            fClass.add(stu);
        }
        return fClass;
    }
    public void saveToDB(){
        StudentDAO dao = new StudentDAO();

        for (Student s : stuList) {
            dao.insert(s);
        }
    }
}
```

班级类 StudentClass 中增加了一个排序方法 sort()，这个方法是程序 21.4 中的排序方法。另外还用到了程序 21.16 的 DisplayUtils 类，将这个类放到包 util 下。测试类 Test 与程序 23.2 相同，这里不再给出。编译和运行 Test 类，如图 23.8 所示。根据所设计的功能，分别输入相应内容并单击按钮，即可看到如图 23.2～图 23.5 所示的运行结果。

```
D:\program\unit23\23-2\2-2>javac Test.java
D:\program\unit23\23-2\2-2>java Test
```

图 23.8　编译运行程序 Test.java

2. 代码分析

运行测试类，显示图形界面窗口，操作四个不同的按钮完成不同的功能。注意，为了实现按钮的动作程序，需要实现 ActionListener 接口，并重写接口中的方法，添加按钮的动作，关联按钮与对应处理程序，用户单击相应按钮时触发相应的程序运行，实现要求的功能。

3. 改进和完善

这里实现了一个简单的学生成绩管理系统。后面章节中将提供远程查询功能，让学生能够通过网络查看自己的成绩。

23.3　图形界面基础类库

图形用户界面（Graphical User Interface，GUI）是指以图形化方式与用户进行交互的程序运行界面，一般包括窗口、菜单、按钮等图形界面元素。由于 GUI 程序具有界面友好、形式丰富等优点，能够提供灵活的人机交互功能，已经成为应用程序设计的常见形式。

23.3.1　Java 图形界面

AWT（Abstract Window ToolKit）是 Java 1.0 中提供的用于 GUI 的基础类库。AWT 中的组件是利用操作系统所提供的图形库来实现的。Swing 是在 AWT 的基础上构建的一套新的图形界面系统,其组件所提供的功能要比 AWT 更为广泛,而且是用 100％的 Java 代码来实现的。

　　Java 图形界面应用通常由顶层容器、中间容器和基本组件(也称为控件)组成。每个基本组件或容器都可以触发相应事件。容器是一种能够容纳其他组件的特殊组件。Swing 组件类按照层次以树状结构组织,如图 23.9 所示。

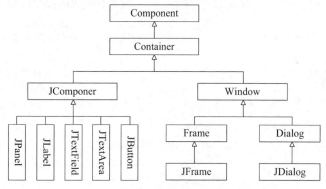

图 23.9　Swing 组件类层次结构图

　　层次结构图中的 JFrame 用于实现基于窗体的应用程序,JDialog 用于提供对话框形式的界面。中间容器包括 JPanel、JScrollPane(滚动窗格)、JSplitPane(拆分窗格)等。它们可以作为组件添加到顶层容器中,也可以作为容器容纳其他组件,介于顶层组件和基本组件之间。使用中间容器可以让组件更容易摆放和布置。常用的基本组件包括 JButton、JTextField、JLabel、JTextArea、JComboBox、JList、JMenu、JSlider、JCheckBox 等。

　　事件处理机制用于响应用户在图形界面上的操作。图形界面元素的相关处理程序段都是基于事件处理机制来实现的。Java 的事件处理机制涉及到下面几个基本概念。

　　事件:用户对组件的一次操作被称为一个事件。根据操作的不同,事件分为不同类别。例如前面程序中单击按钮"添加"就是一个动作事件。

　　事件源:能够产生事件的组件对象被称为事件源。例如前面例子中单击"添加"按钮,这个按钮就是单击事件的事件源。

　　事件监听器:负责监听事件源上发生的事件,并对不同的事件做出不同的响应处理,实现与用户交互的对象被称为事件监听器。

　　根据所监听的事件类别不同,分别有不同类别的事件监听器。例如动作事件监听器、文本事件监听器等。事件处理机制的运行模式是:当用户对事件源进行某种操作之后,事件源会自动将该操作封装成相应的事件类对象。事件监听器一直监听组件是否有事件产生,一旦发现组件接收到来自用户的操作,就会自动调用相应的事件处理方法来对事件进行处理。事件监听器本质上就是一个能够对特定事件进行处理的类。Java 中使用事件处理机制的一般步骤是:

　　(1) 向组件上注册特定的事件监听器。例如向按钮对象 btnAdd 上注册一个动作事件监听器的语句为 btnAdd.addActionListener(this)。

（2）实现事件监听器中的事件处理方法，对产生的事件做相应处理，在所添加的动作事件监听器中实现事件处理方法。例如编写单击按钮 btnAdd 时所需要运行的代码，程序实现了 public void actionPerformed(ActionEvent e){…}方法。

事件处理流程如图 23.10 所示。图中描述了事件处理的整个过程，其中步骤 1 注册事件监听器和步骤 6 运行事件处理方法中的代码需要程序员编程实现；步骤 2 是程序运行时用户的单击或输入操作；步骤 3～5 则由 Java 的事件处理机制自动实现。

图 23.10　事件处理流程图

23.3.2　组件类

Java 图形界面的基础类库有很多类，下面介绍一些常见的类。JFrame 类用于实现一个独立存在、带有标题和边框的顶层窗口，是一个顶层容器。JFrame 类的常用方法见表 23-1。

表 23-1　JFrame 类的常用方法

方 法 声 明	功 能 简 介
public JFrame()	构造方法，创建一个初始时不可见的新窗体
public void setTitle(String title)	将窗体的标题设置为指定的字符串 title
public void setBounds(int x, int y, int width, int height)	移动窗体位置并调整其大小，x 和 y 指定左上角的新位置，width 和 height 指定宽和高
public void setVisible(boolean b)	根据参数 b 的值显示或隐藏此窗体
public void setDefaultCloseOperation(int operation)	设置用户在此窗体上单击"关闭"按钮时要执行的操作，operation 的取值为预定的常量
public Component add(Component comp)	将指定组件追加到此窗体的尾部
public void validate()	验证此窗体及其中的所有组件

其中，setDefaultCloseOperation()方法的 operation 参数取值必为以下选项之一：

- DO_NOTHING_ON_CLOSE：不执行任何操作。
- HIDE_ON_CLOSE：隐藏该窗体。
- DISPOSE_ON_CLOSE：隐藏并释放该窗体。
- EXIT_ON_CLOSE：结束并退出窗体所在的应用程序。

这 4 个常量都是 JFrame 类中定义的静态常量。当用户单击窗口的"关闭"按钮时，程序会根据 operation 的取值做出相应的响应。此参数的默认值为 HIDE_ON_CLOSE。
使用 JFrame 创建窗口的一般包括三步：

（1）首先导入 javax.swing 包中的 JFrame 类。

```
import javax.swing.JFrame;
```

（2）使用 JFrame 类创建窗口对象。

```
JFrame frame1 = new JFrame();
```

（3）设置窗口对象属性，调用相应方法，设置窗口的标题、位置大小、可见性以及关闭
按钮的功能。

```
frame1.setTitle("测试窗口");
frame1.setBounds(60,100,288,208);
frame1.setVisible(true);
frame1.setDefaultCloseOperation(JFrame.EXIT_ON_CLOSE);
```

这里设置窗口的标题为"测试窗口"，位置为左上角坐标（60,100），长和宽分别是 288
和 208。并设置单击"关闭"按钮时结束程序运行。使用上述代码就可以创建一个空的窗
口程序。JDialog 类用于创建对话框窗口。但更方便地创建对话框方式是使用
JOptionPane 类。JOptionPane 类提供了一组静态方法可以用来非常容易地创建各种标
准对话框。JOptionPane 类提供了一组 showXxxDialog() 方法用于创建简单的模式对话
框。模式对话框的意思是 showXxxDialog() 方法会一直等待用户响应完成后，再继续执
行程序。其中最常用的是 showMessageDialog() 方法。该方法用于创建并显示一个模式
对话框，其中有按钮和用户提示信息，其用法见表 23-2。

表 23-2　showMessageDialog() 方法声明

方 法 声 明	功 能 简 介
static void showMessageDialog（Component，Object）	参数分别表示对话框的父组件和要显示的提示信息
static void　showMessageDialog（Component，Object，String，int）	参数分别表示对话框的父组件、要显示的提示信息、标题和消息类型
static void showMessageDialog（Component，Object，String，int，Icon）	参数分别表示对话框的父组件、要显示的提示信息、标题、消息类型和对话框中的图标

对话框中的消息类型由一个整数值定义，决定了消息的样式。外观管理器根据消息
类型的取值对对话框进行不同地布置，并提供默认图标。消息类型可能的取值在
JOptionPane 类中有定义，详细数值和含义可以查看 JavaAPI 文档。程序 23.3 中
StudentManagement() 类的 showError() 方法和 showMsg() 方法中使用 JOptionPane 类的
showMessageDialog() 方法实现了显示错误提示对话框和消息提示对话框。JOptionPane 类

中的其他方法还包括显示确认对话框的 showConfirmDialog()方法、显示输入对话框的 showInputDialog()方法以及显示自定义内容对话框的 showOptionDialog()方法。JPanel 类用于创建一个面板对象，JPanel 类的常用方法见表 23-3。

表 23-3　JPanel 类的常用方法

方 法 声 明	功 能 简 介
public JPanel()	构造方法，创建一个新的面板对象
public Component add(Component comp)	将指定组件追加到此窗体的尾部

　　Java 基础类库还提供了布局管理器，用来管理容器中组件的位置和大小。常用的布局管理器是 BorderLayout 和 FlowLayout，都在 java.awt 包中。JFrame 的默认布局管理器是 BorderLayout，而 JPanel 的默认布局管理器是 FlowLayout。另外，所有的容器类都从 Container 类继承了 setLayout()方法，可以根据需要指定其布局管理器。下面主要介绍这两种布局管理器。BorderLayout 将容器划分为五个区域，分别是北区（North）、南区（South）、东区（East）、西区（West）和中区（Center），按照"上北下南，左西右东"的规则排列。使用 add()方法将某个组件添加到容器的指定位置上。BorderLayout 布局的容器指定位置的参数取值如下：

- BorderLayout.EAST：东区，容器右侧。
- BorderLayout.WEST：西区，容器左侧。
- BorderLayout.SOUTH：南区，容器底部。
- BorderLayout.NORTH：北区，容器顶部。
- BorderLayout.CENTER：中区，容器中部。

为了方便起见，BorderLayout 默认是常量 CENTER。示例代码如下：

```
JPanel pa = new JPanel();
pa.setLayout(new BorderLayout());
pa.add(new TextArea(5,12));
```

　　先创建一个 JPanel 对象 pa，然后调用 setLayout()方法设置其布局管理器为 BorderLayout，再用 add()方法添加一个文本域对象。因为没有指定位置参数，相当于 p.add(new TextArea()，BorderLayout.CENTER)，即文本域放置在容器中部。

　　流式布局管理器 FlowLayout 是将容器中的组件按从左到右依次排列，一行放不下时则折返到下一行继续摆放。流式布局也是最常用的布局，对于使用 FlowLayout 布局的容器类，直接调用其 add()方法依次向其中添加组件即可。如下面代码：

```
JFrame win = new JFrame();
win.setLayout(new FlowLayout ());
TextArea ta1 = new TextArea(5,12);
TextArea ta2 = new TextArea(5,12);
```

```
win.add(ta1);
win.add(ta2);
```

先创建一个 JFrame 对象 win,然后调用 setLayout()方法设置其布局管理器为 FlowLayout。再创建两个文本域对象 ta1、ta2,然后用 add()方法相继添加到 win 中。ta1 和 ta2 会按照从左到右的顺序排列在窗口 win 中的第一行。常见的组件有 JButton、JLabel、JTextField 和 JTextArea 等,它们的常用方法及其用法见表 23-4。

表 23-4　常用基本组件类及其方法

方 法 声 明	功 能 简 介
public JButton(String text)	构造方法,创建一个带文本的按钮
public void addActionListener(ActionListener l)	将一个动作监听器对象添加到按钮中。这个方法的详细用法见 23.3.3 小节
public JLabel(String text)	构造方法,创建一个具有指定文本的标签
public JTextField(int columns)	构造方法,创建一个具有指定列数的文本框
public String getText()	返回此文本框中包含的文本
public JTextArea(int rows, int columns)	构造方法,创建具有指定行数和列数的文本域
public void setText(String t)	将此文本域中的文本设置为指定文本

例如程序 23.3 中的 queryStudent()方法中,有如下代码:

```
String name =  textQuery.getText();
…
areaQuery.setText(content);
```

这里使用 getText()方法获取文本框 textQuery 中输入的学生姓名,使用 setText()方法将 content 设置为文本域 areaQuery 中显示的内容。

23.3.3　事件类与接口

动作事件类 ActionEvent 在 java.awt.event 包中,用于指示发生了组件定义的动作的语义事件。例如单击按钮时,由按钮生成事件对象,并自动传递给每一个注册的 ActionListener 对象,getActionCommand()方法返回与此动作相关的命令字符串。

动作事件接口 ActionListener 在 java.awt.event 包中,用于接收动作事件。对处理动作事件感兴趣的类可以实现此接口,而使用该类创建的对象可使用组件的 addActionListener()方法向组件注册。发生动作事件时,该对象的 actionPerformed()方法被自动调用。

23.4　实　做　程　序

1. 编程实现学生成绩查询客户端的用户界面，如图 23.11 所示。要点提示：

（1）可仿照程序 23.1 的 StudentManagement 类编写；

（2）窗口中间使用 JTextArea 组件来显示使用说明的内容，可调用其 setBackground()方法和 setEditable()方法来设置背景色和不可编辑。

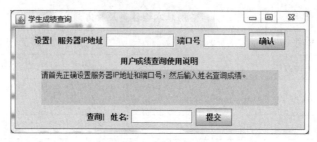

图 23.11　学生成绩查询

2. 为实做程序 23.1 的"确认"按钮和"提交"按钮实现两个功能：

- 功能 1，单击"确认"按钮时，弹出"设置成绩服务器 IP"提示对话框，如图 23.12 所示。

图 23.12　设置成绩服务器 ID

- 功能 2，单击"提交"按钮时，弹出"远程查询学生成绩"提示对话框，如图 23.13 所示。

图 23.13　远程查询学生成绩

要点提示：为按钮添加功能和实现弹出提示对话框功能可参考程序 23.3 中"添加"

按钮的实现代码。

3. 编程实现教师信息管理系统的客户端界面，运行效果如图 23.14 所示，并实现登录功能，要求使用本地文件存放登录密码。输入密码错误，给出提示框，输入密码正确进入系统主界面，如图 23.15 所示。

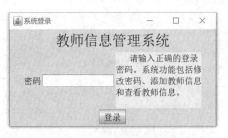

图 23.14　教师信息管理系统

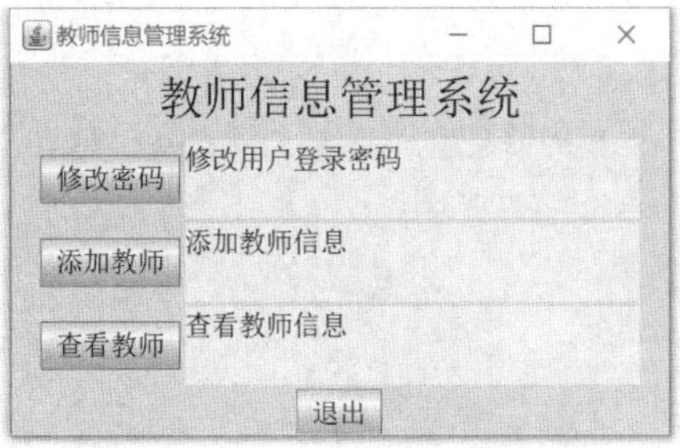

图 23.15　系统主界面

单击主界面中的"修改密码"按钮，可进入修改密码界面，如图 23.16 所示，实现密码修改功能，如图 23.17 所示。

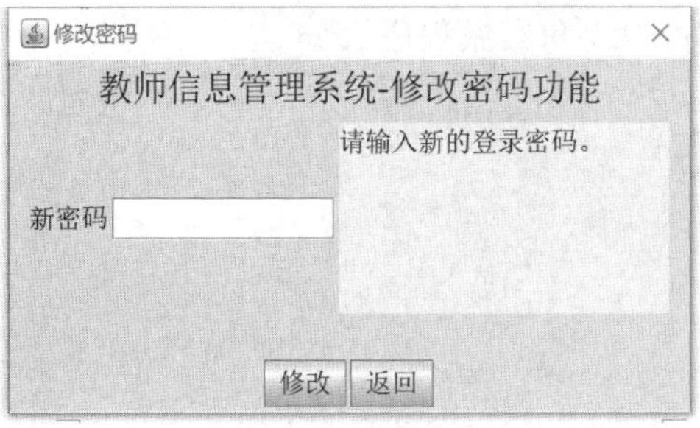

图 23.16　修改密码

图 23.17　修改密码成功

单击主界面中的"添加教师"和"查看教师"按钮,可分别进入添加教师界面和查看教师界面,分别如图 23.18 和图 23.19 所示,此处只需要实现界面效果即可,实际功能留待第 24 章再实现。

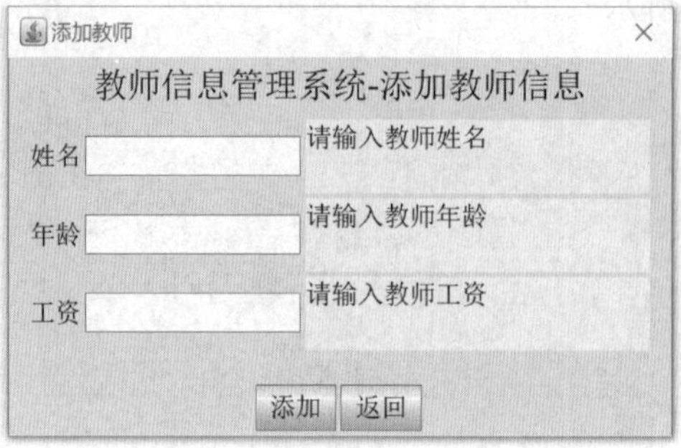

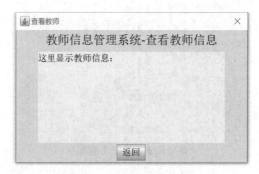

图 23.18　添加教师信息

图 23.19　查看教师信息

要点提示：使用本地文件存放登录密码,登录时读取文件和修改密码时写入文件的相关实现可参考实做程序 22.5 和实做程序 22.6。

第 24 章

网上学生成绩查询

学习目标
- 掌握使用 Socket 编写网络程序的方法；
- 能够应用 Socket 编程实现网络查询学生成绩功能。

24.1 开 发 任 务

本章继续完善学生成绩管理的例子，实现能够远程查询学生成绩的网络应用程序。这里把开发过程分解为两个任务。第一个开发任务是编写一组简单的服务器端程序和客户端程序，实现网络数据传输功能。运行服务器端程序，运行结果如图 24.1。然后运行客户端程序，运行结果如图 24.2 所示。

```
D:\program\unit24\24-2\2-1>javac net\*.java

D:\program\unit24\24-2\2-1>java net.SimpleServer
服务器启动成功,等待用户请求...
收到用户建立连接请求,客户端地址: /127.0.0.1
服务器端收到请求信息: 一个测试请求信息
服务器端返回响应信息: 你好,已收到发来的信息[一个测试请求信息]
断开网络连接,服务结束!
```

图 24.1 简单服务器端运行结果

```
D:\program\unit24\24-2\2-1>java net.SimpleClient
连接服务器成功!
客户端发送请求信息: 一个测试请求信息
客户端收到响应信息: 你好,已收到发来的信息[一个测试请求信息]
断开网络连接,请求结束!
```

图 24.2 简单客户端运行结果

第二个开发任务是实现通过网络查询学生成绩的功能。客户端输入用户姓名发送给服务器端，服务器端按姓名查询数据库并将查询结果返回给客户端。服务器端和客户端运行结果分别如图 24.3、图 24.4 所示。

```
D:\program\unit24\24-2\2-2>javac TestServer.java

D:\program\unit24\24-2\2-2>java TestServer
2016-09-07 21:05:43 服务器启动成功,等待用户请求...
2016-09-07 21:06:32 收到用户请求,客户端地址: /127.0.0.1
2016-09-07 21:06:32 服务器端收到: 张三
2016-09-07 21:06:38 服务器端发送: 姓名:张三      成绩:67.0
2016-09-07 21:06:38 与客户端</127.0.0.1>断开网络连接,本次服务结束!
```

图 24.3 查询成绩服务器端运行结果

```
D:\program\unit24\24-2\2-2>javac TestClient.java

D:\program\unit24\24-2\2-2>java TestClient 张三
客户端发送：张三
客户端收到：姓名:张三    成绩:67.0

查询结果是：姓名:张三    成绩:67.0
与服务器端断开网络连接，本次请求结束!
```

图 24.4　查询成绩客户端运行结果

24.2　功能实现及分析

24.2.1　简单网络通信功能

在第 23 章图形界面学生成绩管理程序的基础上继续完善。添加一个 net 包，包中有两个程序：服务器端程序和客户端程序，实现简单网络通信功能。如程序 24.1 和程序 24.2 所示。

1. 程序实现

【程序 24.1】　编写服务器端程序 SimpleServer.java，实现简单服务器功能。

```java
package net;
import java.io.DataInputStream;
import java.io.DataOutputStream;
import java.io.IOException;
import java.net.InetAddress;
import java.net.ServerSocket;
import java.net.Socket;
public class SimpleServer {
    public static void main(String args[]) {
        ServerSocket server = null;
        Socket socketS = null;
        DataOutputStream out = null;
        DataInputStream in = null;
        InetAddress iaddress = null;
        int port = 4330;      //服务器端监听的端口号,自己设定
        String requestStr, responseStr;
        try {
            server = new ServerSocket(port);
            System.out.println("服务器启动成功,等待用户请求...");
        } catch (IOException e)     {
            e.printStackTrace();
        }
        try {
            socketS = server.accept();
```

```
                iaddress = socketS.getInetAddress();
                System.out.println("收到用户建立连接请求,客户端地址:" + iaddress);
                in = new DataInputStream(socketS.getInputStream());
                out = new DataOutputStream(socketS.getOutputStream());
                requestStr = in.readUTF();
                System.out.println("服务器端收到请求信息:" + requestStr);
                responseStr = "你好,已收到发来的信息[" + requestStr + "]";
                out.writeUTF(responseStr);
                System.out.println("服务器端返回响应信息:" + responseStr);
                in.close();
                out.close();
                socketS.close();
                System.out.println("断开网络连接,服务结束!");
            } catch (IOException e) {
                e.printStackTrace();
            }
        }
    }
```

程序 SimpleServer.java 的 main()方法中首先声明了用于提供网络服务器功能的
ServerSocket 对象 server 和服务器端通信使用的 Socket 对象 socketS,通过 socketS 对象
与客户端进行通信,使用 I/O 流对象 in 和 out 实现从网络读取数据和向网络发送数据。
定义 InetAddress 类对象 iaddress 存放客户端 IP 地址,服务器端监听端口号 port 和请求
字符串 requestStr、响应字符串 responseStr。

指定端口创建一个 ServerSocket 对象 server。创建成功之后,调用 server 对象的
accept()方法等待客户端的连接请求,此时服务器端程序会处于阻塞状态。当有客户端
程序向此服务器的指定端口发出了连接请求,服务器端收到请求,accept()方法会返回一
个 Socket 对象 socketS。此时网络连接建立成功,程序才会继续向下运行。这里返回的
Socket 对象 socketS 是服务器端与客户端通信的实际承担者。程序中使用的端口号是程
序设计者自己设定的,只要不与系统中现有的端口号冲突就可以了。

接下来调用 Socket 对象 socketS 的 getInetAddress()方法取得客户端的 IP 地址并
输出显示。使用 I/O 流对象 in 和 out 完成数据传输。调用 DataInputStream 对象 in 的
readUTF()方法读取一个 UTF-8 格式编码的字符串。这个字符串就是客户端程序通过
刚刚建立的 Socket 网络连接发送的数据。然后拼接出响应字符串,再调用
DataOutputStream 对象 out 的 writeUTF()方法向网络发送一个 UTF-8 格式编码的字
符串。这个字符串就会通过 Socket 网络连接发送给客户端程序。最后依次关闭输入输
出流和 Socket 连接。一次网络通信结束。

【程序 24.2】 编写客户端程序 SimpleClient.java,实现简单客户端请求功能。

```
package net;
import java.io.DataInputStream;
```

```java
import java.io.DataOutputStream;
import java.net.Socket;
public class SimpleClient {
    public static void main(String args[]) {
        Socket socketC = null;
        DataOutputStream out = null;
        DataInputStream in = null;
        String ip = "127.0.0.1";                    //客户端请求的服务器 IP 地址
        int port = 4330;                            //客户端请求的服务器端口号
        String requestStr, responseStr;
        try {
            socketC = new Socket(ip, port);
            System.out.println("连接服务器成功!");
        } catch (Exception e) {
            e.printStackTrace();
        }
        try {
            out = new DataOutputStream(socketC.getOutputStream());
            in = new DataInputStream(socketC.getInputStream());
            requestStr = "一个测试请求信息";
            out.writeUTF(requestStr);
            System.out.println("客户端发送请求信息:" + requestStr);
            responseStr = in.readUTF();
            System.out.println("客户端收到响应信息:" + responseStr);
            in.close();
            out.close();
            socketC.close();
            System.out.println("断开网络连接,请求结束!");
        } catch (Exception e) {
            e.printStackTrace();
        }
    }
}
```

程序 SimpleClient.java 的 main()方法中首先声明了客户端通信使用的 Socket 类对象 socketC,使用 Socket 定义 I/O 流对象 in 和 out,指定服务器端 IP 地址 ip、服务器端口号 port,定义请求、响应字符串对象 requestStr、responseStr。

使用指定的服务器端 IP 和端口号 port 创建 Socket 对象 socketC。客户端创建 Socket 对象向服务器发送连接请求。如果此时服务器端正在被 accept()方法阻塞,等待提供服务,则网络连接建立成功。

接下来使用输入输出流对象 in 和 out 用于网络数据传输。调用 DataOutputStream 对象 out 的 writeUTF()方法输出一个 UTF-8 格式编码的字符串。这个字符串就会通过刚刚建立的 Socket 网络连接发送给服务器端程序。然后调用 DataInputStream 对象 in 的 readUTF()方法读取一个 UTF-8 格式编码的字符串。这个字符串就是服务器端程序通过 Socket 网络连接返回的响应数据。最后依次关闭输入输出流和 Socket 连接。一次网络通信结束。编译运行服务器端程序,如图 24.1 所示。然后编译和运行客户端程序,如图 24.2 所示。

2. 代码分析

网络通信程序是两个程序之间进行通信,例如程序 24.1 和程序 24.2 的 SimpleServer 类和 SimpleClient 类,通信过程如下:

(1) 服务器端先开启服务,监听指定的网络端口。例如程序 24.1 中的语句:

```
server = new ServerSocket(port);
```

为了方便找到服务器,程序提供了 IP 地址和端口号,IP 地址指示服务器所在计算机的 IP 地址,而端口号则指示计算机上提供服务的程序,同一个计算机上的多个服务器程序是通过端口号进行区分的。因此创建服务器需要指定端口号。

(2) 服务器启动后等待用户连接,使用语句:

```
socketS = server.accept();
```

执行 accept()方法等待客户端连接,如果没有收到客户端的连接则一直等待。当收到客户端连接时,返回一个 socketS 对象,负责与客户端通信。

(3) 客户端发出连接请求,例如程序 24.2 中的语句:

```
socketC = new Socket(ip, port);
```

客户端创建 Socket 实例时,需要使用参数指定服务器的 IP 地址和端口号。服务器端接收到请求后双方成功建立连接。

(4) 建立连接后,双方就可以通过网络连接的 I/O 流向对方发送或接收数据,实现网络通信功能。例如程序 24.1 和程序 24.2 中的语句:

```
requestStr = in.readUTF();
out.writeUTF(responseStr);
```

read()方法从网络上读取对方传过来的数据,而 write()方法则是向网络写数据,发给对方数据。

(5) 双方通信结束后需要关闭连接,例如使用语句:

```
in.close();
out.close();
socketS.close();
```

先关闭输入流和输出流,再关闭 Socket 对象。

3. 改进和完善

本例实现了一组简单的网络通信服务器和客户端程序,能够通过网络实现客户端与服务器端的数据传输。下面将客户端和服务器的通信程序应用到实际场景中,实现基于网络的学生成绩查询功能。

24.2.2　网络查询

结合前面的例子可以实现网络学生成绩查询的功能。客户端发送一个学生姓名给服务器端，服务器根据学生姓名从数据库读取学生信息，回发给客户端。

1. 程序实现

【**程序 24.3**】　编写日志程序 LogRecorder.java，实现简单的日志功能。

```java
package util;
import java.text.SimpleDateFormat;
import java.util.Date;
public class LogRecorder {
//增加下列方法
    public static void log(String msg) {
        SimpleDateFormat df = new SimpleDateFormat("yyyy-MM-dd HH:mm:ss");
        String nowStr =df.format(new Date());
        System.out.println(nowStr+" "+msg);
    }
}
```

LogRecorder 类实现一个简单的日志，log()方法显示日志信息，包括时间和操作内容。程序只是简单显示日志内容，有兴趣的读者可以设计一个日志文件，将日志信息输入到文件中。设置日志文件的目的是为了记录所有操作的时间和内容，出现问题时可以分析日志文件中的记录，帮助找到问题。

【**程序 24.4**】　编写服务器端程序 StudentServer.java，实现学生成绩管理服务器端功能。

```java
package net;
import java.io.DataInputStream;
import java.io.DataOutputStream;
import java.io.IOException;
import java.io.EOFException;
import java.net.InetAddress;
import java.net.ServerSocket;
import java.net.Socket;
import service.Student;
import dao.StudentDAO;
import util.LogRecorder;
public class StudentServer {
    private ServerSocket server = null;
    private Socket socketS = null;
    private DataOutputStream out = null;
```

```java
private DataInputStream in = null;
private Student student = null;
private StudentDAO sd = new StudentDAO();

public Socket getSocketS(){
    return socketS;
}
public void setSocketS(Socket socketS) {
    this.socketS = socketS;
}
public void startServer(int port) throws IOException {
    server = new ServerSocket(port);
    LogRecorder.log("服务器启动成功,等待用户请求…");
}
public void makeSocket() throws IOException {
    socketS = server.accept();
    InetAddress address = socketS.getInetAddress();
    LogRecorder.log("收到用户请求,客户端地址:" + address);
}
public void prepareIO() throws IOException {
    out = new DataOutputStream(socketS.getOutputStream());
    in = new DataInputStream(socketS.getInputStream());
}
public void service() throws IOException{
    String name, result;
    name = receive();
    student = sd.getByName(name);
    if (student != null) {
        result = "姓名:" + student.getName() + "\t成绩:"
            + student.getGrade();
    } else {
        result = "学生不存在";
    }
    send(result);
    close();
}
public String receive() throws IOException, EOFException {
    String result = null;
    result = in.readUTF();
    LogRecorder.log("服务器端收到:" + result);
    return result;
}
public void send(String data) throws IOException {
```

```
        out.writeUTF(data);
        LogRecorder.log("服务器端发送:" + data);
    }
    public void close() throws IOException {
        InetAddress address = socketS.getInetAddress();
        in.close();
        out.close();
        socketS.close();
        LogRecorder.log("与客户端<" + address + ">断开网络连接,本次服务
结束!");
    }
}
```

　　程序 StudentServer.java 在 net 包中，其代码处理逻辑与程序 24.1 中简单服务器基本一致。实现时将完成不同功能的程序段组织到不同的方法中。startServer()方法指定端口创建一个 ServerSocket 对象 server，并在创建成功后调用 LogRecorder 类的静态方法 log()在控制台输出日志记录。makeSocket()方法调用 server 对象的 accept()方法等待客户端的连接请求。网络连接建立成功后，调用 log()方法输出日志记录。prepareIO()方法基于 socketS 分别创建用于数据输入和输出的 I/O 流对象。service()方法先调用 receive()方法接收客户端发送的学生姓名，然后调用 sd 对象的 getByName()方法从数据库中查询学生成绩信息，再根据查询结果拼接出响应字符串，然后调用 send()方法向客户端发送响应信息。最后调用 close()方法关闭输入输出流和 Socket 连接。结束本次网络通信。

　　【程序 24.5】　编写服务器程序 TestServer.java，启动服务器。

```
import java.io.IOException;
import java.io.EOFException;
import net.StudentServer;
public class TestServer{
    public static void main(String args[]) {
        StudentServer ss = null;
        int port = 4331;
        try {
            ss = new StudentServer();
            ss.startServer(port);
            ss.makeSocket();
            ss.prepareIO();
            ss.service();
        } catch (IOException e) {
            System.out.println("数据传输错误");
```

```
                e.printStackTrace();
            }
        }
    }
```

测试类 TestServer 中声明 StudentServer 对象 ss，并指定端口号 port。接下来创建 StudentServer 对象并依次调用 startServer()方法、makeSocket()方法、prepareIO()方法和 service()方法启动服务器，为客户端提供学生成绩网络查询服务功能。

【程序 24.6】 编写客户端程序 StudentClient.java，实现学生成绩查询客户端功能。

```java
package net;
import java.io.DataInputStream;
import java.io.DataOutputStream;
import java.net.Socket;
public class StudentClient {
    private DataOutputStream out = null;
    private DataInputStream in = null;
    private Socket socketC = null;
    public void makeSocket(String ip, int port) throws Exception {
        socketC = new Socket(ip, port);
    }
    public void prepareIO() throws Exception {
        out = new DataOutputStream(socketC.getOutputStream());
        in = new DataInputStream(socketC.getInputStream());
    }
    public void send(String data)   throws Exception {
        out.writeUTF(data);
        System.out.println("客户端发送:" + data);
    }
    public String receive()   throws Exception {
        String result = null;
        result = in.readUTF();
        System.out.println("客户端收到:" + result);
        return result;
    }
    public void close() throws Exception {
        in.close();
        out.close();
        socketC.close();
        System.out.println("与服务器端断开网络连接,本次请求结束!");
    }
}
```

程序 StudentClient.java 中同样首先声明了客户端通信使用 Socket 对象 socketC、通过 Socket 进行输入输出要使用的 I/O 流对象 in 和 out。makeSocket()方法中使用指定的服务器端 IP 和端口号创建 Socket 对象 socketC。如果此时服务器端正在等待客户端连接，双方就会同时创建 Socket 对象，网络连接建立成功。prepareIO()方法中基于 socketS 分别创建用于数据输入和输出的 I/O 流对象。send()方法中使用 DataOutputStream 对象 out 的 writeUTF()方法通过 Socket 网络连接向服务器端程序发送一个请求信息。receive()方法中使用 DataInputStream 对象 in 的 readUTF()方法读取服务器端程序返回的响应信息。close()方法中依次关闭输入输出流和 Socket 连接。

【**程序 24.7**】　编写客户端程序 TestClient.java，启动客户端。

```java
import java.io.IOException;
import net.StudentClient;
public class TestClient {
    public static void main(String args[]) {
        String grade,qName;
        if (args.length < 1) {
            System.out.println("Usage: java TestClient <name>");
            System.exit(0);
        }
        StudentClient sc = new StudentClient();
        try {
            String ip = "127.0.0.1";
            int port = 4331;
            sc.makeSocket(ip, port);
            sc.prepareIO();
            //根据命令行参数查询成绩
            qName = args[0];
            sc.send(qName);
            grade = sc.receive();
            System.out.println("--------------\r\n查询结果是:"+grade);
            sc.close();
        } catch (IOException e) {
            System.out.println("数据传输错误");
            e.printStackTrace();
        } catch (Exception e) {
            e.printStackTrace();
        }
    }
}
```

在 TestClient 的 main()方法中，首先声明要查询的学生姓名 qName。这个 main()方法带有一个参数 args，需要查询的学生姓名通过运行程序时的命令行参数 args 提供，如图 24.4

所示。这里首先判断 args 数组的长度,如果小于 1,说明没有提供所需的参数,则输出提示信息并结束程序,否则程序继续运行。接下来创建 StudentClient 对象 sc 并依次调用 makeSocket()方法和 prepareIO()方法,然后取出命令行中的查询参数,再调用 send()方法向服务器端发送查询请求,接着调用 receive()方法接收服务器端响应并输出。

运行程序之前需要先用"set classpath＝％classpath％;mysql-connector-java-5.1.39-bin.jar"命令设置 CLASSPATH 环境变量,并保证.jar 文件位于当前目录中(运行程序的目录),这样数据库访问功能才可以正常运行。然后分别编译和运行 TestServet.java 和 TestClient.java 程序,运行结果如图 24.3 和图 24.4 所示。

2. 代码分析

程序实现通过网络查询学生成绩的功能,通过服务器和客户端两个程序进行网络通信实现,服务器 StudentServer 类和客户端 StudentClient 类的通信过程如下:

(1) 服务器端先开启服务,监听指定的网络端口。例如程序 24.4 中的语句:server ＝ new ServerSocket(port)。服务器启动后,进入准备接收状态,等待客户端连接服务器,查询学生成绩。

(2) 启动客户端,向服务器发出连接请求,例如程序 24.6 中的语句:socketC ＝ new Socket(ip, port)。客户端运行时,使用输入命令行中的学生姓名,连接服务器,向服务器发送学生姓名。

(3) 建立连接后,服务器收到学生姓名,从数据表 student 中查找指定姓名的学生,获取学生的成绩,返回给客户端。

(4) 客户端收到学生成绩,显示学生成绩。

(5) 双方通信结束后关闭连接。

3. 改进和完善

本章程序实现了基于网络的成绩查询功能,但服务器端程序仍然比较简单,只能为一个客户端程序提供查询服务。而在实际应用场景中,服务器应该能同时为多个客户端提供查询服务。下一章将通过多线程实现支持多用户同时查询的服务器端程序。

24.3　网络编程相关类库

在 Java 中,应用最广泛的网络编程方法是 Socket 编程,相关类在 java.net 包中。这些类屏蔽了底层的网络通信细节,程序员可以直接使用它们进行网络编程,只需专注于解决问题的算法,无需关注通信的实现过程。

24.3.1　Socket 编程概念

网络中的两个程序通过一个双向的通信连接来实现数据交换。常见的网络编程模型是客户机/服务器(Client/Server,C/S)结构。在通信双方中,一方作为服务器等待接收客户端提出的请求并做出响应,另一方作为客户端在有需要时向服务器发出请求,得到结果。服务器程序运行后,持续监听特定的网络端口,一旦收到客户请求,就响应这个客户。

这里需要说明的是,无论是客户端还是服务器端,对 Socket 对象的写入和读取操作都是以 I/O 流的方式来实现的。也就是说，需要首先获得 Socket 对象的 I/O 流，然后通过对流的输入输出实现网络通信功能。对于一个建立好的 Socket 连接，其客户端的输出流会自动连接到服务器端的输入流，而客户端的输入流则会自动连接到服务器端的输出流。

24.3.2 Socket 相关类

Socket 类的构造函数会尝试连接指定的服务器和端口号，如果通信成功建立，则会在客户端创建一个 Socket 对象用于和服务器进行通信。同时，在服务器端等待的 accept() 方法会返回服务器上的一个 socket 对象，用于和客户端进行通信。服务器端程序使用 ServerSocket 类得到一个端口，并监听客户端请求。ServerSocket 类的常用方法见表 24-1。

表 24-1   ServerSocket 类的常用方法

方 法 声 明	功 能 简 介
public ServerSocket(int port)	构造方法，创建绑定到特定端口的服务器 Socket
public Socket accept()	监听并接受到此 Socket 的连接

ServerSocket 类的构造方法如果没有抛出异常，就表示程序已经成功绑定到指定的端口，并且开始监听客户端请求。服务器端通过 accept() 方法的返回值获得一个 Socket 对象，而客户端则需要通过创建来获得 Socket 对象。如程序 24.1 中 SimpleServer 类的 main() 方法中，有以下代码：

```
ServerSocket server = null;
Socket socketS = null;
int port = 4330;
server = new ServerSocket(port);
…
socketS = server.accept();
```

这里首先创建了绑定到 4330 端口的 ServerSocket 对象 server，然后调用其 accept() 方法监听到此端口的连接请求，并在接受请求后返回一个 Socket 对象给 socketS。需要说明的是，由于这些方法在执行过程中都有可能产生异常，因此需要将这些代码放置在 try 语句块中。Socket 类是建立网络连接时使用的。连接成功时，服务器端和客户端都会产生一个 Socket 对象。Socket 类的常用方法见表 24-2。

表 24-2   Socket 类的常用方法

方 法 声 明	功 能 简 介
public Socket(String host，int port)	创建一个 Socket 对象并将其连接到指定主机上的指定端口号
public InputStream getInputStream()	返回此 Socket 的输入流
public OutputStream getOutputStream()	返回此 Socket 的输出流

方 法 声 明	功 能 简 介
public void close()	关闭此 Socket
public InetAddress getInetAddress()	返回 Socket 连接到的远程 IP 地址

Socket 类的构造方法并不只是简单的实例化了一个 Socket 对象,它实际上会尝试连接到指定的服务器和端口。服务器端和客户端的 Socket 对象都建立成功之后,双方就可以基于各自的 Socket 对象创建 I/O 流对象,通过对流的输入输出实现基于网络的数据通信。如程序 24.1 中 SimpleServer 类的 main()方法中,有以下代码:

```
InetAddress iaddress = socketS.getInetAddress();
System.out.println("客户端地址:" + iaddress);
DataInputStream in = new DataInputStream(socketS.getInputStream());
DataOutputStream out = new DataOutputStream(socketS.getOutputStream());
String requestStr = in.readUTF();
String responseStr = "你好,已收到发来的信息[" + requestStr + "]";
out.writeUTF(responseStr);
```

这里先使用 Socket 对象 socketS 的 getInetAddress()方法获取客户端 IP 地址并输出;然后分别获取其输入输出流;之后使用 DataInputStream 对象 in 的 readUTF()方法,从网络中读取请求字符串;再拼接出响应字符串并用 DataOutputStream 对象 out 的 writeUTF()方法将其输出到网络中;最后关闭所使用的输入输出流和 Socket 连接。

24.4　实 做 程 序

1. 对 SimpleServer.java 和 SimpleClient.java 程序进行修改,实现多次网络请求和响应处理。服务器端和客户端的运行效果分别如下两图所示。要点提示:在 SimpleServer 和 SimpleClient 程序中,增加循环以实现多次请求和响应。

```
D:\program\unit21-25>java unit24.SimpleServer2
服务器启动成功.等待用户请求...
收到用户建立连接请求, 客户端地址: /127.0.0.1
服务器端收到请求信息: 测试请求信息1
服务器端返回响应信息: 你好,已收到发来的信息[测试请求信息1]
服务器端收到请求信息: 测试请求信息2
服务器端返回响应信息: 你好,已收到发来的信息[测试请求信息2]
服务器端收到请求信息: 测试请求信息3
服务器端返回响应信息: 你好,已收到发来的信息[测试请求信息3]
断开网络连接, 服务结束!
```

```
D:\program\unit21-25>java unit24.SimpleClient2
连接服务器成功!
客户端发送请求信息: 测试请求信息1
客户端收到响应信息: 你好,已收到发来的信息[测试请求信息1]
客户端发送请求信息: 测试请求信息2
客户端收到响应信息: 你好,已收到发来的信息[测试请求信息2]
客户端发送请求信息: 测试请求信息3
客户端收到响应信息: 你好,已收到发来的信息[测试请求信息3]
断开网络连接, 请求结束!
```

2. 实现图形用户界面的学生成绩查询客户端程序,运行效果如下图所示。要点提示:

（1）在"确认"按钮的处理方法中,调用 StudentClient 类的 makeSocket(ip, port)方法和 prepareIO()方法设置服务器 IP 地址并申请建立网络连接；

（2）在"提交"按钮的处理方法中,调用 StudentClient 类的 send(name)方法和 receive()方法向服务器端发送查询请求和接收响应信息,并将查询结果显示在中部的文本域中。

3. 改进程序 24.3 的 LogRecorder.java,设计一个日志文件,将输出信息写入到日志文件中。要点提示:

（1）日志文件可以保存在当前目录的 log 子目录下；

（2）参考 22 章中程序 22.1～程序 22.3,实现写入文件操作,可以使用已有的 FileOperation 类。

4. 编写 TeacherServer 类,接收客户端发送的添加教师请求和查看教师请求,分别操作数据库中 teacher 数据表实现相应的处理功能。编写 TestServerT 类,启动 TeacherServer 服务器。要点提示:

（1）参考程序 24.4 编写 TeacherServer 类；

（2）数据库操作可以通过调用实做程序 22.8 的 TeacherDAO 类实现。

（3）参考程序 24.5 编写 TestServerT 类。

5. 完善实做程序 23.3,编写 TeacherClient 类,实现向服务器端发送请求,通过服务器端对数据库进行读写操作,实现添加教师和查看教师功能。要求使用本地文件存放建立网络连接所使用的服务器端 IP 地址和端口号信息。要点提示:

（1）参考程序 24.6 编写 TeacherClient 类；

（2）使用本地文件存放服务器端 IP 地址和端口号信息,建立网络连接登录时读取文件的相关实现可参考实做程序 22.7。

第 25 章

多用户查询学生成绩

学习目标

- 了解多线程的概念和用途;
- 掌握使用 Thread 类和 Runnable 接口编写多线程程序的方法;
- 能够应用多线程实现多用户查询学生成绩的功能。

25.1 开 发 任 务

本章完成多线程网络程序开发,将第 24 章实现的服务器端程序扩展为能同时为多个客户端提供成绩查询服务。这里仍然把开发过程分解为两个任务。第一个开发任务是实现简单的多线程程序。

第二个开发任务是实现多线程服务器端功能,同时运行多个客户端,都可以向服务器端发送学生姓名,服务器端会按姓名查询数据库,并将查询结果分别返回给各个客户端。服务器端和两个客户端的运行结果分别如图 25.1~25.3 所示。

```
D:\program\unit25\25-2\2-3>javac TestServer.java

D:\program\unit25\25-2\2-3>java TestServer
2016-08-29 19:18:06 服务器启动成功,等待用户请求...
2016-08-29 19:19:02 收到用户请求,客户端地址: /127.0.0.1
2016-08-29 19:19:02 服务器端收到: 张三
2016-08-29 19:19:02 服务器端发送: 姓名:张三     成绩:67.0
2016-08-29 19:19:02 与客户端</127.0.0.1>断开网络连接,本次服务结束!
```

图 25.1　服务器端运行结果

```
D:\program\unit25\25-2\2-3>javac TestClient.java

D:\program\unit25\25-2\2-3>java TestClient
客户端发送: 张三
客户端收到: 姓名:张三     成绩:67.0
----------------
查询结果是: 姓名:张三     成绩:67.0
```

图 25.2　客户端运行结果

图 25.3　图形界面客户端运行结果

25.2　功能实现及分析

25.2.1　简单多线程程序一

先来完成第一个任务，实现一个简单的多线程程序。Java 语言提供了类 Thread 支持多线程。继承 Thread 类来实现多线程功能，如程序 25.1 和程序 25.2 所示。

1. 程序实现

【程序 25.1】 编写程序 SimpleMultiThread.java，继承 Thread 类实现简单多线程功能。

```java
public class SimpleMultiThread extends Thread{
    private int counter = 0;
    private String title;
    public SimpleMultiThread(String title){
        this.title = title;
    }
    public void run(){
        while(counter < 3){
            counter++;
            System.out.println("Thread线程<"+title+">正在输出:"+counter);
            try{
                sleep((int)(Math.random() * 100+100));
            }
            catch(InterruptedException e){
                System.out.println("线程休眠出错!");
            }
        }
    }
}
```

在程序 SimpleMultiThread.java 中，定义多线程类 SimpleMultiThread 继承 Thread 类，实现多线程功能。类中首先声明了一个计数器变量 counter 并置初值为 0，以及线程名称字符串 title。在构造方法中，将参数值 title 设为线程名称。run() 方法是继承自 Thread 类的方法，需要在子类中重写这个方法，方法体中代码是该线程运行时要执行的代码。循环三次，每次将计数器加 1，然后输出当前线程名称及计数器值，最后调用 Thread 类的 sleep() 方法让当前线程休眠一个随机长度的时间，之后再继续运行。调用 sleep() 方法让正在执行的线程进入休眠状态，以便别的线程得到执行，方便我们看到多线程的运行效果。读者可以注释掉这条语句，查看运行结果。

【程序 25.2】 编写程序 Test.java，实现多个线程同时运行。

```java
public class Test{
    public static void main(String args[]){
```

```
SimpleMultiThread smt1 = new SimpleMultiThread("Thread1");
SimpleMultiThread smt2 = new SimpleMultiThread("Thread2");
int counter = 0;
smt1.start();
smt2.start();
while(counter < 3){
    counter++;
    System.out.println("主线程正在输出:"+counter);
    try{
        Thread.sleep((int)(Math.random() * 100+100));
    }
    catch(InterruptedException e){
        System.out.println("线程休眠出错!");
    }
    }
    }
}
```

Test 类从 main()方法开始执行,main()方法执行后成为 Test 类的主线程。main()方法中创建了两个 SimpleMultiThread 类对象 smt1 和 smt2,这两个对象称为子线程对象,名字分别是"Thread1"和"Thread2"。调用对象的 start()方法启动两个线程。此时计算机中会有主线程、smt1 和 smt2 三个线程同时在运行。主线程接下来执行三次循环,每次循环输出主线程提示信息。线程 smt1 和 smt2 则各自运行自己的 run()方法,分别循环三次,每次输出自己的计数器当前值,子线程运行结束。编译和运行程序 25.2,运行结果如图 25.4 所示。

```
D:\program\unit25\25-2\2-1>javac Test.java

D:\program\unit25\25-2\2-1>java Test
主线程正在输出: 1
Thread线程<Thread1>正在输出: 1
Thread线程<Thread2>正在输出: 1
Thread线程<Thread2>正在输出: 2
主线程正在输出: 2
Thread线程<Thread1>正在输出: 2
Thread线程<Thread2>正在输出: 3
主线程正在输出: 3
Thread线程<Thread1>正在输出: 3
```

图 25.4 继承 Thread 多线程运行结果

2. 代码分析

从上面两个程序可以看出,编写一个多线程程序需要以下 3 步:

(1)定义多线程类 SimpleMultiThread,继承 Thread 类。重写 Thread 类的 run()方法,方法体就是子线程需要执行的内容。例如程序 25.1 中的语句:

```
public class SimpleMultiThread extends Thread{
    ...
```

```
    public void run(){
        ...
    }
}
```

（2）创建子类的对象实例。例如程序 25.2 中的语句：

```
SimpleMultiThread smt1 = new SimpleMultiThread("Thread1");
```

（3）调用线程的 start()方法,启动线程运行,执行线程对象的 run()。例如程序 25.2 中的语句：

```
smt1.start();
```

除了子线程外,启动子线程的 main()方法是主线程。从图 25.4 可以看出,程序中定义的三个线程交替运行输出。需要注意,各个线程的执行次序既与程序中的随机数有关,又与具体的计算机运行环境有关,不同的计算机上执行的次序可能会不同。

另外,调用线程的 start()方法启动线程后,线程进入准备运行状态。等到系统允许这个线程运行时,该线程才获得 CPU 执行。

3. 改进和完善

上述程序实现了简单的多线程功能,但这个程序没有更多的实际意义,只是演示如何实现多线程程序。下面给出第二种实现多线程的方法,定义多线程类,实现 Runnable 接口来完成多线程功能。

25.2.2　简单多线程程序二

另一种实现多线程的方法是设计一个多线程类,实现 Runnable 接口,完成多线程功能。如程序 25.3 和程序 25.4 所示。

1. 程序实现

【程序 25.3】　编写程序 SimpleMultiThread.java,实现 Runnable 接口,完成简单多线程功能。

```
public class SimpleMultiThread implements Runnable{
    private int counter = 0;
    private String title;
    public SimpleMultiThread(String title){
        this.title = title;
    }
    public void run(){
        while(counter < 3){
            counter++;
            System.out.println("Runnable 线程<"+title+">正在输出:"+counter);
```

```
            try{
                Thread.sleep((int)(Math.random() * 100+100));
            }
            catch(InterruptedException e){
                System.out.println("线程休眠出错!");
            }
        }
    }
}
```

程序 25.3 中没有继承 Thread 类,而是实现了接口 Runnable。同样重写接口中的 run()方法,方法中的内容就是线程运行的内容。

【程序 25.4】　编写测试类 Test.java,实现多个线程同时运行。

```
public class Test{
    public static void main(String args[]){
        SimpleMultiThread smt1 = new SimpleMultiThread("Thread1");
        SimpleMultiThread smt2 = new SimpleMultiThread("Thread2");
        int counter = 0;
        Thread thread1 = new Thread(smt1);
        Thread thread2 = new Thread(smt2);
        thread1.start();
        thread2.start();
        while(counter < 3){
            counter++;
            System.out.println("主线程正在输出:"+counter);
            try{
                Thread.sleep((int)(Math.random() * 100+100));
            }
            catch(InterruptedException e){
                System.out.println("线程休眠出错!");
            }
        }
    }
}
```

程序 25.4 中 main()方法是主线程,方法中创建了两个 SimpleMultiThread 类对象 smt1 和 smt2,然后分别以这两个对象为参数,创建两个线程对象 thread1 和 thread2,语句格式如下: Thread thread1 = new Thread(smt1)。

定义 Thread 类对象 thread1,使用有参数的构造方法实例化,使用的参数 smt1 就是前面定义的线程类对象。这条语句的含义是定义一个新的线程,新线程将执行 smt1 的 run()方法。对比程序 25.2 中的创建线程方法可以看出,程序 25.2 中线程类

SimpleMultiThread 继承了类 Thread，二者是继承关系；而程序 25.4 中 Thread 类依赖 Runnable 接口，使用下面构造方法创建子线程：public Thread(Runnable target)。构造方法的实参是实现 Runnable 接口的 SimpleMultiThread 类。两种方法都需要实现 run() 方法。接着调用这两个线程各自的 start() 方法，启动两个线程。此时程序中会有主线程、smt1 和 smt2 三个线程同时运行。编译和运行程序 25.4，运行结果如图 25.5 所示。

```
D:\program\unit25\25-2\2-2>javac Test.java

D:\program\unit25\25-2\2-2>java Test
Runnable线程<Thread1>正在输出：1
主线程正在输出：1
Runnable线程<Thread2>正在输出：1
Runnable线程<Thread1>正在输出：2
主线程正在输出：2
Runnable线程<Thread2>正在输出：2
Runnable线程<Thread2>正在输出：3
主线程正在输出：3
Runnable线程<Thread1>正在输出：3
```

图 25.5　实现 Runable 接口多线程运行结果

2. 代码分析

从程序 25.3 和程序 25.4 可以看出，编写一个实现 Runnable 接口的多线程程序需要以下几步：

（1）定义多线程类。实现 Runnable 接口，并重写 Runnable 接口中的 run() 方法，方法体就是子线程需要执行的内容。例如程序 25.3 中的语句：

```
public class SimpleMultiThread implements Runnable{
    ...
    public void run(){
        ...
    }
}
```

（2）创建实现 Runnable 接口的线程子类的对象实例，例如程序 25.4 中的语句：

```
SimpleMultiThread smt1 = new SimpleMultiThread("Thread1");
```

（3）使用 Runnable 接口线程子类的对象实例创建 Thread 类对象实例，例如程序 25.4 中的语句：

```
Thread thread1 = new Thread(smt1);
```

（4）调用线程的 start() 方法，启动线程运行，执行线程对象的 run() 方法。例如程序 25.4 中的语句：

```
thread1.start();
```

启动子线程程序的 main() 方法是主线程。从图 25.5 中可知,程序中定义的三个线程交替运行输出。继承 Thread 类和实现 Runnable 接口都可以创建线程类,实现方式也差不多。由于 Java 是单继承,一般父类应该是通过泛化得到。因此建议设计多线程时,尽量采用实现 Runnable 接口的方法。

3. 改进和完善

上面两个例子使用两种方法实现了多线程程序,读者可以尝试使用每种方法分别实现自己的多线程程序。接下来就可以将多线程功能应用于学生成绩查询服务器端程序,实现能够同时为多个客户端提供查询服务的程序。

25.2.3　多线程网络查询

前面介绍了简单的多线程程序的实现过程,下面就应用多线程程序,实现支持多用户同时访问服务器端的学生成绩查询程序,并实现图形界面的客户端程序。

1. 程序实现

【**程序 25.5**】　编写程序 PromptDialog.java,显示提示和错误窗口。

```java
package util;
import java.awt.Component;
import javax.swing.JOptionPane;
public class PromptDialog {
    public  static  void  showError ( Component  c,  String  title,  String
errorMsg) {
        JOptionPane.showMessageDialog(c, errorMsg, title,
            JOptionPane.WARNING_MESSAGE);
    }
    public static void showMsg(Component c, String title, String msg) {
        JOptionPane.showMessageDialog(c, msg, title,
            JOptionPane.INFORMATION_MESSAGE);
    }
}
```

图形界面客户端程序中设计了两个显示框,一个是错误显示框,另一个是消息提示框。这两个显示框与具体的客户端实现没有直接关系,可以提取出来放到一个单独的 PromptDialog 类中,这个类作为工具类放到包 util 下。PromptDialog 类中的两个方法,showMsg() 方法显示提示信息,showError() 方法显示错误信息,这两个方法都不需要实例,因此都设计成静态方法,方便使用。

【**程序 25.6**】　编写程序 StudentServer.java,作为学生成绩查询服务器。

```java
package net;
import java.io.DataInputStream;
import java.io.DataOutputStream;
import java.io.IOException;
```

```java
import java.io.EOFException;
import java.net.InetAddress;
import java.net.ServerSocket;
import java.net.Socket;
import service.Student;
import dao.StudentDAO;
import util.LogRecorder;
public class StudentServer   implements Runnable{
    private ServerSocket server = null;
    private Socket socketS = null;
    private DataOutputStream out = null;
    private DataInputStream in = null;
    private Student student = null;
    private StudentDAO sd = new StudentDAO();
    public Socket getSocketS(){
        return socketS;
    }
    public void setSocketS(Socket socketS) {
        this.socketS = socketS;
    }
    public void startServer(int port) throws IOException {
        server = new ServerSocket(port);
        LogRecorder.log("服务器启动成功,等待用户请求…");
    }
    public void makeSocket() throws IOException {
        socketS = server.accept();
        InetAddress address = socketS.getInetAddress();
        LogRecorder.log("收到用户请求,客户端地址:" + address);
    }
    public void prepareIO() throws IOException {
        out = new DataOutputStream(socketS.getOutputStream());
        in = new DataInputStream(socketS.getInputStream());
    }
    public void service() throws IOException{
        String name, result;
        name = receive();
        student = sd.getByName(name);
        if (student != null) {
            result = "姓名:" + student.getName() + "\t 成绩:"
                + student.getGrade();
        } else {
            result = "学生不存在";
        }
```

```
            send(result);
            close();
        }
        public String receive() throws IOException, EOFException {
            String result = null;
            result = in.readUTF();
            LogRecorder.log("服务器端收到:" + result);
            return result;
        }
        public void send(String data) throws IOException {
            out.writeUTF(data);
            LogRecorder.log("服务器端发送:" + data);
        }
        public void close() throws IOException {
            InetAddress address = socketS.getInetAddress();
            in.close();
            out.close();
            socketS.close();
             LogRecorder.log("与客户端<" + address + ">断开网络连接,本次服务
结束!");
        }
        public void run() {
            try {
                prepareIO();
                service();
            }catch(IOException e){
                System.out.println("数据传输错误");
                e.printStackTrace();
            }
        }
    }
```

StudentServer 类实现了 Runnable 接口,重写了接口的 run()方法,以支持多线程。同时每个线程都可以接收客户端的连接,从客户端获取学生姓名,根据姓名访问数据库查询学生信息,回传学生信息给客户端。具体语句的功能前面都已经讲过,不再详述。

【**程序 25.7**】 编写程序 TestServer.java,运行学生成绩查询服务器。

```
import java.io.IOException;
import java.io.EOFException;
import java.net.Socket;
import net.StudentServer;
public class TestServer{
```

```
    public static void main(String args[]) {
        StudentServer stuServer = null;
        StudentServer serverThread = null;
        Socket socketS = null;
        int port = 4331;
        try {
            stuServer = new StudentServer();
            stuServer.startServer(port);
        } catch (IOException e) {
            System.out.println("数据传输错误");
            e.printStackTrace();
        }
        while(true){
            try{
                stuServer.makeSocket();
            }catch(Exception e){
                e.printStackTrace();
            }
            socketS = stuServer.getSocketS();
            if (socketS != null){
                serverThread = new StudentServer();
                serverThread.setSocketS(socketS);
                new Thread(serverThread).start();
            }
        }
    }
}
```

在 TestServer 类的 main（ ）方法中，声明了 StudentServer 对象 stuServer 和 serverThread，以及 Socket 对象 socketS，并指定端口 port 为 4331。首先调用 stuServer 对象的 startServer()方法开启服务。接下来 while 循环中，调用 stuServer 的 makeSocket() 方法等待客户端的连接请求。当与客户端成功建立 socket 网络连接后，再创建 StudentServer 对象 serverThread，并把刚刚创建的 Socket 对象 socketS 传给 serverThread。然后以 serverThread 为参数创建 Thread 对象并启动，在新的线程中运行，为此客户端提供服务。同时，主线程继续循环，等待下一个用户连接请求。

【程序 25.8】 编写客户端程序 StudentClient.java，实现图形界面的成绩查询客户端功能。

```
package net;
import java.io.DataInputStream;
import java.io.DataOutputStream;
```

```java
import java.io.IOException;
import java.net.Socket;
import java.awt.BorderLayout;
import javax.swing.JFrame;
import javax.swing.JLabel;
import javax.swing.JButton;
import javax.swing.JTextField;
import javax.swing.JTextArea;
import javax.swing.JPanel;
import java.awt.Color;
import java.awt.event.ActionEvent;
import java.awt.event.ActionListener;
import util.PromptDialog;
public class StudentClient implements ActionListener{
    private JFrame mainFrame;                    //定义主窗口
    private JPanel top;                          //定义上部面板,摆放设置信息
    private JLabel labelTop;                     //定义标签"设置|"
    private JLabel labelIp;                      //定义标签"服务器 IP 地址"
    private JTextField textIp;                   //定义文本框"IP 地址"
    private JLabel labelPort;                    //定义标签"端口号"
    private JTextField textPort;                 //定义文本框"端口号"
    private JButton btnSet;                      //定义按钮"确认"
    private JPanel middle;                       //定义中部面板,摆放提示信息
    private JLabel labelMiddle;                  //定义标签,说明信息提示
    public JTextArea areaDesc;                   //定义文本域,显示说明信息
    private JPanel bottom;                       //定义下部面板,摆放查询信息
    private JLabel labelBottom;                  //定义标签"查询|"
    private JLabel labelQuery;                   //定义标签"姓名:"
    private JTextField textQuery;                //定义文本框"姓名"
    private JButton btnQuery;                    //定义按钮"提交"
    public String dialogTitle = "学生成绩查询";
    private DataOutputStream out = null;
    private DataInputStream in = null;
    private Socket socketC = null;
    private String ip = "127.0.0.1";
    private int port = 4331;
    public StudentClient(String title){
        mainFrame = new JFrame(title);
        mainFrame.setBounds(100,100,500,200);
        mainFrame.setVisible(true);
        mainFrame.setDefaultCloseOperation(JFrame.EXIT_ON_CLOSE);
        addIpSet();
        addMiddle();
```

```
            addQuery();
            mainFrame.validate();
            setAction();
        }
    void setAction(){
            btnSet.addActionListener(this);
            btnQuery.addActionListener(this);
        }
    private void addIpSet(){
            top = new JPanel();
            labelTop = new JLabel("设置|   ");
            labelIp = new JLabel("服务器 IP 地址");
            labelPort = new JLabel("端口号");
            textIp = new JTextField(10);
            textPort = new JTextField(6);
            btnSet = new JButton("确认");
            top.add(labelTop);
            top.add(labelIp);
            top.add(textIp);
            top.add(labelPort);
            top.add(textPort);
            top.add(btnSet);
            mainFrame.add(top,BorderLayout.NORTH);
        }
    private void addMiddle(){
            String desc = "请首先正确设置服务器 IP 地址和端口号,然后输入姓名查询
成绩。";
            middle = new JPanel();
            labelMiddle = new JLabel("用户成绩查询使用说明");
            areaDesc = new JTextArea(7,36);
            areaDesc.setText(desc);
            areaDesc.setBackground(new Color(225,225,225));
            areaDesc.setEditable(false);
            middle.add(labelMiddle);
            middle.add(areaDesc);
            mainFrame.add(middle,BorderLayout.CENTER);
        }
    private void addQuery(){
            bottom = new JPanel();
            labelBottom = new JLabel("查询|   ");
            labelQuery = new JLabel("姓名:");
            textQuery = new JTextField(9);
            btnQuery = new JButton("提交");
```

```
        bottom.add(labelBottom);
        bottom.add(labelQuery);
        bottom.add(textQuery);
        bottom.add(btnQuery);
        mainFrame.add(bottom,BorderLayout.SOUTH);
    }
    public void actionPerformed(ActionEvent e) {
        String inputText = e.getActionCommand();
        if (inputText.equals("确认")) {
            setServerIp();
        } else if (inputText.equals("提交")) {
            queryStudent();
        } else {
            PromptDialog.showError(mainFrame,dialogTitle,"error");
        }
    }
    private void setServerIp(){
        ip = textIp.getText();
        port = Integer.parseInt(textPort.getText());
        PromptDialog.showMsg(mainFrame, dialogTitle, "设置成绩服务器 IP");
    }
    private void queryStudent(){
        PromptDialog.showMsg(mainFrame, dialogTitle, "远程查询学生成绩");
        String name = textQuery.getText();
        String grade = "没有找到!";
        try{
            makeSocket(ip, port);
            prepareIO();
            send(name);
            grade = receive();
        }catch(IOException e){
            System.out.println("数据传输错误");
            e.printStackTrace();
        }
        areaDesc.setText(grade);
        System.out.println("-------------\r\n 查询结果是:"+grade);
    }
    public void makeSocket(String ip, int port) throws IOException {
        socketC = new Socket(ip, port);
    }
    public void prepareIO() throws IOException {
        out = new DataOutputStream(socketC.getOutputStream());
        in = new DataInputStream(socketC.getInputStream());
```

```
        }
        public void send(String data)   throws IOException {
            out.writeUTF(data);
            System.out.println("客户端发送:" + data);
        }
        public String receive()   throws IOException {
            String result = null;
            result = in.readUTF();
            System.out.println("客户端收到:" + result);
            return result;
        }
        public void close() throws IOException {
            in.close();
            out.close();
            socketC.close();
            System.out.println("与服务器端断开网络连接,本次请求结束!");
        }
        public void setIP(String ip){
            textIp.setText(ip);
        }
        public void setPort(String port){
            textPort.setText(port);
        }
    }
```

　　StudentClient 类实现了图形界面和网络客户端两个功能,并实现了 ActionListen 接口,以便处理图形界面的按钮动作。客户端的图形用户界面如图 25.3 所示,分成三个部分:上部是设置 IP 地址和端口号部分,中间是显示提示信息和运行结果部分,下部是查询学生操作部分。使用中间容器 JPanel 实现了组件的摆放。StudentClient 类的 setAction() 方法为两个按钮添加注册事件监听器。

　　在 actionPerformed() 方法中,首先通过 ActionEvent 对象 e 的 getActionCommand() 方法获取按钮上的文本,然后通过判断此文本的值来确认用户单击的是哪个按钮,据此分别调用不同的处理方法。如果单击的是"确认"按钮,则调用 setServerIp() 方法设置并保存服务器 IP 地址和端口号,并显示"设置成功"消息对话框。如果单击的是"提交"按钮,调用 queryStudent() 方法,首先向服务器请求建立连接,依次调用 makeSocket() 和 prepareIO() 方法,然后调用 send() 方法向服务器端发送查询请求,使用文本框中输入的学生姓名作为 send() 方法的参数 name 值,最后调用 receive() 方法接收服务器端响应并将输出设置为 areaDesc 的文本进行显示。

　　【程序 25.9】　编写客户端程序 TestClient.java,运行成绩查询客户端。

```
    import java.io.IOException;
    import net.StudentClient;
```

```
public class TestClient {
    public static void main(String args[]) {
        StudentClient sc = new StudentClient("学生成绩查询");
        sc.setIP("localhost");
        sc.setPort("4331");
    }
}
```

在 TestClient 类的 main()方法中,创建 StudentClient 对象 sc,创建窗口并为按钮添加功能,实现所要求的功能。

在当前目录下使用 set classpath＝％classpath％;mysql-connector-java-5.1.39-bin.jar 命令设置 CLASSPATH 环境变量,保证数据库访问功能可以正常运行。然后分别编译服务器端程序 TestServer.java 和客户端程序 TestClient.java。运行服务器端程序结果如图 25.6 所示,运行客户端程序结果如图 25.2 和图 25.3 所示。

```
D:\program\unit25\25-2\2-3>java TestServer
2016-09-08 11:54:36 服务器启动成功.等待用户请求...
2016-09-08 11:55:42 收到用户请求, 客户端地址: /127.0.0.1
2016-09-08 11:55:42 服务器端收到: 张三
2016-09-08 11:55:43 服务器端发送: 姓名:张三        成绩:67.0
2016-09-08 11:55:43 与客户端</127.0.0.1>断开网络连接, 本次服务结束!
```

图 25.6 编译运行服务器端程序

在客户端窗口中分别设置服务器 IP 地址和端口号之后,单击"确认"按钮,再输入姓名进行查询,即可实现图 25.2、图 25.3 和图 25.6 所示的运行结果。此时服务器端显示收到的信息和发送到客户端的信息。可以运行多个客户端程序,实现多用户的网上查询。

2. 代码分析

至此完成了一个相对比较完整的学生成绩管理系统,学生成绩保存在服务器端的数据库中,每个学生可以运行自己的客户端,通过网络程序访问服务器,查询自己的成绩。服务器根据收到的学生姓名,从数据库中的 student 表中查询学生信息,找到后返回给客户端。完成这个功能的类组织结构如图 25.7 的包结构所示。

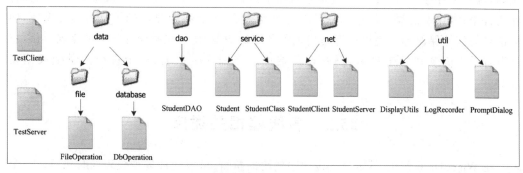

图 25.7 完整的包结构图

下面详细介绍学生查询成绩的执行过程：

（1）运行服务器端程序 TestServer，执行 main()方法。创建 StudentServer 类对象的实例；

（2）调用 StudentServer 类对象 stuServer 的 startServer()方法，创建 ServerSocket 类对象，启动服务器，给出提示。至此服务器启动完成，等待客户端的连接；

（3）运行客户端程序 TestClient，执行 main()方法。创建 StudentClient 类对象的实例，显示图形界面，界面输入框内显示给定的 IP 地址和端口号。字符串"localhost"表示本机，也就是说客户端和服务器同在一台计算机上。客户端和服务器也可以不在一台机器上，此时需要修改 IP 地址；

（4）单击"确认"按钮，将输入框中的 IP 地址和端口号保存到程序中；

（5）在"姓名"输入框中输入学生姓名，单击"提交"按钮，执行 StudentClient 类对象的按钮处理程序 queryStudent()；

（6）queryStudent()方法中调用 makeSocket()方法连接服务器，调用 send()方法将学生名字发送给服务器；

（7）服务器收到客户端连接后，获取 Socket 对象 socketS，创建启动新的线程，负责与客户端进行通信；

（8）服务器新线程执行 run()方法，调用 StudentServer 类对象的 service()方法，进一步调用 receive()方法得到客户端的学生姓名；

（9）服务器执行 StudentDAO 类的 getByName()方法，使用给定的学生姓名从数据库中查找这个学生，找到后将学生姓名和成绩拼接成字符串回复给客户端；

（10）客户端发送学生姓名后，调用 receive()方法等候服务器回复，收到学生信息后，显示到客户端图形界面的中间显示区，同时显示到客户端的命令窗口中。至此完成了整个学生成绩查询过程。

3. 改进和完善

到此为止，已实现了一个基于网络的学生成绩查询管理软件。这个软件涉及到图形用户界面、网络数据传输、I/O 操作和多线程等多个方面的内容，是一个比较综合的例子。读者可以在此基础上，根据自己的理解进一步改进和完善，逐步增加这个程序的实用性。例如，客户端程序中，IP 地址和端口号可以单独放到一个设置界面中；设置结果可以保存在文件中；客户端的显示信息部分可以增加滚动条，每次将要显示的信息添加在末尾，前面信息的依然保留等。也可以考虑增加服务器端功能，比如能够保存学生的排名；可以查询所有学生信息和学生排名；同样客户端可以查询学生排名，显示班级的学生成绩列表等。

25.3 多线程相关类库

在 Windows 系统中，线程是一段程序代码的执行，可以允许多个线程同时执行。一个 Java 程序总是从 main()方法开始运行，main()方法执行后就是一个线程，这个线程被称为主线程。创建新线程有两种方法，一种是将类声明为 Thread 类的子类，另一种方法是定义实现 Runnable 接口的类。两种方法实现的类都需要重写 run()方法。Thread 类和 Runnable 接口都在 java.lang 包中，不需要单独导入。Thread 类的主要方法见表 25-1。

表 25-1　Thread 类的主要方法

方　法　声　明	功　能　简　介
public void run()	线程执行时运行此方法
public void start()	使该线程开始执行
public static void sleep(long millis)	在指定的毫秒数内让当前正在执行的线程休眠(暂停执行)

Thread 的子类要重写 run()方法，在程序中调用线程的 start()方法时，由 Java 虚拟机执行新线程的 run()方法。如程序 25.2 中的程序段：

```
SimpleMultiThread smt1 = new SimpleMultiThread("Thread1");
smt1.start();
while(counter < 3){
    ...
    Thread.sleep((int)(Math.random() * 100+100));
}
```

创建线程的另一种方法是实现 Runnable 接口，然后可以在测试类中创建该实现类的实例，并作为参数创建 Thread 对象，调用新建 Thread 对象的 start()方法，就会启动新线程，执行类中的 run()方法。程序 25.3 的 SimpleMultiThread 类就实现了 Runnable 接口，主要代码如下：

```
public class SimpleMultiThread implements Runnable{
    ...
    public void run(){...}
}
```

程序 25.4 的 main()方法中，创建 SimpleMultiThread 对象 smt1，再使用 smt1 为参数创建 Thread 对象并启动新线程，主要代码如下：

```
SimpleMultiThread smt1 = new SimpleMultiThread("Thread1");
...
Thread thread1 = new Thread(smt1);
...
thread1.start();
...
```

通过实现 Runnable 接口来实现多线程的方式，可以使用已经继承了某个类的子类来创建线程，实际开发经常使用。

25.4 实 做 程 序

1. 修改程序 25.8 的 StudentClient 类，IP 地址和端口号不放在主界面中，而是单独放在一个新窗口中，单击"确认"按钮弹出这个窗口进行设置。要点提示：

（1）修改按钮"确定"的处理程序；

（2）使用 JFrame 创建新窗口；

（3）新窗口的文本框中输入 IP 地址和端口号。

2. 在实做程序 25.1 基础上，设计一个文件来保存设置结果，程序每次从文件中读取 IP 地址和端口号的值，弹出窗口中默认值为文件中保存的值，可以修改这个值，并保存到文件中。文件的格式和样式可以参考第 20 章的配置文件。要点提示：

（1）设计一个保存 IP 地址和端口号的配置文件；

（2）设置界面中可以修改 IP 地址和端口号，并将修改后的值保存在文件中。

3. 修改程序 25.8 的 StudentClient 类，在客户端的显示信息部分增加滚动条，每次将要显示的信息追加到末尾，已有的显示内容依然保留。显示内容包括客户端发送的信息和时间，服务器端回发的信息和时间。要点提示：

（1）中间的显示文本域可以先放到一个 JScrollPane 容器中，再放到显示区；

（2）每次显示信息时，先取出文本域内容，加上新内容再次显示。

4. 修改实做程序 24.4 的 TeacherServer 类和 TestServerT 类，实现支持多个客户端同时访问的教师信息服务器端。要点提示：

（1）参考程序 25.6 编写 TeacherServer 类；

（2）参考程序 25.7 编写 TestServerT 类。

第 26 章

基于新特性的重构和扩展

学习目标

- 了解 Java 8 引入的新特性；
- 理解函数式编程和流式编程的基本概念；
- 能够应用函数式编程和流式编程实现集合元素的简洁处理。

26.1 开 发 任 务

前面已经零散地介绍了 Java 新版本增加的一些新特性，本章重点介绍函数式编程和流式编程的概念和实例。继续对已经实现的部分功能进行重构和扩展，以此体会这些新特性为 Java 带来的变化。

本章要完成两个开发任务。第一个开发任务是对已经实现过的成绩排序功能进行重构，采用更加简洁的代码实现相同的功能。第二个开发任务是利用新特性实现一组新的成绩处理功能，包括找出所有成绩中的最高分、平均值、筛选成绩大于指定分数的学生以及为学生成绩分别增加指定分数等，运行结果如图 26.1 所示。

```
处理前输出：
姓名：张三　成绩：67.0
姓名：王五　成绩：78.5
姓名：李四　成绩：98.0
姓名：赵六　成绩：76.5
姓名：孙七　成绩：67.0

最高成绩：98.0
平均成绩：77.4
成绩高于75的学生姓名：[王五，李四，赵六]
每人加5后输出：
姓名：张三　成绩：72.0
姓名：王五　成绩：83.5
姓名：李四　成绩：98.0
姓名：赵六　成绩：81.5
姓名：孙七　成绩：72.0
```

图 26.1　扩展功能的运行结果

26.2　程序实现及分析

26.2.1　成绩排序功能重构

第一个开发任务是对 21.2.3 小节实现的成绩排序功能进行重构。在应用 Java 新特性之前，这里先通过使用匿名内部类采用一种相对简洁的代码形式来重新实现成绩排序功能。

1. 程序实现

学生类仍然使用程序 21.1 定义的 Student 类。StudentClass 类除 sort()方法外，其他方法未做改动，此处略去相关代码，修改后代码见程序 26.1。

【**程序 26.1**】　修改程序 21.4 中 StudentClass 类。

```java
import java.util.Comparator;
import java.util.List;
import java.util.ArrayList;
import java.util.Collections;
public class StudentClass {
    private List<Student> stuList;
    private int size;
    public StudentClass (){    代码略    }
    public void createClass() {    代码略    }
    public void sort(){
        //匿名内部类实现排序
        Collections.sort(stuList,new Comparator<Student>(){
            public int compare(Student s1, Student s2) {
                return s1.getGrade()>s2.getGrade()? 1 : -1;
            }
        });
    }
    public String output() {    代码略    }
}
```

在程序 26.1 中，sort()方法的第二个参数是一个匿名内部类的实例。定义这个类的同时对其进行实例化，并作为方法参数进行传递。这种实现方式不需要再额外引入新的比较器类，使得代码更加简洁、紧凑，模块化程度更高。测试类 Test 如程序 26.2 所示。

【**程序 26.2**】　编写测试类程序 Test.java。

```java
public class Test {
    public static void main(String[] args){
        StudentClass sClass = new StudentClass();
```

```
        sClass.createClass();
        System.out.println("排序前顺序:");
        System.out.println(sClass.output());
        sClass.sort();
        System.out.println("排序结果:");
        System.out.println(sClass.output());
    }
}
```

编译和运行程序 26.2,运行结果与图 21.5 完全相同,但是省去了程序 21.7 所实现的 StudentComparator 这个比较器类。接下来采用更加简洁的代码来重构成绩排序功能。学生类和测试类都保持不变,见程序 26.3。

【程序 26.3】　修改程序 26.1 中 StudentClass 类的 sort()方法如下。

```
public void sort(){
    //Lambda 实现排序
    Collections.sort(stuList,
            (s1, s2) -> s1.getGrade() > s2.getGrade() ? 1 : -1);
    }
```

前面使用的 Comparator 接口中只定义了一个 compare()方法。这种只有一个抽象方法的接口被称作函数式接口,可以用作 Lambda 表达式的类型。程序 26.3 中的下列代码:

```
(s1, s2) -> s1.getGrade() > s2.getGrade() ? 1 : -1
```

是一个典型的 Lambda 表达式,它所实现的功能与程序 26.1 中的匿名内部类完全相同。再次编译和运行程序 26.2,运行结果仍然与图 21.5 完全相同,但匿名内部类也不再需要。

2. 代码分析

在 21.2.3 小节中,为了使用 Collections 类的自动排序功能,专门编写了 Comparator 接口的一个实现类 StudentComparator 类,用于创建一个比较器对象,并作为参数传递给 sort()方法。事实上,这里真正需要用到的只有定义比较规则的 compare()方法,因此可以使用匿名内部类来实现。匿名内部类是一个表达式,其语法类似于调用一个类的构造方法(new Comparator()),此外还包含一个代码块,在代码块中完成类的定义。

在程序 26.1 中,在调用 Collections.sort()方法时就使用了匿名内部类,直接定义和实例化了一个 Comparator<Student> 对象作为方法参数,同时实现了 compare()方法。这里实际上是用匿名内部类实现接口来传递了一种行为。程序 26.3 中则使用了 Java 8 新引入的 Lambda 表达式,以更加简洁和直观的代码实现了完全相同的功能。

3. 改进和完善

Lambda 表达式让 Java 也能支持函数式编程,使我们可以编写出更加简洁明、易于理解的代码，特别是与流一起使用效果更为明显。接下来我们将基于函数式编程和流式编程实现一组成绩处理的扩展功能。

26.2.2 成绩处理功能扩展

第二个开发任务是增加一组成绩处理功能。读者可以尝试使用前面章节中学到的知识自己编程实现这些功能，然后再把自己的代码和本节的示例程序进行对比，这样更容易体会到这些新特性所带来的好处。增加的成绩处理功能有 4 个：

（1）找出所有成绩中的最高分；

（2）计算所有成绩的平均值；

（3）筛选所有成绩大于指定分数的学生，返回其姓名列表；

（4）为所有成绩小于 95 的学生成绩增加 5 分。

下面仍然使用程序 21.1 定义的学生类 Student，来实现这些功能。

1. 程序实现

【程序 26.4】 修改 StudentClass 类，增加实现上述功能的各个方法。

```java
import java.util.Comparator;
import java.util.List;
import java.util.ArrayList;
import java.util.Collections;
import java.util.Optional;
import java.util.stream.Collectors;
public class StudentClass{
    //其他代码略
    //找出最高分
    public double getMaxGrade(){
        Optional<Student> max =
            stuList.stream().max(Comparator.comparing(Student::getGrade));
        return max.get().getGrade();
    }
    //求平均分
    public double getAvgGrade(){
        double avg = stuList.stream().collect(
                Collectors.averagingDouble(Student::getGrade));
        return avg;
    }
    //筛选大于指定分数的学生姓名
    public List<String> filter(double grade) {
        List<String> filterList = stuList.stream().filter(
                x -> x.getGrade() > grade).map(Student::getName
                ).collect(Collectors.toList());
        return filterList;
```

```
    }
    //为学生统一加分,超过 100 的除外
    public void addGradeForEach(double grade) {
        stuList.stream().filter(student -> student.getGrade()<(100-grade)
        ).map(student -> {
            student.setGrade(student.getGrade()+grade);
            return student;
        }).collect(Collectors.toList());
    }
```

　　getMaxGrade()方法返回所有成绩中的最大值。首先通过调用 List 的 stream()方法,将一组对象转换为一个流(Stream),并在得到的流对象上调用 max()方法返回流中的最大值。max()方法需要提供一个 Comparator 接口对象的参数作为比较大小的依据。这里使用 Java 8 中为 Comparator 接口新增的一个默认方法 comparing()。该方法的参数是一个提供排序依据的函数,返回实现相应排序功能的 Comparator 接口对象。max()方法的返回值是 Java 8 新增的一个 Optional 对象。

　　filter()方法返回一个 List 对象,其中存放了所有成绩大于参数值的学生姓名。首先同样通过调用 List 的 stream()方法,将一组对象转换为一个流(Stream)对象,并在得到的流对象上调用 filter()方法返回符合指定条件的流,这个条件用 Lambda 表达式作为方法参数来设置;然后在新得到的流对象上再调用 map()方法,方法参数是一个方法引用,返回对流中所有元素应用该方法后的返回值构成的流;最后在这个流上调用 collect()方法,将流中的元素收集放置到方法参数指定的集合中。collect()方法的参数是 Java 8 新增加的 Collectors 类的 toList()方法,此方法的返回值是一个用于收集流中元素的 List 对象。

　　addForEach()方法为班级中的所有学生成绩加上参数值对应的分数,但是总和超过 100 的直接忽略。首先也是通过调用 List 的 stream()方法,将一组对象转换为一个流(Stream),并在得到的流对象上调用 filter()方法返回符合指定条件的流,这里也是用 Lambda 表达式作为方法参数来设置条件,过滤掉流中成绩大于 100-grade 的元素;然后在新得到的流对象上再调用 map()方法,方法参数是一个 Lambda 表达式,会应用到流中的所有元素;最后在这个流上调用 collect()方法,收集流中的元素。

【程序 26.5】　重新编写测试类程序 Test.java,验证上述各个方法所实现的功能。

```
public class Test {
    public static void main(String[] args){
        double gradeFilter = 75;
        double gradeAdd = 5;
        StudentClass sClass = new StudentClass();
        sClass.createClass();
        System.out.println("处理前输出:");
```

```
        System.out.println(sClass.output());
        System.out.println("最高成绩:"+sClass.getMaxGrade());
        System.out.println("平均成绩:"+sClass.getAvgGrade());
        System.out.println("成绩高于"+ gradeFilter +"的学生姓名:"
                            +sClass.filter(gradeFilter));
        sClass.addGradeForEach(gradeAdd);
        System.out.println("每人加"+ gradeAdd +"分后输出:");
        System.out.println(sClass.output());
    }
}
```

编译和运行测试类,运行结果如图 26.1 所示。

2. 代码分析

程序从测试类 Test 的 main()方法开始执行,执行过程如下:

(1) 定义班级类 StudentClass 对象 sClass,并进行实例化;

(2) 调用对象 sClass 的 createClass()方法,给班级对象 sClass 中添加 5 个学生,使用 ArrayList 的 add()方法完成添加;

(3) 调用对象 sClass 的 output()方法,显示处理前班级中的学生信息,如图 26.1 的上半部分所示,显示了初始的学生成绩信息;

(4) 调用对象 sClass 的 getMaxGrade()方法,获取班级中的最高成绩,并输出显示;

(5) 调用对象 sClass 的 getAvgGrade()方法,获取班级中所有成绩的平均分,并输出显示;

(6) 调用对象 sClass 的 filter()方法,获取班级中所有成绩高于 75 分的学生姓名,并输出显示;

(7) 调用对象 sClass 的 addForEach()方法,统一为班级中所有学生的成绩加 5 分,如果加分后超过 100 则不加;

(8) 调用对象 sClass 的 output()方法,显示统一加分后班级中的学生信息,如图 26.1 所示。

3. 改进和完善

读者可以尝试使用流式编程的其他功能实现成绩处理的更多扩展,比如对流中对象的某个成员变量求和、根据某个成员变量进行分组等。

26.3　新特性相关类库

26.3.1　Java 新特性

从 Java 8 开始,新增了很多的特性,本节主要介绍以下 8 个:

(1) Lambda 表达式:Lambda 允许把函数作为一个方法的参数传递到方法中;

(2) 方法引用:方法引用可以直接引用已有 Java 类或实例的方法。通过与 Lambda

表达式联合使用,方法引用可以使语言的构造更紧凑简洁,减少冗余代码;

（3）函数式接口：可以隐式转换为 Lambda 表达式,更好地支持函数式编程;

（4）Optional 类：新增加的 Optional 类用来解决空指针异常;

（5）Stream API：新增加的 Stream API 把真正的流式编程风格引入到 Java 中;

（6）默认方法：默认方法允许在接口中包含已经实现的方法,第 16 章有简单介绍;

（7）日期时间 API：进一步加强对日期与时间的处理;

（8）Base64 工具类：Base64 编码成为 Java 类库的标准,内置了 Base64 编码的编码器、解码器和工具类。

函数式接口是指一个有且仅有一个抽象方法,但是可以有多个非抽象方法的接口。函数式接口可以友好地支持 Lambda 表达式。Java 8 新增加的 java.util.function 包中有很多类,用来支持 Java 的函数式编程。

另外,Java 8 还发布了新的 Date-Time API,新增的 java.time 包中涵盖了所有处理日期、时间、时刻、过程以及时钟的操作。包 java.util 中新增的 Base64 工具类提供了一组静态方法,能够方便地获取内置的三种 Base64 的编码器和解码器。

随着后续版本的不断更新,Java 又陆续引入了支持本地变量类型推断的新关键词 var、专门处理 HTTP 请求的 HttpClient API、支持类数据共享的 App CDS、全新的垃圾收集器 ZGC 以及实现生产环境中分析 Java 应用和 JVM 运行状况及性能问题的 Java Flight Recorder 等,感兴趣的读者可以自行查阅相关资料了解详细内容。

26.3.2　函数式编程

Java 8 最大的变化就是引入了 Lambda 表达式这种紧凑的、传递行为的方式,使 Java 能够支持函数式编程。函数式编程的一个特点是允许把函数本身作为参数传入另一个函数（方法）,从而使得代码更加简洁紧凑,也能够更多地表达出业务逻辑的意图,而不是它的实现机制。

匿名内部类虽然通过避免引入新的类在一定程度上简化了代码,但仍然存在冗余的语法内容。比如程序 26.1 中实现匿名内部类的五行代码中其实只有一行做实际工作。Lambda 表达式是一个匿名方法,其本质是一个"语法糖"。通过采用所提供的轻量级语法,Lambda 表达式能够由编译器推断并转换包装为常规的代码,从而用更少的代码来实现同样的功能。

1. Lambda 表达式和方法引用

Lambda 表达式的语法由参数列表、箭头符号 -> 和函数体组成。函数体可以是表达式或者语句块,语法格式如下：

```
(参数列表) -> 表达式
(参数列表) ->｛语句；｝
```

如果函数体是表达式,就会被执行然后返回执行结果;如果是语句块,其中的语句会被依次执行,就像普通方法中的语句一样。表达式函数体适合小型的 Lambda 表达式,它消除了 return 关键字，使得语法更加简洁。下面是几个 Lambda 表达式的例子。

```
(int x, int y) -> x + y
() -> 42
(String s) -> { System.out.println(s); }
```

第一个 Lambda 表达式接收 x 和 y 这两个整型参数并返回它们的和；第二个 Lambda 表达式不接收参数，返回整数 42；第三个 Lambda 表达式接收一个字符串并把它输出到控制台，不返回值。

对于给定的 Lambda 表达式，其类型是由编译器利用所期待的类型上下文推导而来。这个被期待的类型称为目标类型。Lambda 表达式对目标类型是有要求的。编译器会检查 Lambda 表达式的类型和目标类型的方法签名（method signature）是否一致。当且仅当下面所有条件均满足时，Lambda 表达式才可以被赋给目标类型 T：

（1）T 是一个函数式接口，即只有一个方法；

（2）Lambda 表达式的参数和 T 的方法参数在数量和类型上一一对应；

（3）Lambda 表达式的返回值和 T 的方法返回值相兼容（Compatible）；

（4）Lambda 表达式内所抛出的异常和 T 的方法 throws 类型相兼容。

由于目标类型（函数式接口）已经"知道"Lambda 表达式的形参类型，所以 Lambda 表达式中的参数类型可以省略，例如：

```
Comparator<String> c = (s1, s2) -> s1.compareToIgnoreCase(s2);
```

这里编译器可以推导出 s1 和 s2 的类型是 String。c 是一个实现了 Comparator 接口的匿名类的实例，其唯一的方法 compare(T o1, T o2)的具体实现则由 Lambda 表达式中的函数体定义。另外，当 Lambda 表达式中的参数只有一个并且其类型可以推导得知时，该参数列表外括号也可以省略，如：

```
FileFilter java = f -> f.getName().endsWith(".java");
```

这里的 Lambda 表达式中只有一个参数 f，且其类型根据 FileFilter 可知是 File。同时，f 是一个实现了 FileFilter 接口的匿名类的实例，其唯一的方法 accept(File pathname)的具体实现同样由 Lambda 表达式中的函数体定义。Lambda 表达式允许定义一个匿名方法，并能以函数式接口的方式使用它。对于已有的方法，则可以通过方法引用实现同样的特性，比如都需要一个目标类型，并且需要转化为函数式接口的实例等。方法引用的格式如下：

```
类名::方法名
```

方法引用的实例如：

```
Student::getName
```

可以把方法引用看作是 Lambda 表达式的简写形式,它拥有更明确的语义。

2. 函数式接口

在函数式接口中只能有一个自定义方法,但是可以包括从 Object 类继承而来的方法,也可以包含默认方法。原有的 Comparator 接口、Runnable 接口等只有一个方法,都属于函数式接口。为了更好地支持函数式编程,Java 8 新增加的 java.util.function 包中提供了一组常用的函数式接口,可以用作 Lambda 表达式或方法的目标类型,被大量应用于集合和流(Stream)中。这些新增的接口分为四类:

(1) Function:接收参数,并返回结果,主要方法 R apply(T t);

(2) Consumer:接收参数,无返回结果,主要方法为 void accept(T t);

(3) Supplier:不接收参数,但返回结果,主要方法为 T get();

(4) Predicate:接收参数,返回 boolean 值,主要方法为 boolean test(T t)。

Function 接口提供一个抽象方法 apply,接收一个 T 类型参数,返回一个 R 类型参数。这里的 T 和 R 表示泛型,可以相同。另外还提供了 compose()和 andThen()两个默认方法,用来组合不同的 Function,表 26-1 是 Function 接口的主要方法。

表 26-1　Function 接口中的主要方法

方 法 声 明	功 能 简 介
R apply(T t)	将 Function 对象应用到输入的参数 t 上,然后返回计算结果 R 对象

Predicate 接口提供一个抽象方法 test,接受一个参数,根据这个参数进行一些判断,返回判断结果。另外还提供了 and()、or()、negate()和 isEqual()等几个默认方法用于进行组合判断,表 26-2 是 Predicate 接口的主要方法。

表 26-2　Predicate 接口中的主要方法

方 法 声 明	功 能 简 介
boolean test(T t)	根据输入参数 t 进行判断, 返回判断结果 true/false

感兴趣的读者可以查阅资料了解更多相关内容。

26.3.3　流式编程

Java 8 中还引入了流(Stream)的概念来支持流式编程。这里的流和第 22 章讲到的 IO 流不同,它是一个新的抽象。所谓流式编程,是把要处理的元素集合看作一种流,并在管道中传输,同时进行各种处理。通过使用流式编程,无需显式迭代集合中的元素,就可以进行提取和操作。

流式编程配合函数式编程,为操作集合提供了极大的便利,可以极大提高 Java 程序员的生产力,让程序员写出高效率、干净、简洁的代码。Java 中的 Stream 并不会存储元素,而是按需计算,它的主要特性包括以下 3 个方面:

（1）不存储数据，而是按照特定的规则对数据进行计算，一般会输出结果；

（2）不会改变数据源，通常情况下会产生一个新的集合或一个值；

（3）具有延迟执行特性，只有当调用终端操作时，中间操作才会执行。

1. Stream API

Stream 将要处理的元素集合看作一种流，借助 Stream API 对流中的元素进行操作。对流的操作分为中间操作和终端操作。

中间操作每次返回一个新的流，例如排序、筛选、聚合等，多个操作可以直接连接起来，在流上形成一条操作管道。每个流只能进行一次终端操作，终端操作结束后流不能再次使用。通过终端操作会产生一个新的集合或值，并结束当前的操作管道。流的处理过程如图 26.2 所示。

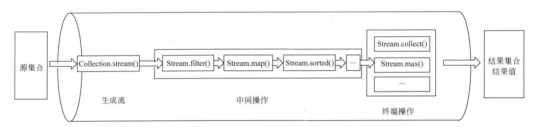

图 26.2　流式编程的处理过程

Java 8 新增加的 java.util.stream 包中提供了支持流式编程的一组接口和类。表 26-3 是 Stream 接口中的常用方法。

表 26-3　Stream 接口的常用方法

方 法 声 明	功 能 简 介
<R, A> R collect(Collector<? super T, A, R> collector)	使用参数 collector 对流中的元素实现终端操作
Stream< T > filter(Predicate<? super T> predicate)	实现流的筛选操作，返回流中符合参数 predicate 定义的筛选条件的元素流
<R> Stream<R> map(Function<? super T,? extends R> mapper)	实现流的映射操作，对流中元素应用参数 mapper 所定义的操作
Optional<T> max(Comparator<? super T> comparator)	实现终端操作，实现聚合处理中的求最大值功能，根据参数 comparator 定义的比较规则，返回流中元素的最大值
Stream< T > sorted(Comparator<? super T> comparator)	实现流的排序操作，根据参数 comparator 定义的比较规则，对流中元素进行排序
Sparallel()	返回当前流的并行流

Stream 的并行化也是 Java 8 的一大亮点。如果已经有一个 Stream 对象，调用它的 parallel() 方法就能获得一个拥有并行能力的流，从而提高多线程任务的速度，其默认线程数量等于计算机上的处理单元数量。处理过程中会自动将流元素分组，为每组元素分配单独的处理单元，这样可以充分利用多核 CPU 的优势。Collectors 类中实现了流元素

的收集、统计等聚合操作,表 26-4 是其常用方法。

表 26-4　Collectors 类中的常用方法

方 法 声 明	功 能 简 介
static < T > Collector < T,?, Double > averagingDouble(ToDoubleFunction<? super T> mapper)	返回一个 Collector 对象,提供计算输入元素算术平均值的终端操作功能
static <T> Collector<T,?,List<T>> toList()	返回一个 Collector 对象,实现将输入元素收集到新的 List 中的终端操作功能

2. 流相关的其他接口和类

Stream 可以由数组或集合创建。Java 8 为 java.util 包中的 Collection 接口新增了和流的生成相关的两个默认方法,使得所有继承自 Collection 的接口都可以直接转换为 Stream。表 26-5 是 Collection 接口的常用默认方法。

表 26-5　Collection 接口中的常用默认方法

方 法 声 明	功 能 简 介
default Stream<E> parallelStream()	用当前集合中的元素生成一个并行流
default Stream<E> stream()	用当前集合中的元素生成一个串行流

另外,为了避免流的处理过程中产生空指针而导致流的中断,Java 8 的 java.util 包引入了 Optional 类这个容器,它可以保存类型 T 的对象,或者仅仅保存 null。利用 Optional 类的一些方法,可以不用再显式进行对象的空值检测,很好地解决了空指针异常的问题。表 26-6 是 Optional 类的常用方法。

表 26-6　Optional 类中的常用方法

方 法 声 明	功 能 简 介
public T get()	如果值存在返回该值,否则抛出 NoSuchElementException 异常
booleanisPresent()	如果值存在返回 true,否则返回 false

Java 8 还为 java.util 包中的 Comparator 接口新增了支持方法引用的默认方法 comparing(),其功能简介见表 26-7。

表 26-7　Comparator 接口中的新增默认方法

方 法 声 明	功 能 简 介
static <T,U extends Comparable<? super U>> Comparator<T> comparing(Function<? super T,? extends U> keyExtractor)	接收一个从类型 T 中提取了可比较键值的函数式参数,返回根据该键值实现比较功能的 Comparator 对象

最后对第三篇做一个简单的总结,第三篇给出了一个完整的学生成绩查询的例子,通过这个例子让读者能够了解如何应用 Java 语言开发面向对象程序。结合这个例子讲解

了常见的 Java 基础类的使用,学习集合类、文件操作、数据库操作、图形界面、网络编程和多线程等技术。最后给出了 Java 最新引入的函数式编程和流式编程应用,优化前面的程序。希望通过这个综合度较高的例子让读者学会如何编写出有 Java 特色的面向对象程序。

26.4 实做程序

1. 给出测试类,要求编写 Person 类,有姓名、工资、年龄、性别和地区 5 个属性,实现必要的方法,使测试类能够正常运行。测试类和程序运行结果如下。要点提示,可以重写 Person 类的 toString()方法,以实现如下输出效果。

```java
import java.util.ArrayList;
import java.util.List;
public class Test26_1 {
    public static void main(String[] args) {
        List<Person> personList = makeData();
        System.out.println(personList);
    }
    private static List<Person> makeData(){
        List<Person> personList = new ArrayList<Person>();
        personList.add(new Person("小张", 8900, 22, "男", "北京"));
        personList.add(new Person("小王", 7000, 18, "男", "上海"));
        personList.add(new Person("小刘", 7800, 34, "女", "上海"));
        personList.add(new Person("小杨", 8200, 23, "女", "北京"));
        personList.add(new Person("小孙", 9500, 32, "男", "北京"));
        personList.add(new Person("小赵", 7900, 25, "女", "北京"));
        return personList;
    }
}
```

```
D:\program\unit26\26-4\4-1>javac Test26_1.java

D:\program\unit26\26-4\4-1>java Test26_1
全体名单:[小张(22岁), 小王(18岁), 小刘(34岁), 小杨(23岁), 小孙(32岁), 小赵(25岁)]
```

2. 在实做程序 26.1 基础上,采用流式编程实现以下 6 个功能:①挑选并输出年龄最大和最小的人员信息;②挑选并输出工资高于 8000 的人员名单;③计算并输出所有人的工资总和;④按工资是否大于 8000 对所有人分组,并输出分组结果;⑤按性别进行分组,并输出分组结果;⑥先按性别再按地区进行分组,并输出分组结果;⑦程序运行结果如下图。要点提示:

(1) 可将人员 List 转成 Stream 后,使用其 max()方法和 min()方法找出年龄最大和最小的人员,使用其 filter()方法筛选出工资高于 8000 的人员,使用其 map()方法和

reduce()方法计算工资总和；

（2）可 将 人 员 List 转 成 Stream 后，使 用 其 collect（）方法 和 Collectors 类 的 partitioningBy()方法和 groupingBy()方法对人员进行分组。

```
D:\program\unit26\26-4\4-2>javac Test26_2.java

D:\program\unit26\26-4\4-2>java Test26_2
全体名单：[小张(22岁)，小王(18岁)，小刘(34岁)，小杨(23岁)，小孙(32岁)，小赵(25岁)]
年龄最大的是：小刘(34岁)
年龄最小的是：小王(18岁)
工资高于8000的员工：[小张，小杨，小孙]
所有人的工资之和：49300
按工资是否大于8000分组情况：{false=[小王(18岁)，小刘(34岁)，小赵(25岁)]，true=[小张(22岁)，小杨(23岁)，
小孙(32岁)]}
按性别分组情况：{女=[小刘(34岁)，小杨(23岁)，小赵(25岁)]，男=[小张(22岁)，小王(18岁)，小孙(32岁)]}
按性别、地区分组情况：{女={上海=[小刘(34岁)]，北京=[小杨(23岁)，小赵(25岁)]}，男={上海=[小王(18岁)]，北
京=[小张(22岁)，小孙(32岁)]}}
```

附录 A

推 荐 书 目

读者学习完本书应该对 Java 语言有一个基本的掌握,同时能够编写一些简单的 Java 实用程序,如果想深入了解 Java 语言的各种细节,理解 Java 语言技术,成为 Java 程序设计高手,下面书籍对你会有很多帮助。

序号	书　　名	作者	推 荐 理 由
1	《疯狂 Java 讲义》	李刚	Java 基础书籍,讲解详细,内容具体全面
2	*Head First Java*	Kathy Sierra 等	从面向对象角度介绍 Java,结合生活场景进行讲解,生动活泼
3	《代码大全》	Steve McConnell	对程序设计中最基础的变量、类型和语句,以及最简单的程序应该如何设计有详细讲解,适合反复研读,提升程序设计能力
4	《Java 编程思想》	Bruce Eckel	Java 学习者必读书籍,适合有一定 Java 基础的读者长期研读
5	《重构——改善既有代码设计》	Maitin Fowler	适合有一定 Java 基础读者阅读,提升对 Java 程序的理解,提高代码质量
6	《面向对象分析与设计》	Grady Booch	适合有一定 Java 基础读者阅读,提升面向对象的理解和设计能力
7	《UML 基础与应用》	王养廷	适合 UML 初学者,简单明了,介绍 UML 基本内容,了解如何应用 UML 进行面向对象分析、设计和实现
8	《Effective Java 中文版》	Joshua Bloch	适合有一定 Java 语言基础读者学习,可以深入理解 Java 语言及如何合理使用 Java
9	《深入 Java 虚拟机》	Bill Venners	适合想深入了解 Java 实现机读者阅读,理解 Java 虚拟机的工作原理,更好理解 Java 语言
10	《冒号课堂》	郑辉	适合有一定面向对象功底的读者阅读,寓庄于谐,深入浅出,有助于理解语言和面向对象的真谛

图书资源支持

感谢您一直以来对清华版图书的支持和爱护。为了配合本书的使用，本书提供配套的资源，有需求的读者请扫描下方的"书圈"微信公众号二维码，在图书专区下载，也可以拨打电话或发送电子邮件咨询。

如果您在使用本书的过程中遇到了什么问题，或者有相关图书出版计划，也请您发邮件告诉我们，以便我们更好地为您服务。

我们的联系方式：

地　　址：北京市海淀区双清路学研大厦 A 座 714

邮　　编：100084

电　　话：010-83470236　010-83470237

客服邮箱：2301891038@qq.com

QQ：2301891038（请写明您的单位和姓名）

资源下载：关注公众号"书圈"下载配套资源。

资源下载、样书申请

书 圈

获取最新书目

观看课程直播